全国高职高专园林类专业“十二五”规划教材

园林植物

主　编　张文静　许桂芳
副主编　任叔辉　陈春利　巨荣峰
主　审　张树宝

黄河水利出版社
·郑州·

内容提要

本书为高等职业院校园林专业教材，是根据高等职业院校园林类专业人才培养目标的要求编写的。本书分为两大部分。第一部分包括绪论、第一章、第二章，主要介绍园林植物的概况、园林植物的形态指标及分类、园林植物的应用等。第二部分包括第三章、第四章、第五章、第六章，详细介绍了450种园林常见的木本植物、草本植物、草坪与地被植物及其他园林植物的识别要点、习性特点、产地与分布、园林应用，大多数配有插图，更方便学生识别、利用。

本书可作为高职院校、成人高校、函授学校园林专业教材，也可作为园林企业职工培训教材，还是园林专业学生和园林职工的参考工具书。

图书在版编目(CIP)数据

园林植物/张文静，许桂芳主编. —郑州：黄河水利出版社，2010.5

全国高职高专园林类专业"十二五"规划教材

ISBN 978-7-80734-828-3

Ⅰ.①园… Ⅱ.①张… ②许… Ⅲ.①园林植物-高等学校：技术学校-教材 Ⅳ.①S688

中国版本图书馆CIP数据核字(2010)第086768号

策划编辑：韩美琴　李洪良　马广州　0371-66024331　66023343

出 版 社：黄河水利出版社

地址：河南省郑州市顺河路黄委会综合楼14层　　邮政编码：450003

发行单位：黄河水利出版社

发行部电话：0371-66026940、66020550、66028024、66022620(传真)

E-mail：hhslcbs@126.com

承印单位：黄河水利委员会印刷厂

开本：787 mm×1 092 mm　1/16

印张：18

字数：410千字　　印数：1—4 100

版次：2010年5月第1版　　印次：2010年5月第1次印刷

定价：35.00元

全国高职高专园林类专业“十二五”规划教材

编审委员会

参编院校

出版说明

近年来，随着社会的进步和人们生活水平的提高，人类对生存环境的质量要求越来越高，园林作为生态环境建设的重要组成部分和提高人类生存环境质量的重要凭借手段，越来越受到环境决策者和建设者的重视，特别是在城市，生态园林建设已成为解决社会快速发展所带来的环境问题的主要方式之一，因而以服务和改造室内外环境为基本内容的园林专业也随之迅速发展，新观念、新技术不断涌现，社会对园林工程专业高素质技能型人才的要求也不断提高。

为了配合全国高职高专园林类专业的教学改革与教材建设规划，按照国家对高职高专园林专业人才培养目标定位和市场对园林专业人才生态知识及实践技能的要求，在对现有园林工程专业教材出版情况进行深入调研并充分征求了各课程主讲老师意见的基础上，我社组织出版了这套“全国高职高专园林类专业‘十二五’规划教材”。教材的编写立足于高起点、出精品，本着知识传授与能力培养并重的原则，以培养园林高级专业技术人才为目标，着重加强职业教育的技能培养特色，重点突出实验、实训教学环节。

本系列教材的编写和出版得到了全国20多所园林类高职高专院校的大力支持，我们特别邀请了多所高等院校相关专业的老师对稿件进行了严格审查把关。正是由于他们的辛勤工作和无私奉献，才使得这些教材能够在最短的时间内付梓印刷，并有效保证了教材的整体水平和质量。在此，对推进此次教材编写与出版工作的各院校领导、参编和审稿的老师表示衷心的感谢和诚挚的敬意。

诚然，人才的培养需要教育者长期坚持不懈的努力，好的教材也需要经过时间的考证和实践的检验。希望各院校在使用这些教材的过程中提出改进意见与建议，以便再版时不断修改和完善。

黄河水利出版社

前　言

随着我国经济的快速发展和人民生活水平的提高，人们对环境条件的要求也越来越高。而园林植物作为造园的四大要素之一，是园林绿化的主体材料。园林植物对改善环境条件，美化人们的居住环境起着重要作用。识别园林植物，使用园林植物，是园林规划设计、园林工程施工、园林养护管理、花卉装饰等专业学习的基础，也是今后从事园林事业的基础。

《园林植物》作为高等职业教育园林类专业系列教材之一，是根据高等职业院校园林类专业人才培养目标的要求编写的。本教材依据园林行业对人才的知识、能力、素质的要求，理论知识以"必需、够用、管用"为度，坚持以职业能力培养为主线，重点阐述了园林植物的形态和园林植物的应用知识，并细致描述了园林中常见植物的科属、识别要点、产地分布、习性以及园林应用。在描述园林植物形态时，尽量简化园林植物的微观特征，从学生实际出发，只从宏观特征上进行要点描述，基本能满足高等职业教育园林类专业学生学习的需要。

本教材选集了各地常见园林植物，包括了树木类、花卉类、草坪与地被植物等450种，各地可根据本地区实际情况选择200~300种学习。本书还可供园林工作者和爱好者阅读参考。

本书主编是潍坊职业学院张文静及长沙环境保护职业技术学院的许桂芳，副主编是河南科技大学林业职业学院的任叔辉、山东省农业管理干部学院的陈春利、潍坊职业学院的巨荣峰，参编人员有周口职业技术学院的王尚堃、衡水学院的欧阳汝欣，黑龙江农垦农业职业技术学院的王喜艳。

本书主审人为黑龙江林业职业技术学院张树宝教授。

由于编写人员水平有限，错误和不足之处在所难免，敬请批评指正。

编　者

2010年1月

目　录

绪论

凡具有一定观赏价值,适合于室内外布置,美化、净化环境的植物总称为园林植物。园林植物又分为草本植物和木本植物两大类,如各种针叶树木、阔叶树木、花卉、园林地被植物、草坪植物、水生植物等。园林植物是园林绿化的主体材料,园林中没有植物就不能成为真正的园林。

一、园林植物的作用

园林是在一定的地块,以山石、水体、建筑和植物要素,遵循科学和艺术的原则创作而成的优美空间环境。园林植物是构成园林景观的主体材料,也是发挥园林绿化效益的主要素材。园林植物可构成优美景观,引人入胜;园林植物的季相变化,情趣各异。

园林建设中主张园林植物以乔木为主,乔、灌、草结合。有人将乔木比作园林风景中的"骨架",灌木比作"肌肉",藤本比作"筋络",草本花卉比作"血液"。各类植物相互结合,构成一个有机的整体。

园林植物不仅有美化环境的功能,还有改善环境生态因子的作用,尤其对局部小气候的改善作用极大,对恶劣的环境因子能起到防护作用。例如:园林植物能改善温度条件,提高空气湿度,净化空气,吸收有害气体,滞尘杀菌,消除噪声等。此外,园林植物还有防风固沙、防止水土流失、涵养水源等作用。

园林植物也具有一定的生产功能,如生产木材、经济林木、名优果木等。园林植物可以以苗木、桩景、大树、木材直接出售,获得一定的经济价值;也可提供一些副产品,如樟树、乌桕、油茶的种子可以榨油,玫瑰、月季可提供香精原料,银杏、柿、梨、枇杷、橘、葡萄、芒果和荔枝等果实可供食用及酿酒、制罐头,桉树、杨树、竹类可提供造纸原料,部分树木的叶、花、果实、种子、树皮可供药用。其他如桑叶可养蚕,漆树可割漆,杜仲可用于制造硬橡胶,松树可取树脂,这些树种都可为工业提供重要的原料。

二、我国园林植物资源

我国地域辽阔,地势起伏,气候各异,既有热带植物、亚热带植物、温带植物、寒带植物,又有高山植物、岩生植物、沼泽植物、水生植物等,园林植物资源极为丰富,素有"世界园林之母"的美称。

我国园林植物种质资源的特点如下。

(一)种类繁多

我国是一个园林植物资源十分丰富的国家。有3万多种高等植物,许多是其他地区早已灭绝的古老孑遗植物。我国特有的属、种极多,有243个特有属,527个特有种,有直接开发价值的花卉植物1 000种以上,有发展潜力的10 000种以上。原产我国的木本植物约为8 000种,其中乔木树种约2 500种。

(二)分布集中

我国是很多园林植物科、属的分布中心,在相对较小的地区内,集中原产众多的种类。如山茶属,全世界220个种,原产于中国的就有195个种,占89%;报春花属,全世界500个种,原产中国380个。另外,还有杜鹃花属、绿绒蒿属、沿阶草属、蜡梅属等都有60%以上的种原产于中国。云南有"植物资源宝库"之称,野生园林植物种类极为丰富,兰科植物、杜鹃、报春、龙胆等在国际上具有重要地位。

(三)品种及类型丰富

原产我国、栽培历史悠久的园林植物,变异广泛、类型丰富,奇异类型与品种多。在长期栽培中培育出许多独具特色的品种及类型,如黄香梅、龙游梅、红花含笑、重瓣杏花等,这些都是杂交育种中的珍贵种质资源。

(四)特点突出

有许多仅产于我国的特有植物,例如银杏、金钱松、台湾杉、水杉、水松、福建柏、结香、蜡梅、珙桐、杜仲。我国还保存了许多其他地区灭绝的树种,如银杏、水杉、水松、鹅掌楸等。

三、园林植物的自然分布

据不完全统计,全球植物约有50万种,其中近1/6具有观赏价值。野生植物中,性状优良的种质资源可通过引种驯化;而在某些重要性状上表现优异的野生植物种质资源则是重要的育种原始材料,从根本上决定着现代育种的成效。

野生植物资源广泛分布于全球五大洲的热带、温带及寒带。Miller与塚本氏将野生植物的原产地按气候型分为7个大的区域,在每个区域内,由于其特有的气候条件又形成了不同类型植物的自然分布中心。

(一)中国气候型

本区的气候特点是冬寒夏热,雨季多集中在夏季。属于这一气候类型的地区有中国华北及华东地区、日本、北美洲东部、巴西南部、大洋洲东部、非洲东南部,根据冬季气温的高低又可分为温暖(低纬度)型和冷凉(高纬度)型。

(1)温暖型。包括中国长江以南(华东、华中、华南)、日本西南部、北美洲东南部、巴西南部、大洋洲东部、非洲东南角附近。本区是部分喜温暖的一年生植物、球根植物及不耐寒宿根、木本植物的自然分布中心。分布在这一地区的著名园林植物有:原产中国的中国水仙、麝香百合、南天竹、中国石竹、报春、凤仙花,原产中国、日本的石蒜、山茶、杜鹃花,原产巴西南部的矮牵牛、美女樱、半支莲、三角梅,原产北美洲东部的福禄考、天人菊、马利筋、半边莲、堆心菊,原产非洲东部的非洲菊、松叶菊、马蹄莲,原产智利南部的花烟草,原产美国南部的待宵草,原产巴西的一串红,原产美洲热带的猩猩草,原产美国中南部的银边翠,原产大洋洲的麦秆菊。

(2)冷凉型。包括中国华北及东北南部、日本东北部、北美洲东北部。分布在这一地区的著名园林植物有:原产中国的菊花、芍药、翠菊、荷包牡丹、丁香、蜡梅,原产北美洲东南部的荷兰菊、随意草、吊钟柳、金光菊、翠雀、花毛茛、乌头、侧金盏、鸢尾、铁线莲、紫菀、蛇鞭菊、醉鱼草、贴梗海棠、北美鹅掌楸、刺槐、广玉兰、巨杉。

(二)欧洲气候型

本区的气候特点是冬暖夏凉,降水四季均匀。属于这一气候类型的地区有欧洲大部、北美洲西海岸中部、南美洲西南角和新西兰南部。本区是二年生花卉及部分宿根花卉的自然分布中心。分布在这一地区的著名园林植物有三色堇、雏菊、矢车菊、霞草、喇叭水仙、勿忘我、紫罗兰、羽衣甘蓝、宿根亚麻、毛地黄、锦葵、剪秋罗、铃兰等。

(三)地中海气候型

本区的气候特点是冬季温暖多雨,夏季炎热干燥。属于这一气候类型的地区有地中海地区、南非好望角附近、大洋洲东南和西南部、南美洲智利中部、北美洲加利福尼亚等地。分布在这一地区的园林植物有:原产地中海地区的风信子、水仙、郁金香、仙客来、白头翁、花毛茛、番红花、香豌豆、金盏菊,原产南非的小苍兰、龙面花、天竺葵、君子兰、鹤望兰、网球花,原产地中海地区、南非和小亚细亚的唐菖蒲,原产北美洲的山字草、花菱草、酢浆草、羽扇豆,原产南美洲的猴面花、赛亚麻、智利喇叭花、蒲包花、蛾蝶花。本地区是世界上秋植球根植物的分布中心。

(四)墨西哥气候型

本区气候特点是四季如春,温差小,全年降水均匀。属于这一气候类型的地区有墨西哥高原、南美洲安第斯山脉、非洲中部高山地区、中国云南省等。分布在这一地区的主要园林植物有:原产墨西哥的大丽花、晚香玉、虎皮花、百日草,原产南美洲的球根秋海棠、旱金莲,原产中国的报春花、云南山茶、杜鹃、月季等。

(五)热带气候型

本区特点是周年高温,温差小,雨量丰富。属于本气候型的地区有亚洲、非洲、大洋洲、中美洲的热带地区。本区是一年生草本植物、热带木本植物的自然分布中心。分布在亚洲、非洲及大洋洲的热带著名园林植物有鸡冠花、虎尾兰、猪笼草、变叶木、红桑、热带兰花等,分布在中美洲和南美洲热带的园林植物有红掌、长春花、大岩桐、椒草、美人蕉、竹芋、秋海棠等。

(六)沙漠气候型

本区气候特点为周年干燥。属于这一气候类型的地区有非洲、阿拉伯、黑海东北部、大洋洲中部、墨西哥西北部、秘鲁和阿根廷的部分地区以及我国海南岛西南部。本区是仙人掌及多浆植物的自然分布中心。

(七)寒带气候型

本区气候特点为冬季漫长而寒冷,夏季短促而凉爽,植物生长期短。属于这一气候类型的地区有阿拉斯加、西伯利亚、斯堪的纳维亚等寒带地区和高山地区。分布在这一地区的园林植物主要有细叶百合、绿绒蒿、龙胆、雪莲、点地梅。

四、园林植物品种资源的合理利用和新品种保护

(一)园林植物品种资源的合理利用

品种是人类为满足自己的需要,挑选野生植物,经过杂交、诱变及长期培育、选择,使其遗传性向着人类需要的方向变异,性状优良,适应一定的自然和栽培条件的产物。品种资源同野生资源一样,品质优良的可直接应用于园林生产,具个别突出性状的是育种的理

想原始材料。

园林植物种质资源的合理开发与利用包括种质资源的调查、搜集保存和研究利用。通过对种质资源进行调查主要是摸清种质资源的分布情况，主要种类、品系及类型，掌握各种质资源之间的亲缘关系，对种质资源进行分类。搜集保存和研究是为了更加合理开发利用种质资源。

对收集到的优良野生种质资源和栽培品种、类型，应积极利用或有计划有目的地改良，以便尽早发挥生产效益。种质资源利用的途径一般有以下三条：

(1)对观赏价值高，资源丰富的种质直接选择利用，使其尽快转化为生产力。

(2)对有观赏价值，但资源贫乏的种质，应在保护的基础上，积极开展科学试验，特别是繁殖技术的研究，建立一定数量的收集区和采穗圃，使之尽快繁殖后代，以便走引种利用之路，形成品种后，再扩大面积推广应用。

(3)对于经济性状不突出，但却具有某些优良性状，有潜在利用价值的种质，应就地保存或移入种质资源收集圃，并积极开展研究工作，逐步加深认识，以便为今后杂交利用创造条件。

(二)园林植物新品种保护

新品种保护是对育种者的新品种权或专利权给予保护，即依法授予(园林植物)新品种培育者在利用其新品种(如使用该品种的繁殖材料进行生产、出售及销售等)商业目的中排他的独占权力。保护权方式包括品种权及专利权。品种权与专利权均属于知识产权，品种权较多侧重于强制执行和行政、经济措施。而专利权是具显著实效的保护加奖励制度。

园林植物育种投入大、周期长，需花费少则几年，多则十几年、几十年甚至毕生心血才能完成。植物的特点是较易繁殖，如对其新品种缺乏相应有效的知识产权法进行保护，育种者的投入得不到应有的回报，就影响育种者培育新品种的积极性，进而不利于园林植物种质资源(含品种)的更新与利用。特别是中国花卉产业正处于大流通、大生产与国际花卉业接轨的新形势下，新品种登录及保护更具有重要的意义。

通过新品种申请及审定，育种人即可获得法定审批机构授予的品种权，并在规定期限内享有该品种被保护权。

国际上由总部设于瑞士日内瓦的植物新品种保护联盟(UPOV)依据《国际植物新品种保护公约》(1978 年文本)主持新品种保护工作。

中国已于 1999 年 4 月 23 日正式加入该公约，成为 UPOV 第 39 个成员国，并由国家农业部、国家林业局分批列入申请保护种类名单。公约规定，在缔约国本国法律均予认可的前提下，同一个品种只能被依法授予专门保护权或专利权中的其中任一种保护方式。

中国 1997 年 10 月 1 日施行了与国际接轨并符合国情的《中华人民共和国植物新品种保护条例》(简称《条例》)，《条例》规定农业、林业行政部门(即审批机关)分工共同负责新品种权申请受理及审查，并对符合条例规定的新品种授予新品种权。有关园林植物审定中，农业部侧重草本园林植物、草类等，国家林业局侧重林木、竹藤、木本园林植物等。其中隶属农业部的全国作物品种审定委员会下属的花卉专业委员会于 1997 年成立，负责起草以草本及草坪为主的花卉品种审定标准，新品种的认定或审定；监督、指导品种区域试验和生产试验及对品种推广、应用和合理布局提出建议,经审定合格的品种将颁发证书。在实施全国品种审定立法的基础上,一些省市级品种审定委员会等相应组织也因地制宜地进行了地方性补充立法,各级品种审定立法均为育种工作者提供了指导。《条例》还规定了育种者品种权的保护期限,如一般不少于15年,藤本、园林树木、林木等,包括其根茎,保护期为20年(国际公约为18年)。

生产、销售和推广被授予品种权的新品种,应遵照国家有关种子的法律、法规的规定,于2000年12月1日起施行的《中华人民共和国种子法》,目的是保护和合理利用种质资源,进行示范品种选育和种子生产、经营及使用等行为,维护品种选育者和种子生产者、经营者、使用者的合法权益,提高种子质量水平,推动种子产业化,以促进种植业和林业的发展。

第一章 园林植物的基本形态及类型

第一单元 园林植物的形态识别

园林植物种类繁多,形态各异。不同园林植物器官的形态千差万别。为了应用方便,我们通常根据园林植物器官的形态特征进行识别。园林植物有根、茎、叶、花、果实、种子六大器官。

一、园林植物的根

园林植物的根通常呈圆柱形,愈向下愈细,向四周分枝,形成复杂的根系。我们把一株植物所有的根称为根系。

(一)根的类型

1. 定根

植物最初生长出来的根,是由种子的胚根直接发育来的,它不断向下生长,这种根称主根。在主根上通常能形成若干分枝,称为侧根。在主根或侧根上还能形成小分枝,称纤维根。主根、侧根和纤维根都是直接或间接由胚根生长出来的,有固定的生长部位,所以称定根,如松类的根。

2. 不定根

有些植物的根并不是直接或间接由胚根所形成,而是从茎、叶或其他部位生长出来的,这些根的产生没有一定的位置,故称不定根,如菊、桑的枝条插入土中后所生出的根都是不定根。在栽培上常利用此特性进行扦插繁殖。

(二)根系的类型

根系常有一定的形态,按其形态的不同可分为直根系和须根系两类。

1. 直根系

主根发达,主根和侧根的界限非常明显的根系称直根系。它的主根通常较粗大,一般垂直向下生长,上面产生的侧根较小。多数双子叶植物和裸子植物根系属此类。

2. 须根系

主根不发达,或早期死亡,而从茎的基部节上生长出许多大小、长短相仿的不定根,簇生呈胡须状,没有主次之分。大部分单子叶植物根系属此类。

(三)根的变态

园林植物的根为了适应环境,在形态、结构、功能上发生了变化,并能传给后代,发生了根的变态。根的变态有贮藏根、气生根和寄生根。贮藏根利用贮藏的养料供应植物的来年生长,常见于两年生或多年生双子叶草本植物,如萝卜的肉质直根、大丽花块根。气生根是植物生长在地面部分的根,如榕树的支柱根、凌霄的攀缘根、水松的呼吸根。寄生根是不定根的变态,伸入寄主植物体内,吸取寄主植物体内养分供自身生长,如菟丝子的寄生根。

二、园林植物的茎

茎是植物的重要营养器官,也是运输养料的重要通道。通常植物的茎根据质地或生长习性的不同,可分为下列几种类型。

(一)依茎的质地分

1. 木质茎

茎中木质化细胞较多,质地坚硬。具木质茎的植物称木本植物,依形态的不同可分为乔木、灌木和木质藤本。

2. 草质茎

茎中木质化细胞较少,质地较柔软,植物体较矮小。具草质茎的植物称草本植物。由于生长期的长短及生长状态的不同草本植物又可分为一年生、二年生和多年生。

3. 肉质茎

茎的质地柔软多汁,呈肥厚肉质状态,如仙人掌、芦荟、景天等。

(二)依茎的生长习性分

依生长习性分茎的类型如图 1-1-1 所示。

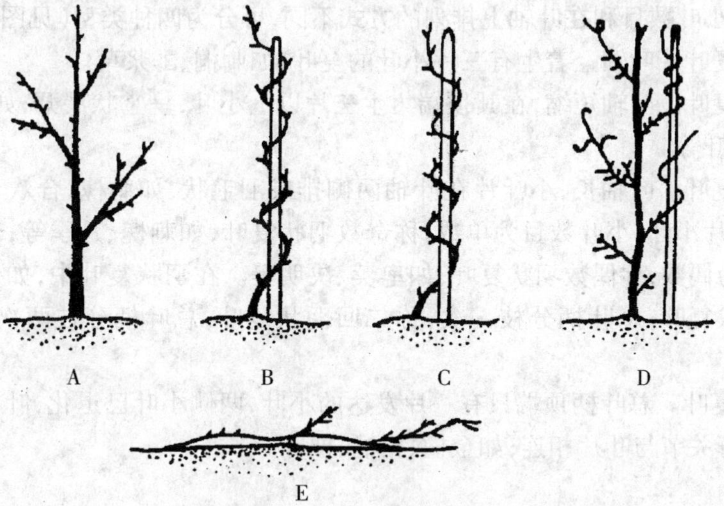

图 1-1-1　茎的类型

A—直立茎;B—左旋缠绕茎;C—右旋缠绕茎;D—攀缘茎;E—匍匐茎

1. 直立茎

直立茎为常见的茎。茎直立生长于地面,如松、杉、女贞、向日葵、紫苏等。

2. 缠绕茎

茎一般细长,自身不能直立,必须缠绕他物作螺旋状向上生长,如牵牛花、茑萝等。根据缠绕方向,又分为左旋缠绕茎和右旋缠绕茎。

3. 攀缘茎

茎细长,不能直立,以卷须、不定根、吸盘或其他特有的攀附物攀缘他物向上生长。如爬山虎、葡萄等。

4. 匍匐茎

茎细长平卧地面，沿水平方向蔓延生长，节上有不定根，如甘薯、草莓、狗牙根；节上不产生不定根，则称平卧茎，如地锦、蒺藜等。

三、园林植物的叶及叶序

叶是植物的重要营养器官，生长在茎上最易观察的部分。叶一般为绿色扁平体，具有向光性。叶的主要生理功能是进行光合作用、气体交换和蒸腾作用。

（一）叶的组成及形态

1. 叶的组成

叶的大小相差很大，但它们的组成部分基本是一致的。叶可分为叶片、叶柄和托叶三部分。具备此三部分的叶称完全叶，如桃、梨、柳、桑的叶。但也有不少植物的叶缺少叶柄和托叶，如龙胆、石竹的叶；或有叶柄而无托叶，如女贞、连翘的叶；这些缺少一个部分或两个部分的叶，都称为不完全叶。

2. 叶的类型

（1）单叶。一个叶柄上只生一个叶片的叶称为单叶，多数植物的叶是单叶。

（2）复叶。一个叶柄上生两个以上叶片的叶，称为复叶。

复叶根据小叶数目和在叶轴上排列的方式不同，可分为四种类型（见图 1-1-2）：

（1）三出复叶。叶轴上着生有三片小叶的复叶，如刺桐、酢浆草。

（2）掌状复叶。叶轴短缩，在其顶端集生三片以上小叶，呈掌状展开，如鹅掌柴、七叶树、瓜栗、大麻叶等。

（3）羽状复叶。叶轴长，小叶片在叶轴两侧排成羽毛状，如刺槐、合欢、黄檗、含羞草等。若顶生一片小叶，小叶数目为单数，称奇数羽状复叶，如刺槐、月季等；若顶生两片小叶，小叶数目为偶数，称偶数羽状复叶，如皂荚、决明等。在羽状复叶中，如果总叶柄不分枝，称一回羽状复叶；总叶柄分枝一次，称二回羽状复叶；总叶柄分枝两次，称三回羽状复叶。

（4）单身复叶。总叶柄顶端只有一片发达的小叶，两侧小叶已退化，叶柄常作叶状或翼状，在柄端有关节与叶片相连，如金橘、柑橘、柚等。

（二）叶序

叶在茎枝上排列的次序或方式称叶序。常见的叶序有下列几种（见图 1-1-3）。

1. 互生

在茎枝的每一节上只生一片叶子，各叶交互而生，它们常沿茎枝螺旋状排列，如桑、桃树、樟等植物的叶序。

2. 对生

在茎枝的每一节上着生相对两片叶子，有的与相邻的两叶成十字形排列交互对生，如薄荷、龙胆、紫苏、忍冬等植物的叶序；有的对生叶排列于茎的两侧成二列状对生，如小叶女贞、水杉等植物的叶序。

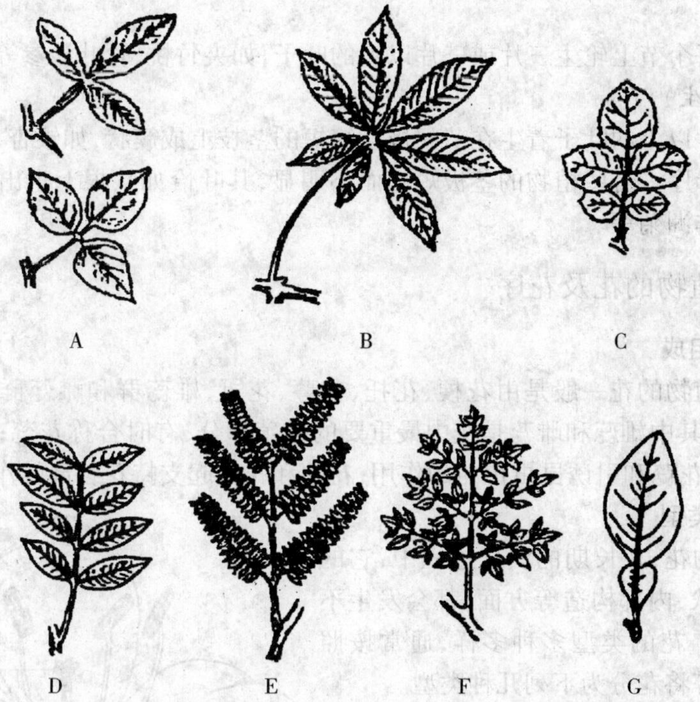

图 1-1-2　复叶类型

A—三出复叶；B—掌状复叶；；C—奇数羽状复叶；
D—偶数羽状复叶；E—二回羽状复叶；F—三回羽状复叶；G—单身复叶

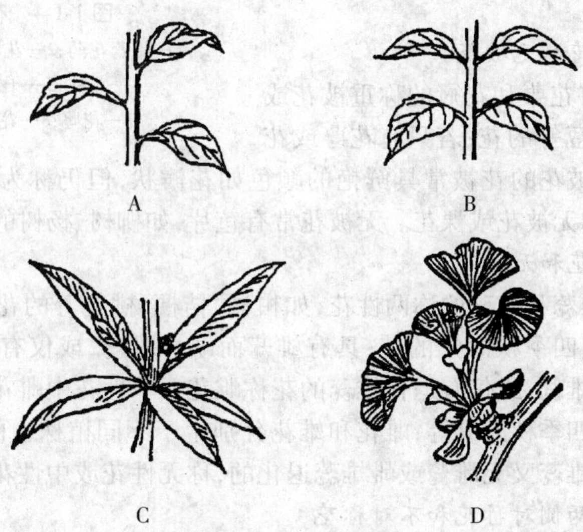

图 1-1-3　叶序类型

A—互生；B—对生；C—轮生；D—簇生

3. 轮生

在茎枝的每个节上轮生三片或三片以上的叶子，如夹竹桃、轮叶沙参等植物的叶序。

4. 簇生（丛生）

二片或二片以上的叶子着生在节间极度缩短的茎枝上成簇状，如银杏、落叶松、枸杞、小檗等植物的叶序。有些植物的茎极短缩而不明显，其叶恰如从根上生出，称基生叶，如蒲公英、雏菊、非洲菊等。

四、园林植物的花及花序

（一）花的组成

典型被子植物的花一般是由花梗、花托、花萼、花冠、雄蕊群和雌蕊群几部分组成的（见图 1-1-4）。其中雄蕊和雌蕊是花中最重要的生殖部分，有时合称花蕊；花萼和花冠合称花被，有保护花蕊和引诱昆虫传粉的作用；花梗和花托起支持花各部的作用。

（二）花的类型

被子植物的花，在长期的演化过程中，它的大小、数目、形状、内部构造等方面，都会发生不同程度的变化。花的类型多种多样，通常按照花部组成情况等将花分为下列几种类型。

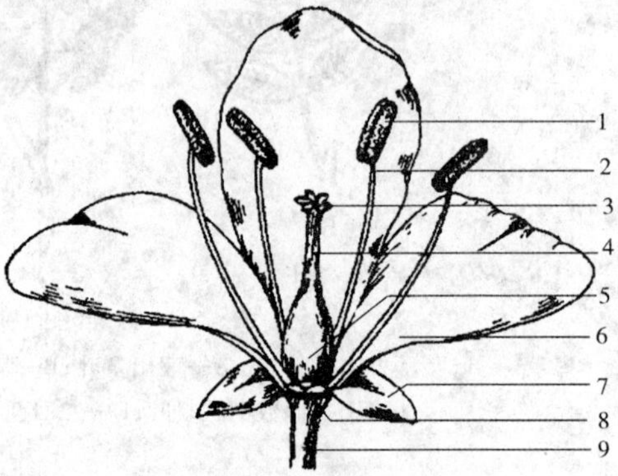

图 1-1-4　花的组成

1—雄蕊花药；2—花丝；3—雌蕊柱头；4—花柱；5—子房；6—花瓣；7—花萼；8—花托；9—花梗

1. 完全花和不完全花

一朵花中凡具有花萼、花冠、雄蕊和雌蕊四部分的花称完全花，如桃、桔梗等的花；若缺少其中一部分或几部分的花称为不完全花，如南瓜、桑等的花。

2. 重被花、单被花和无被花

一朵花中凡具有花萼和花冠的称重被花或两被花，如桃、杏、豌豆等的花；若只有花萼或花冠的花称单被花，单被花的花被常具鲜艳的颜色如花瓣状，但仍称为无瓣花，如桑、芫花等。不具花被的花称无被花或裸花。无被花常有苞片，如柳树、杨树的花。

3. 两性花、单性花和无性花

一朵花中具有雄蕊和雌蕊的称两性花，如柑橘、桔梗、桃花等的花。仅具雄蕊或雌蕊的称单性花，如南瓜、四季秋海棠的花；具有雄蕊而缺少雌蕊，或仅有退化雌蕊的花称雄花；具有雌蕊而缺少雄蕊，或仅有退化雄蕊的花称雌花。单性花中雌花和雄花同生于一植株上称雌雄同株，如四季秋海棠等；雌花和雄花分别生于不同植株上的称雌雄异株，如银杏、苏铁。花中既无雄蕊又无雌蕊或雌雄蕊退化的，称无性花或中性花，如八仙花。

4. 辐射对称花、两侧对称花和不对称花

通过一朵花的中心可作几个对称面的花，称辐射对称花或整齐花，如桃、牡丹的花。若通过一朵花的中心只可作一个对称面的花，称两侧对称花或不整齐花，如益母草的唇形花、菊科植物的舌状花等。若通过花的中心不能作出对称面的花称不对称花，如缬草的花。

（三）花序

花在花枝或花轴上排列的方式，称花序。根据花序的结构和花在花轴上开放的顺序，可分为无限花序和有限花序两大类（见图 1-1-5）。

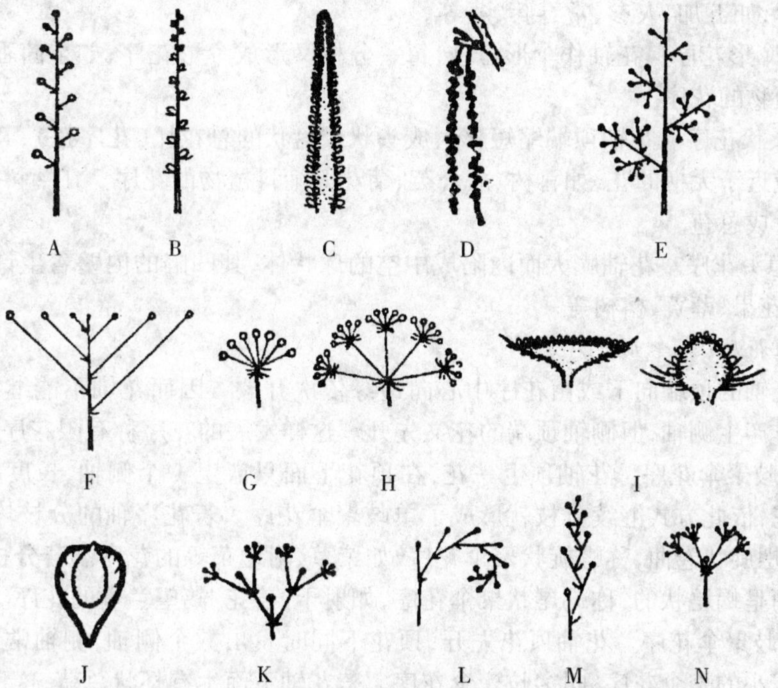

图 1-1-5　花序类型

A—总状花序；B—穗状花序；C—肉穗花序；D—柔荑花序；E—圆锥花序；
F—伞房花序；G—伞形花序；H—复伞房花序；I—头状花序；J—隐头花序；
K—二歧聚伞花序；L、M—单歧聚伞花序；N—多歧聚伞花序

1. 无限花序（总状花序类）

在开花期间，花轴的顶端继续向上生长，并不断地产生花，花由花轴下部依次向上开放，或由边缘向中心开放，这种花序称无限花序。

（1）总状花序。其特点是花轴不分枝，较长，自下而上依次着生许多有柄小花，各小花花柄等长，开花顺序由下而上，如一串红、紫藤等。

（2）复总状花序（圆锥花序）。花轴作总状分枝，每一分枝又形成总状花序，其全形似圆锥状故又称圆锥花序，如女贞、槐、南天竹等。

（3）穗状花序。花轴较长，其上着生许多花柄极短或无花柄的花，如鸡冠花、马鞭草等。

（4）复穗状花序。花轴每一分枝成为一穗状花序，如小麦、马唐等。

（5）柔荑花序。似穗状花序，但花轴柔软，多下垂，其上着生许多无花柄又常无花被的单性花，开花后整个花序脱落，如杨、柳、胡桃及栎等的雄花序。

（6）肉穗花序。与穗状花序相似，但花轴肉质肥大成棒状或鞭状，花序外常包有一个大形的苞片，称佛焰苞，这种花序又称为佛焰花序，如马蹄莲、红掌、独脚莲、半夏等。

(7)伞房花序。与总状花序相似,但花轴下部的花柄较长,上部的花柄依次渐短,整个花序的花几乎排在一个平面上,如梨、山楂、苹果、绣线菊等。

(8)伞形花序。花轴渐短,顶端集生许多花柄近等长的花,并向四周放射排列,全形如张开的伞,如五加、人参、常春藤、葱等。

(9)复伞形花序。花轴作伞形分枝,每一分枝又形成伞形花序,如小茴香、白芷、前胡等伞形科植物的花序。

(10)头状花序。花轴顶端缩短膨大成头状或盘状的总花托(花序托),其上密集着生许多无柄或近于无柄的花,如喜树、蒲公英、菊花等菊科植物的花序。在菊科花序托下,有密集的苞片成总苞。

(11)隐头花序。花轴膨大而内陷成中空的球状体,其凹陷的内壁着生许多没有花柄的花,如无花果、薜荔、榕树等。

2. 有限花序(聚伞形花序)

花由花轴的顶端向下或由花序中心向边缘依次开放。因而花轴不能继续延长,只能在顶花下方产生侧轴,但侧轴顶端的花又先开。这样发展的花序称有限花序。

(1)单歧聚伞花序。花轴顶生一花,在顶花下面只产生 1 个侧轴,长度超过主轴,顶端也生一花,依此方式继续分枝就形成了单歧聚伞花序。若花序轴的分枝均在同一侧产生,花序呈螺旋状卷曲,称螺旋状聚伞花序,如紫草、附地菜等的花序。若分枝在左右两侧交互产生而呈蝎尾状的,称蝎尾状聚伞花序,如射干、姜花、鹤望兰等的花序。

(2)多歧聚伞花序。花轴顶花先开,顶花下同时发出数个侧轴,侧轴常比主轴长,各侧轴又形成小的聚伞花序,叫多歧聚伞花序。若花轴下面生有杯状总苞,这种花序可称为杯状聚伞花序(大戟花序),如大戟、一品红等。

(3)轮伞花序。聚伞花序生于对生叶的叶腋中成轮状排列称轮伞花序,如夏枯草、益母草、薄荷等。

五、园林植物的果实

卵细胞受精以后,随着胚珠发育成种子的同时,子房发育成果实。由子房发育成的果实称为真果,由子房外花的其他部分发育成的果实称为假果。有些植物未经过受精,子房也能发育成果实,这种现象称单性结实。单性结实所形成的果实不含种子,是无籽果实,如葡萄、蜜橘、菠萝。

(一)果实的构造

果实是由果皮和种子组成的。果皮是由子房壁发育而成的,或称为果壁。果皮通常分为三层,即外果皮、中果皮、内果皮。果皮的构造、色泽以及各层果皮发达的程度因植物种类而异。

(二)果实的类型

果实的类型很多,根据果实的来源、结构和果皮性质的不同可分为单果、聚合果和聚花果三大类。

1. 单果

由一朵花中只有一个雌蕊(单雌蕊或复雌蕊)的子房发育而成的果实,称单果。根据果皮的质地不同可分为肉质果和干果两类。

(1)肉质果。果实成熟时果皮肉质多浆,不开裂(见图1-1-6)。

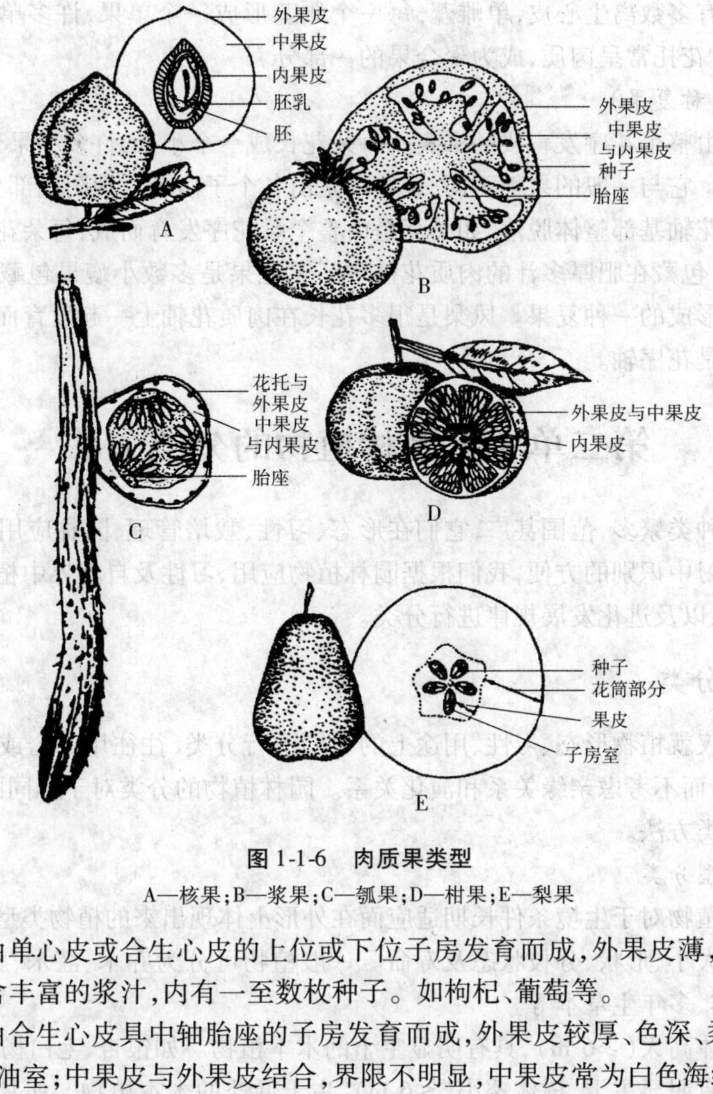

图1-1-6　肉质果类型

A—核果;B—浆果;C—瓠果;D—柑果;E—梨果

①浆果:由单心皮或合生心皮的上位或下位子房发育而成,外果皮薄,中果皮和内果皮肥厚肉质,含丰富的浆汁,内有一至数枚种子。如枸杞、葡萄等。

②柑果:由合生心皮具中轴胎座的子房发育而成,外果皮较厚、色深、柔韧如革,内含有具挥发油的油室;中果皮与外果皮结合,界限不明显,中果皮常为白色海绵状,有许多分枝状的维管束部分;内果皮膜质状,分隔成若干室,内壁生有许多肉质的囊状毛。其是芸香科橘属特有的果实,如橙、柚、柑、橘、柠檬等。

③核果:典型的核果是由一心皮上位子房发育而成的,外果皮薄,中果皮常肉质肥厚,内果皮坚硬,木质,形成1个坚硬的果核,每核内通常含1粒种子,如桃、杏、李、梅。

④瓠果:是葫芦科所特有的果实,是一种浆果,也是一种假果,由3心皮合生,下位子房和花托(现多认为是花筒)一起形成的果实,花筒与外部果皮形成坚韧的果实外部,中内部果皮及胎座均为肉质,内含多数种子。如南瓜、栝楼、丝瓜、黄瓜均属这种果实。

⑤梨果:是一种假果,多为5个合生心皮、下位子房和花托(现多认为是花筒)一起发

育形成的果实。如苹果、梨(内果皮革质)、山楂、枇杷(内果皮木质)。

(2)干果。果实成熟时,果皮干燥。据果皮开裂与否,又分为裂果和不裂果两类。

2. 聚合果

一朵花中有多数离生心皮,单雌蕊,每一个雌蕊形成一个单果,许多单果聚生于花托上,称聚合果。花托常呈肉质,成为聚合果的一部分。

3. 聚花果(称复果)

聚花果是由整个花序发育成的果实。每朵花长成一个小果,许多小果聚生在花轴上,类似一个果实。它与一般的果穗不同,聚花果是由各个子房和其他附属部分一起形成的,成熟后往往从花轴基部整体脱落,如桑葚是由整个雌花序发育而成,每朵花的子房各发育成一个小瘦果,包藏在肥厚多汁的肉质花被中。无花果是多数小瘦果包藏于肉质凹陷的囊状花轴内所形成的一种复果。凤梨是很多花长在肉质花轴上一起发育而成的,花不孕,肉质可食部分是花序轴。

第二单元　园林植物的分类方法

园林植物种类繁多,范围甚广,它们在形态、习性、栽培管理、园林应用等诸方面各不相同。为了学习中识别的方便,我们根据园林植物应用、习性及自然界中植物不同类群的起源、亲缘关系以及进化发展规律进行分类。

一、人为分类

人为分类仅就植物形态、习性、用途上的不同进行分类,往往用一个或少数几个性状作为分类依据,而不考虑亲缘关系和演化关系。园林植物的分类对于不同的目的而言,有不同的人为分类方法。

1. 按生活型分类

生活型是植物对于生境条件长期适应而在外形上体现出来的植物类型。植物生活型外形特征包括大小、形状、分枝状态及寿命。一般植物可分为乔木、灌木、藤本、一年生草本、二年生草本、多年生草本等。

乔木　树体高大(≥6 m),具有明显主干的木本植物。如银杏、毛白杨、雪松。

灌木　没有明显主干,树体矮小(≤6 m),主干低矮的木本植物。如月季、金银木、蜡梅等。

藤本　主干柔弱,缠绕或攀附其他物体向上生长的木本植物。如紫藤、爬山虎等。

一二年生草本　在一个生长季内完成生活史,寿命不超过一年的草本植物。如鸡冠花、半枝莲、虞美人、紫罗兰等。

多年生草本　寿命超过两年以上,能多次开花、结实。如菊花、万年青、水仙、大丽花等。

2. 按观赏部位分类

按观赏部位可分为观叶植物、观花植物、观茎植物、观芽植物、观果植物等。

观叶植物 这类植物叶色光亮或色彩斑斓,或叶形奇特,或叶色季相变化明显。如红枫、乌桕、八角金盘、龟背竹、彩叶草等。

观花植物 以花朵为主要观赏部位,以花形、花色、花香为胜。如梅花、玉兰、海棠、杜鹃、牡丹、菊花、兰花等。

观果植物 果实或色泽艳丽,经久不落;或果形奇特,色形俱佳。如佛手、石榴、冬珊瑚、金银木、火棘等。

3. 按园林用途分类

按园林植物在园林中的配植方式,可分为行道树、庭荫树、花灌木、绿篱植物、垂直绿化植物、花坛植物、地被植物、草坪植物、室内装饰植物等。

行道树 指成行种植在道路两侧的植物,一般以乔木为主。如悬铃木、香樟树、广玉兰、白杨树等。

庭荫树 孤植或丛植在庭园、广场或草坪上,供人们在树下休憩。如榉树、鹅掌楸、榕树、槐树等。

花灌木 以观花为目的的灌木。如榆叶梅、丁香、桂花、紫薇、木槿等。

绿篱植物 植株低矮,耐修剪,成行密植能代替栏杆或起装饰作用。如小叶黄杨、女贞、海桐、珊瑚树等。

垂直绿化植物 可以用来绿化棚架、廊、山石、墙面的藤本植物或草本蔓性植物。如常春藤、爬山虎、凌霄、紫藤、茑萝、牵牛花等。

花坛植物 栽植在花坛内,能形成各种花纹或呈现鲜艳色彩的低矮的草本植物或灌木。如一串红、金盏菊、五色苋、金叶女贞、红叶小檗等。

地被植物 植株低矮、茎叶密集,能良好覆盖地面的草本或灌木。如麦冬、二月兰、玉簪、沙地柏等。

草坪植物 具有匍匐茎的多年生草本植物,以禾本科和莎草科植物为主。如黑麦草、早熟禾、结缕草等。

室内装饰植物 在室内栽植的,供室内装饰应用的盆栽观赏植物。如蕨类植物、文竹、凤梨类植物等。

这些分类方法具有明显的人为特点,主观程度比较大。因此,园林植物的分类也应趋向系统分类法。

二、自然分类

自然分类系统,就是根据植物的系统发育和植物之间的亲缘关系来编排。长久以来,植物分类学家根据植物的形态结构、生态学特性等多方面的特征,将植物分成许多不同等级的类群。自进化论问世以后,不少分类学家结合古植物学上的证据,试图探究各植物类群的起源、发生、进化途径、系统演化过程,以及彼此间的亲缘关系,提出了植物分类系统。由于被子植物种类繁多,古老的原始类型和中间类型已大部分绝灭,而化石资料还不丰富,考证不足,因此要建立一个反映被子植物真实演化过程的分类系统还非常困难。一般来说,按以下 7 个层次划分,即:

界　如:植物界
　门　种子植物门
　　纲　双子叶植物纲
　　　目　木兰目
　　　　科　木兰科
　　　　　属　木兰属
　　　　　　种　玉兰

在自然分类系统中,最基本的单位是“种”。种是指形态结构相似,能相互交配、正常繁衍后代的类群。种具备一定的稳定性,但也有变化,通常又有亚种、变种、变型等。品种是人为选育出的,不在自然分类系统中排序。

一百年来,分类学家们根据被子植物形态演化的趋势,结合古植物学和其他现有资料,提出了各种各样的分类系统。

关于被子植物的系统演化,也存在着两大学派,一派是恩格勒学派,另一派是哈钦松学派。

1. 恩格勒系统

这一系统是德国植物学家恩格勒(A. Engler)和柏兰特(Prantl)提出的。他们认为被子植物的花是由单性孢子叶球演化来的,只含有小孢子叶(或大孢子叶)的孢子叶球演化成雄性(或雌性)的柔荑花序,进而演化成花。因而恩格勒系统认为被子植物的花,不是一朵真正的花,而是一个演化了的花序,这种学说称为假花说。依此,这一系统在被子植物亲缘关系上有以下几个特点。

(1)认为无被花类(核桃科、杨柳科、壳斗科等)是被子植物中最原始的。主要根据:全是木本、单性花、风媒传粉,有些植物仅有一层珠被等特征和裸子植物很相似。

(2)认为整齐花、两性花是由无花被单性花逐渐演变而来。因此,把多心皮目的木兰科、毛茛科等看成较进化的高级类型,排在无被花、单性花的后面。

(3)认为单子叶植物较双子叶植物原始,所以把单子叶植物排在双子叶植物前面。1964 年已作调整,并把被子植物由原来的 45 目 280 科增至 62 目 344 科(其中双子叶植物 48 目 290 科;单子叶植物 14 目 54 科)。

本系统早期对我国的植物分类具有重大影响,北京植物研究所的标本室、《中国植物志》等采用该系统。

2. 哈钦松系统

这一系统是英国植物学家哈钦松(J. Hutchinson)在 1925 年和 1934 年公布的。这一系统在被子植物亲缘关系上有以下几个特点。

(1)认为离瓣花较合瓣花原始。花各部螺旋状排列的比轮状排列的原始;两性花比单性花原始,因此认为木兰目(Magnoliales)和毛茛目(Ranales)为被子植物中最原始的类型,是被子植物演化的起点,所以排在系统的最前面。

(2)认为被子植物的演化分为木本及草本两大支。木本支起于木兰目,草本支起于毛茛目。

(3)认为单被花及无被花是后来演化过程中蜕化而成的。

(4)认为单子叶植物起源于双子叶植物的毛茛目,因此将单子叶植物排在双子叶植物的后面。双子叶植物有82目348科;单子叶植物有29目69科,合计111目417科。

本系统我国应用较多,世界很少使用。该系统的科的范围比较小。

此外,还有塔赫他间(A. Takhtajan)系统、日本田村道夫系统和美国的柯朗奎特(A. Cronquist)系统等。

三、植物命名

每种植物在不同的国度和地区,其名称也不相同,因而就易出现同物异名或异物同名的混乱现象,造成识别植物、利用植物、交流经验等的障碍。为此,有一共同的命名法则是非常必要的。国际上规定,植物任何一级分类单位,均须按照《国际植物命名法规》,用拉文或拉丁化的文字进行命名,这样的命名叫做学名。它是世界范围内通用的唯一正式名称。

植物的学名,是以瑞典植物学家林奈(C. Linnaeus)所提出的双名法给植物命名的。

双名法以拉丁文表示,通常以斜体字或下画双线以示区别。第一个是属名,是主格单数的名词,第一个字母大写;后一个是种名,常为形容词,须在词性上与属名相符。最后是命名人姓氏,除单音节外均应缩写,缩写时要加省略号"."，且第一个字母要大写。如Linnaeus(林奈)缩写为L.。

在生物学中,双名法是为生物命名的标准。属名须大写,种加词则不能。在印刷时使用斜体,手写时一般要加双下画线。如果在一篇文章中多次提到某一个属,除第一次提及时给出全写,在以后出现时可将属名缩写,但绝不能省略。

如银杏 *Gingkgo biloba* L.,*Gingkgo* 是银杏属名,*biloba* 是种名,L. 是命名人林奈的缩写。

桑树 *Morus alba* L.,*Morus* 是桑属名,*alba* 是种名,L. 是命名人林奈的缩写。

如果是亚种,其学名组成是:属名 + 种名 + 命名人 + sub.(亚种的缩写) + 亚种名 + 亚种命名人。

如紫花地丁 *Viola philippica* sub. *manda* W. Beck。

如果是变种,其学名组成是:属名 + 种名 + 命名人 + var.(变种的缩写) + 变种加词 + 变种命名人,如柿子椒(茄科)*Capsicum frutescens* L. var. *grgrossum* Bail. 人工栽培变种以"cv."表示。

第三单元　植物检索表的使用

一、植物检索表的类别及特点

检索表是植物分类中极为常用的工具,在表中罗列出相对的两组形态特征,加以比较找出两者的区别即可找到其所在位置。

植物检索表是根据二歧分类原则编制的,有两种形式,即等距检索表和平行检索表。

分科检索表,可检索出植物的科。

分属检索表,可检索出植物的属。

分种检索表,可检索出植物的种。

(一)定距检索表(等距检索表)

在这种检索表中,相对立的特征,编为同样号码,且在书页左边同样距离处开始描写。如此继续下去,描写行越来越短,直至追寻到科、属或种的学名为止,最终查出植物的名称。

(二)平行检索表

在这种检索表中,每一对照性质的描写紧紧相接,便于比较,在每一行之末,或为一学名,或为一数字。如为数字,则另起一行重新写,与另一相对性状平行排列,如此直至终了为止。左边数字均平头写,为平行检索表特点。

二、植物检索表的编制和使用

植物检索表是鉴定植物必备的工具,因此必须学会并正确使用它。检索表的编制是根据拉马克(Lamarck,1744－1829)的二歧分类原则,把各植物类群突出的形态特征进行比较,分成相对的两个分支,在相同的项目下,以不同点分开,依次下去直编到科、属或种的检索表的终点为止。为了便于使用,各分支按其出现的先后顺序,在前面加上一定的顺序数字。相对应两个分支的数字应相同,并要编写在距离左边同等距离的地方。后出现的两个分支应较前出现的两个分支向右边低一个字格,这样继续下去直到编制的终点止。这种检索表就是定距(也叫等距)检索表。

例如,松科几个属的分属检索表。

1. 叶不成束,螺旋状排列,或簇生在短枝上
　2. 枝条无长短之分
　　3. 球果成熟后,种鳞自中轴脱落……………………………1. 冷杉属 *Abies* Mill
　　3. 球果成熟后种鳞不脱落
　　　4. 球果生枝顶,叶均匀排列在枝上
　　　　5. 球果直立,种子连翅与种鳞近等长,雄球花簇生枝顶
　　　　　………………………………………………2. 油杉属 *Keteleeria* Carr.
　　　　5. 球果下垂,种子连翅比种鳞短,雄球花单生叶腋;小枝无明显叶枕,叶扁平;
　　　　　苞鳞露出种鳞外,先端3裂……………………3. 黄杉属 *Pseudotsuga* Carr.
　　　4. 球果生于叶腋,叶在节间上部排列紧密,下部稀疏
　　　　　……………………………………4. 银杉属 *Cathaya* Chun et. Kuang
　2. 枝条有长短之分
　　　　6. 落叶,叶扁平,球果当年成熟
　　　　　7. 雄球花单生于短枝顶部,种鳞成熟后不脱落
　　　　　　……………………………………………5. 落叶松属 *Larix* Mill
　　　　　7. 雄球花数个生于短枝顶端,种鳞成熟后脱落
　　　　　　……………………………………………6. 金钱松属 *Pseudolarix* Gord
　　　　6. 常绿乔木,叶针形,3棱或4棱,球果第二年成熟,种鳞脱落
　　　　　……………………………………………7. 雪松属 *Cedrus* Trew

1. 叶针形成束，每束3～5针，稀7～8针；常绿。球果第二年成熟，种鳞宿存
……………………………………………………………8. 松属 *Pinus* Linn.

除此之外，还有平行检索表，相对应性状的二个分支平行排列，分支之末为序号或名称，此序号重新写在相对应分支前。如：

1. 灌木…………………………………………………………………………………… 2
1. 草本或藤本…………………………………………………………………………… 3
2. 雄蕊10～18枚，果四角形，叶片狭小，长仅2～7 mm
…………………………………………………………………1. 沙拐枣属 *Calligonum* L.
2. 雄蕊6～8枚，果有2～3角 …………………………………… 2. 针枝属 *Atraphaxis* L.
3. 果实有翅………………………………………………………………………………… 4
3. 果实无翅………………………………………………………………………………… 6
4. 花被4，果扁平圆形，边缘有翅 ………………………………… 3. 山蓼属 *Oxyria* Hill.
4. 花被5～6，果卵形，有3棱，沿棱生翅 …………………………………………………… 5
5. 花被5，果实基部有角状附属物，草质藤本
……………………………………………… 4. 翼蓼属 *Pteroxygonum* Damm. et. Diels.
5. 花被6，果实基部无角状附属物，直立草本
……………………………………………………………………………… 5. 大黄属 *Rheum* L.
6. 花被3，雄蕊3 …………………………………………………… 6. 冰岛蓼属 *Koenigia* L.

利用检索表鉴定植物时，可以从科一直检索到种，但要有完整的检索表资料，而且还要有性状完整的检索对象标本。另外，对检索表中使用的各种形态学术语及检索对象形态特征，应有正确的理解和分辨，否则容易出现偏差。

实训一　识别本地区常见园林植物

一、实训目的

通过识别训练，掌握园林植物的形态结构，识别园林植物各种器官的形态类型。

二、实训步骤

1. 教师指导，对园林植物的各种器官进行识别。
2. 学生分组，识别园林植物的各种器官，并完成作业。

园林植物形态识别调查表

植物名	拉丁学名	分类	叶及叶序	花及花序	果实

实训二　利用检索表鉴定植物并编制检索表

检索表是识别和鉴定植物的常用工具，检索表的编制原理是基于对植物形态特征的

比较，按照划分科、属、种的标准和特征，选择一对明显不同的特征，将植物分为两类，然后在每类中再根据其他相对应的特征作同样的划分，如此下去，直至最后分出科、属、种。例如，我们可以首先把植物分成木本和草本两大类，然后再根据叶的类型、雄蕊的特点或子房的位置等，依次把植物分成若干互不相容的两支，如此反复编制下去，直到把所有植物都归入不同的分类等级中。

一、实训目的

1. 了解植物检索表的类型和用途。

2. 学习使用和编制植物检索表的基本方法。

二、实训内容

1. 根据教课书中有关检索表的介绍，参看其他常用的工具书，了解植物检索表的常见类型和式样。

2. 运用检索表鉴定 2～3 种植物，掌握使用检索表的基本方法。

3. 编制 10 种不同植物的检索表。

三、实训步骤

1. 检索表的使用

检索表有两种常见的形式，即定距检索表和平行检索表。在定距检索表中，相对应的特征编为同样号码，并书写在距书页左边同样距离处，每个次一项特征比上一项特征向右缩进一定距离，如此下去，每行字数减少，直到出现科、属、种。在平行检索表中，每一对相对的特征紧紧相接，便于比较，每一行描述之后为一学名或数字，如是数字，则另起一行。在使用植物检索表时，首先要能用科学规范的形态术语对待鉴定植物的形态特征进行准确的描述，然后根据待鉴定植物的特点，对照检索表中所列的特征，一项一项逐次检索，首先鉴定出该种植物所属的科，再用该科的分属检索表查出其所属的属，最后利用该属的分种检索表检索确定其为哪一种植物。

注意：

(1)待鉴定植物要尽可能完整，不仅要有茎、叶部分，最好还有花和果实，特别是花的特征对准确鉴定尤其重要。

(2)在鉴定时，要根据看到的特征，从头按次序逐项检索，不允许跳过某一项而去查另一项，并且在确定待查标本属于某个特征两个对应状态中的哪一类时，最好把两个对应状态的描述都看一看，然后再根据待查标本的特点，确定属于哪一类，以免发生错误。

从指导教师处取 2～3 种植物材料，按照上述要求，进行鉴定，确定其为何种植物。

检索记录

植物材料	检索顺序和性状状态
1#	
2#	
3#	

2. 植物检索表的编制

在学会使用检索表后，从指导教师处取 10 种植物材料，编制一个用以区分这 10 种植物的检索表，在编制检索表以前，可用列表的方式对这 10 种植物的主要形态特征作一个比较，然后根据比较结果，确定各级检索性状，编制检索表。

在编制过程中要注意：

(1)在检索表中只能有两种性状状态相对应，而不能有三种或更多种并列。

(2)最好选择那些性状本身比较稳定、不同类群之间又有明显间断的性状作为检索性状，避免使用诸如叶的大小这类不很稳定而且不同类群之间主要表现为数量差异的性状。

(3)对性状状态进行描述时，要把器官名称放在前面，把表示性状状态的形容词或数字放在器官名称的后面。比如，描写花的颜色要形成“花白色”，而不是“白花”；描写雄蕊的数目要写成“雄蕊 5”，而不是“5 个雄蕊”。要尽可能正确使用专业术语。

第二章　园林植物的应用

第一单元　露地草本植物的应用

一、露地草本植物的特点

草本植物的茎木质部不发达，茎多汁，较柔软。露地草本植物植株比较低矮，寿命较短，大都比较喜光，栽培管理简单。

按草本植物的生活周期，可分为以下几种。

（一）一年生草本植物

一年生草本植物指在一年内完成其生命周期，一般春季播种，夏秋开花结实，入冬前死亡。典型的一年生草本植物如鸡冠花、百日草、半支莲、翠菊、牵牛花等。

一年生草本植物喜温暖，不耐寒，遇霜死亡，生长期要求高温。

（二）二年生草本植物

二年生草本植物指生活周期经两年才能完成，即播种后第一年仅形成营养器官，次年开花结实而后死亡，如风铃草、毛地黄、美国石竹、紫罗兰、桂竹香、绿绒蒿、三色堇、四季报春等。

二年生草本植物耐寒力强，有的能耐 0 ℃以下的低温，但不耐高温，要求有一定的低温条件才能完成花芽分化。

（三）多年生草本植物

多年生草本植物指寿命在二年以上的草本植物。这些植物的地下部分为多年生，如宿根或变态呈球根状，地上部分每年死亡，第二年又能从地下部分长出新芽，开花结实。

二、露地草本植物的应用

露地草本植物的应用是指利用各种露地草本植物进行植物造景，着重表现园林草本植物的群体色彩美、图案装饰美，并具有烘托园林气氛、创造景观等作用。具体应用形式有花坛、花境、花台、花池、花丛、花群、花箱、模纹花带、花柱、花钵、花球及其他装饰应用等。

（一）花坛

花坛是在具有规则几何轮廓的植地内种植各种不同色彩的植物，运用植物的群体效果来体现图案纹样，或观赏盛花时绚丽景观的一种植物应用形式。花坛富有装饰性，在园林布局中常作为主景，对于街道绿地和城市建筑物也起着重要的配景和装饰美化的作用。花坛常设置在建筑物的前方、交通干道中心、主要道路或主要出入口两侧、广场中心或四周、风景区视线的焦点及草坪等。其主要在规则式布局中应用，有单独或多个带状及成群组合等类型。

1. 花坛的类型

根据花坛设计的布置形式不同可将花坛分为独立花坛、组合花坛和带状花坛。

(1)独立花坛。在园林绿地中作为主景而独立设置于各种场地之中的花坛。独立花坛的外形一般为规则几何形,多布置于广场中央、道路交叉口、草坪中央以及其他规则式园林绿地的中心位置。面积不宜太大,通常以轴对称或中心对称布置,可供多面观赏,呈封闭式,一般多设置于平地,也可布置于坡地。根据花卉景观内容不同,独立花坛又有盛花花坛、模纹花坛和混合花坛三种布置形式。

盛花花坛　又称花丛式花坛,花坛内栽植的植物以其整体的绚丽色彩与优美的外观取得群体美的观赏效果。盛花花坛外部轮廓主要是几何图形或几何图形的组合,大小适度。内部图案简洁,轮廓鲜明,体现整体色块效果。植物株丛紧密,着花繁茂,在盛花时完全覆盖枝叶,花期较长,开放时期一致,花色明亮鲜艳,有丰富的色彩变化。通常多用一、二年生草本植物。

模纹花坛　模纹花坛又称毛毡花坛、图案式花坛等,是采用不同色彩的观叶或花叶兼美的草本植物以及常绿小灌木等种植组成,以精美图案纹样为表现主题的花坛。模纹花坛又有平面模纹花坛和立体模纹花坛两种形式。平面模纹花坛是将花坛植物修剪成整齐的平面或曲面,并具有毛毡一样的图案纹样或修剪成凹凸相间的浮雕样花纹的模纹花坛。布置时多选用低矮的观叶植物和常绿小灌木。立体模纹花坛是在花坛中应用钢筋、竹、木等造型骨架,内填基质种植植物,创造动物、花篮、时钟、塑像等各种立体造型的模纹花坛。模纹花坛选用植物要求植株矮小、萌蘖性强、枝密叶细、耐修剪等,如五色草、白草、香雪球、雏菊、半支莲、三色堇、孔雀草等。

混合花坛　混合花坛是盛花花坛与模纹花坛相结合的应用形式,其特点是兼有华丽的色彩和精美的图案纹样,观赏价值较高。

(2)组合花坛。又称花坛群,是指由多个花坛按一定的对称关系近距离组合而成的一个不可分割的花卉景观构图整体。多用于较大的规则式园林绿地空间植物造景设计,也可设置在大型建筑广场以及公共建筑设施前。组合花坛的各个花坛之间地面通常铺装,还可设置坐凳、坐椅或直接将花坛植床床壁设计成坐凳,人们可以进入组合花坛内观赏、休息。

(3)带状花坛。园林绿地中,带状花坛可作为连续空间景观构图的主体景观来运用,具有较好的环境装饰美化效果和视觉导向作用。如较宽阔的道路中央或两侧、规则式草坪边缘、建筑广场边缘、建筑物墙基等处均可设计带状花坛。

2. 花坛植物配植

花坛植物配植时首先要考虑到周围的环境和花坛所处的位置。若以花坛为主景,周围环境以绿色为背景,那么花坛的色彩及图案可以鲜明丰富一些;如以花坛作为喷泉、纪念碑、雕塑等建筑物的背景,其图样应恰如其分,不要喧宾夺主。

花坛的色彩要与主景协调。一般认为红、橙、粉、黄为暖色,给人以欢快活泼、热情温暖之感;蓝、紫、绿为冷色,给人以庄重严肃、深远凉爽之感。四季花坛配植时要有一个主色调,使人感到季相的变化。如春季用红、黄、蓝或红、黄、绿等组合色调,夏季以青、蓝、白、绿等冷色调为主,秋季用大红、金黄色调,冬季则以白黄、白红为主。

植株高度的搭配时,四面观花坛,应该中心高,向外逐渐矮小;一侧观花坛,后面高,前面低。

3. 花坛配植常用的园林植物种类

花坛配植常用的园林植物材料包括一、二年生草本植物,宿根植物,球根植物等。

花丛式花坛以观花草本为主。可以是一、二年生草本植物,也可以用多年生球根或宿根植物,还可用少量常绿或观花小灌木作辅助材料。一、二年生草本植物以其种类繁多,色彩丰富,成本低等而成为花坛的主要材料。球根植物也是盛花花坛的优良材料。一些宿根植物也是很好的花坛用花。总之,花坛植物应株丛紧密、低矮,着花繁茂,盛花时应基本覆盖枝叶,花期较长、开放一致。

模纹花坛和立体花坛一般都要求材料低矮细密且耐修剪。多以枝叶细小、株丛紧密、萌蘖强,耐修剪的木本或草本观叶植物为主,如五色草、金叶女贞、雀舌黄杨、紫叶小檗、红花檵木。

花坛中心除立体花坛采用喷泉、雕塑等装饰外,还可选用较高大而整齐的植物材料,如美人蕉、金鱼草、地肤等;也可用木本植物布置,如苏铁、雪松、蒲葵、凤尾兰等。

(二)花境

花境是以多年生草本植物为主,结合灌木和一二年生草本植物,沿花园边界或路缘设计布置而成的一种带状景观,是介于规则式与自然式之间的一种带状植物景观设计形式,也是草本与木本植物结合设计的景观类型,广泛运用于各类园林绿地。

1. 花境类型

花境因设计的观赏面不同,可分为单面观赏花境和两面观赏花境等种类。单面观赏花境宽度一般为 2 ~4 m,植物配植成斜面,建筑或绿篱作为背景,供游人单面观赏。一般布置在道路两侧、建筑物墙基或草坪四周等地。两面观赏花境宽度一般为 4 ~6 m,植物的配置为中央高,两边较低,可供游人从两面观赏,通常两面观赏花境布置在道路、广场、草地的中央等地。

2. 花境植物配植

花境内植物的选择以适应性强、管理简单的乡土植物为主,主要为适应性强的在宿根植物,兼顾一些小灌木及球根植物和一、二年生植物。配植的植物要考虑到同一季节中彼此的色彩、姿态、形状及数量上搭配得当,植株高低错落有致,花色层次分明。理想的花境应四季有景可观,即使寒冷地区也应做到三季有景。

3. 花境植物种类

花境常用的花灌木有:南天竹、梅花、凤尾竹、五针松、棣棠、丁香、十大功劳、红枫、龙舌兰、苏铁、铺地柏、山茶、寿星桃、矮生紫薇、贴梗海棠等。常用的草本植物有:鸢尾、萱草、玉簪、荷兰菊、长夏石竹、丛生福禄考、麦冬等。

(三)花丛

花丛是将大量花卉成丛种植的园林应用形式。花丛没有种植槽,从外形轮廓到内部植物配置都是自然式的。

花丛在园林中的应用极其广泛,它借鉴了天然风景区中野花散生的景观,常布置于开阔草坪的周围，在林缘、树丛树群与草坪之间起联系和过渡的效果，也有布置于自然曲线道路转折处或点缀于小型院落及铺装场地（包括小路、台阶等）之中，将自然景观相互连接起来，从而加强园林布局的整体性。用于草坪边缘的花丛亦称为"岛式"种植。

花丛植物在种类的选择上要求植株茎秆挺拔直立，不能倒伏，花朵或花枝应着生紧密，仍以宿根或球根类植物为宜。

（四）花钵

花钵是在装饰容器中栽植园林植物的一种园林应用形式，被广泛应用于公园、风景区、广场等室外布置中。花钵造型美观，本身是一件艺术品，钵中配植植物，更能呈现立体空间的美化效果。花钵的形式有组合式、拼装式、挂壁式等，形状有碗形、方形、长方形、圆形、半圆形等。花钵中通常用1～2种园林植物品种配植为好，不宜杂乱。

（五）花廊与棚架

利用蔓性和攀缘类植物可以构成篱栅、棚架、花廊；还可以点缀门洞、窗格和围墙。既可收到绿化、美化之效果，又可起防护、荫蔽的作用，给游人提供纳凉、休息的场所。

在篱垣上常利用一些草本蔓性植物作垂直布置，如牵牛花、茑萝、香豌豆、苦瓜、小葫芦等。棚架和花廊宜用木本攀缘植物来布置，如紫藤、凌霄、络石、葡萄等，它们经多年生长后能布满棚架，不仅具有观赏的效果，同时兼有遮阳降温的功能。

（六）花台

花台是高出地面的小型花坛。花台四周用砖、石、混凝土等堆砌作台座，其内填入土壤，栽植植物，类似花坛，但面积较小。在庭园中作厅堂的对景或入门的框景，也有将花台布置在广场、道路交叉口或园路的端头以及其他突出醒目便于观赏的地方。

花台的配置形式一般可分为以下两类。

（1）规则式布置。规则式花台的外形为规则的几何外形，其选材与花坛相似，但由于面积较小，一个花台内通常只选用一种园林植物，除一、二年生植物及宿根、球根类植物外，木本花卉中的牡丹、月季、杜鹃、凤尾竹等也常被选用。由于花台高出地面，所以应选用株形低矮、繁密匍匐、枝叶下垂于台壁的植物，如矮牵牛、美女樱、天门冬、书带草等。这类花台多设在规则式庭园中、广场或高大建筑前面的规则式绿地上。

（2）自然式布置。又称盆景式花台，把整个花台视为一个大盆景，按中国传统的盆景造型进行布置。常以松、竹、梅、杜鹃、牡丹为主要植物材料，配饰以山石、小草等，不着重于色彩的华丽而以艺术造型和意境取胜。这类花台多出现在古典式园林中。

第二单元　露地木本植物的应用

一、木本植物的特点

木本植物即树木，是指根和茎因增粗生长形成大量的木质部，而细胞壁也多数木质化的坚固的植物。地上部分为多年生，分乔木、灌木、藤本等。

根据树木的生长习性不同，可将树木分为以下几种。

(一)乔木类

树体高大(6 m以上)直立的树木,具有明显主干,分枝部位较高,如松、杉、枫杨、香樟等。又可依其高度分为伟乔(31 m以上)、大乔(21～30 m)、中乔(11～20 m)和小乔(6～10 m)四级;根据叶形特点分为阔叶树和针叶树,根据是否落叶分为常绿树和落叶树。

(二)灌木类

树体矮小(通常在6 m以下),主干低矮,主干不明显,分枝靠近茎的基部,如牡丹、月季、木槿等,有常绿灌木及落叶灌木之分。

(三)藤本类

茎柔软,不能直立,必须缠绕或攀附其他物体向上生长的木本植物。

藤本类依其生长特点又可分为:

(1)缠绕类:具有缠绕茎和较粗壮、发达的吸附根的木本植物,如紫藤、油麻藤、崖豆藤等。

(2)吸附类:如爬山虎可借助吸盘,凌霄可借助吸附根向上攀爬。

(3)卷须类:如葡萄借助卷须攀爬。

(4)蔓条类:如蔓性蔷薇每年可发生多数长枝,枝上并有钩刺,借助钩刺向上攀爬;南蛇藤枝蔓上也具倒钩刺。

(四)地被类

干、枝等匍地生长,与地面接触部分可生出不定根而扩大占地范围,如铺地柏等。

(五)竹木类

禾本科的竹类木本植物。

二、木本植物配植的原则

(一)艺术原则

1. 统一

统一也称变化与统一或多样与统一。植物配植时,树形、色彩、线条、质地及比例都要有一定的差异和变化,显示多样性,但又要保持一定相似性,引起统一感,这样既生动活泼,又和谐统一。变化太多,整体就会显得杂乱无章,甚至一些局部感到支离破碎,失去美感。过于繁杂的色彩会引起心烦意乱,无所适从,但平铺直叙,没有变化,又会单调呆板。因此,要掌握在统一中求变化,在变化中求统一的原则。

运用重复的方法最能体现植物景观的统一感。如街道绿带中行道树绿带,用等距离种植同种、同龄乔木树种,或在乔木下种植同种、同龄花灌木,这种精确的重复最具统一感。城市中树种配植,分基调树种、骨干树种和一般树种。基调树种种类少,但数量大,形成该城市的基调及特色,起到统一作用;而一般树种,则种类多,量少,起到变化的作用。

松柏园保持冬天常绿的景观是统一的一面,松属植物都是针叶、球果,但黑松针叶质地粗硬、浓绿,而华山松、乔松针叶质地细柔、淡绿,油松、黑松树皮褐色粗糙,华山松树皮灰绿细腻,白皮松干皮白色、斑驳,富有变化,美人松树皮棕红,这些又都是变化。柏科植物都具鳞叶、刺叶或钻叶,但尖峭的台湾桧、塔柏、蜀桧、铅笔柏,圆锥形的花柏、凤尾柏,球形、倒卵形的球柏、千头柏,低矮而匍匐的铺地柏、砂地柏、鹿角桧等体现出不同种的姿态万千。

2. 调和

调和即协调和对比。植物配植时要注意相互联系与配合，体现调和的原则，使人感到有柔和、平静、舒适和愉悦的美感。找出近似性和一致性，配植在一起才能产生协调感，相反地，用差异和变化可产生对比的效果，具有强烈的刺激感，形成兴奋、热烈和奔放的感受。因此，在植物配植中常用对比的手法来突出主题或引人注目。

(1)形象的对比与调和。在植物配植时，乔木的高大和灌木的矮宽、尖塔形树冠与卵形树冠，有着明显的对比，但是都是植物、都从树冠上看，其本身又是调和的。

(2)体量上的对比与调和。在各种植物中，有着体量上的很大差别，以其体量大小不同来对比，可取得不同的景观效果。如以假槟榔和蒲葵对比，也可以蒲葵和棕竹对比，很能突出假槟榔和蒲葵，而它们的姿态又都是调和的。

(3)色彩的对比和调和色。红、黄、蓝三原色中任何一原色同其他两原色混合成的间色组成互补色。利用互补色可产生明暗、冷热的对比色。如红色与绿色为互补色，黄色与紫色为互补色，蓝色和橙色为互补色。我国造园艺术中常用"万绿丛中一点红"来进行强调就是一例。

英国谢菲尔德公园，路旁草地深处一株红枫，鲜红的色彩把游人吸引过去欣赏，改变了游人的路线，成为主题，在色彩上形成了鲜明的明暗对比。这种处理手法在北欧及美国园林中常采用。

(4)虚实的对比与调和。植物有常绿与落叶之分，高矮之分。树冠为实，冠下为虚；园林空间中林木葱茏是实，林中草地则是虚。实中有虚，虚中有实，才使园林空间有层次感，有丰富的变化。

(5)高低的对比与调和。园林植物配植讲究高低对比、错落有致，除行道树之外忌讳高低一律。利用植物的高低不同，组织成有序列的景观；但又不能是均匀的波形曲线，而应是线形优美的林冠线，在晚霞或晨曦的映衬下，悠远宁静。另外，利用高耸的乔木和低矮的灌木整形成绿篱种植在一个局部环境之中，垂直向上的绿柱体和横向延伸的绿条，会形成鲜明对比，产生强烈的艺术效果。

(6)质地和线条的协调。一些粗糙质地的建筑墙面可用粗壮的紫藤等植物来美化，但对于质地细腻的磁砖、马赛克及较精细的耐火砖墙，则应选择纤细的攀缘植物来美化。南方一些与建筑廊柱相邻的小庭院中，宜栽植竹类，竹竿与廊柱在线条上极为协调。一些小比例的岩石园及空间中的植物种植则要选用矮小植物；反之，庞大的立交桥附近的植物景观宜采用大片色彩鲜艳的花灌木或花卉组成大色块，方能与之在气魄上相协调。

3. 均衡

这是植物配植时的一种布局方法。将体量、质地各异的植物种类按均衡的原则种植，景观就显得稳定、顺眼。如色彩浓重、体量庞大、数量繁多、质地粗厚、枝叶茂密的植物种类，给人以重的感觉；相反，色彩素淡、体量小巧、数量简少、质地细柔、枝叶疏朗的植物种类，则给人以轻盈的感觉。根据周围环境，在种植时有规则式均衡(对称式)和自然式均衡(不对称式)。规则式均衡常用于规则式建筑及庄严的陵园或雄伟的皇家园林中，如门前两旁种植对称的两株桂花，楼前种植等距离、左右对称的南洋杉、龙爪槐等，陵墓前、主路两侧种植对称的松或柏等。自然式均衡常用于花园、公园、植物园、风景区等较自然的环境中，一条蜿蜒曲折的园路两旁，路的右侧若种植一棵高大的雪松，则邻近的左侧植以数量较多、单株体量较小的成丛花灌木，以求均衡。

4. 韵律和节奏

植物配植中有规律的变化，就会产生韵律感。杭州白堤上桃树、柳树相间种植就是一例。云栖竹径，两旁为参天的毛竹林，如相隔 50 m 或 100 m 就种植一棵高大的枫香，则沿径游赏时就会感到不单调，而有韵律感的变化。

（二）基本原则

1. 尊重自然，保护环境

尊重自然，保护生态环境，这是植物配植必须遵循的原则。人类只有在保护自然生态环境的基础上，合理地开发、利用自然资源，才能达到真正意义上的改善和提高生存与生活环境。园林植物配植也只有在保护和利用自然植被与地形生境的条件下，才能创造出自然、优美、和谐的园林空间。

2. 尊重科学，符合自然规律

园林植物配植必须尊重科学，特别是要符合生态学的规律。科学合理地处理好植物个体与个体之间、个体与群体之间、群体与群体之间以及个体、群体与环境之间的关系，充分发挥每一种植物在园林环境中的作用，维持、创造各种持久、稳定的植物群落景观，造就和谐优美、平衡发展的园林生态系统。

3. 合理布局，满足功能

进行园林植物配植，首先要从园林绿地的性质和主要功能出发，对不同类型的植物进行合理布局，满足相应的功能要求。园林绿地功能很多，具体到某一绿地，总有其具体的主要功能。如综合性公园因观赏、活动和安静休息等功能的不同，而设置相应的色彩鲜艳的花坛或花境、大草坪、山水丛林或疏林草地等植物景观。

4. 种类多样，季相变化

大多数的园林植物其景观随季节的更替而变化。植物配植应顾及四季景色，应用较多的植物种类，使园林环境在每一个季节都有代表性的特色景观。这样，随着时间的推移和季节的交替，呈现出变化丰富的优美景色，展现出大自然赋予绿地空间的无穷魅力。

5. 因地制宜，适地适树

园林植物配植要因地制宜，根据不同的现状和资源条件，认真考虑植物的生态习性和生长规律，选择合适的植物种类，使各种园林植物都能适应环境，各得其所，各自能够正常生长和发育，充分发挥植物个体、种群和群落的景观与生态效益。

（1）以乡土树种为主，外来树种为辅，尤其是乔木。园林绿化的主要宗旨是改善环境、美化环境，园林建设中，各地应以乡土植物为主，通过乡土植物造景，可以更好地反映地方特色，并且管理费用降低。

（2）选择不同类型的园林植物。园林植物布置要充分利用地被植物、水生植物、攀缘植物、乔木、灌木、草本植物等创造园林景观，不仅可以丰富植物景观的物种多样性，而且可以增加植物造景的景观效果。

三、园林木本植物配植方式

植物配植方式多种多样、千变万化，一般有以下几类。

（一）按平面

按配植的平面关系，园林树木配植方式有规则式、自然式和混合式三种。

1. 规则式

植株的株行距和角度按照一定的规律种植，可分为左右对称和辐射对称两类。其中左右对称有对植、列植和三角形种植，辐射对称有中心式、圆形、多角形和多边形种植。规则式配置通常运用于规则式或混合式布局的园林景观环境中，具有整齐、严谨、庄重和人工美的艺术特色。

2. 自然式

自然式又称不规则式，是指植物的布置没有明显的轴线，各种植物的分布自由变化，没有一定的规律性。植物栽植无固定的株行距，形态大小不一，充分发挥树木自然生长的姿态，不求人工造型，创造生动活泼、清幽典雅的自然植被景观，如自然式丛林、疏林草地、自然式花境等。自然式布置常用于自然式的园林环境中，如自然式庭园、综合性公园安静休息区、自然式小游园、居住区绿地等。

3. 混合式

混合式是规则式与自然式相结合，吸取规则式和自然式的优点，既有整洁清新、色彩明快的整体效果，又有丰富多彩、变化无穷的自然景色。

混合式配植根据规则式和自然式各占比例的不同，又分三种情形，即自然式为主，结合规则式；规则式为主点缀自然式；规则与自然并重。

（二）按景观

按配植的景观，园林树木配植方式有孤植、对植、丛植、群植、林植、绿篱及整形树等形式。

1. 孤植

孤植是用一株树木单独种植成景的园林树木布置方式。通常多用体型雄伟或姿态奇异的乔木。

孤植的目的是为充分体现树木的个体美，所以种植的地点以在大草坪上最佳或植于广场中心、道路交叉口或坡路转角处，位置应比较开阔，不仅要有足够的生长空间，而且要有比较合适的观赏视距和观赏点。

孤植树应具备以下几个条件：

（1）植株形体高大，枝叶茂密，树冠开阔，或具有其他特殊观赏价值。

（2）生长健壮，寿命很长，抗性强，多用当地乡土树种中的高大树种。

（3）体内不含毒素，没有带污染性或易脱落的花果。

常见作孤植树的树种有香樟、榕树、悬铃木、朴树、雪松、银杏、七叶树、广玉兰、金钱松、油松、薄壳山核桃、麻栎、云杉、桧柏、白皮松、枫香、白桦、枫杨、乌桕等。

2. 对植

对植是指用两株树按照一定的轴线关系作相互对称或均衡的种植方式，一般布置在建筑门前、大门入口两侧。

对植多用同一规格、同一树种,采用单株对植,两树的连线与轴线垂直并被轴线等分,也可用形态相似的不同种树,位置可略有错落。

对植配植一般要求树木形态美观、树冠整齐、花叶娇美。适合对植的树木有雪松、龙柏、龙爪槐、南洋杉、云杉、柳树、苏铁、棕竹、桧柏、棕榈、碧桃、紫玉兰、罗汉松等。

3. 列植

列植是乔灌木按一定的株行距成排的种植,或在行内株距有变化。列植形成的景观比较整齐、单纯、气势大。列植是规则式园林绿地中应用最多的基本栽植形式。在自然式绿地中也可布置比较整形的局部。列植多用于建筑、道路、地下管线较多的地段。

列植宜选用树冠整齐、个体生长发育差异小、耐修剪的树种,混合树列植树种宜少不宜多,一般不超过三种。行道树就是最常见的列植景观之一。

4. 行道树

行道树是按一定间距列植于道路两侧或分车绿带上的乔木景观,行道树设计要考虑的主要内容是道路环境、设计形式、树种选择、定干高度等。

行道树树种选择时要求树木具有适应性强、姿态优美、生长健壮、树冠宽大、萌芽性强、无污染性等特点。常见如香樟、女贞、刺槐、乌柏、水杉、黄杨、榔榆、冬青、银杏、梧桐、广玉兰、国槐、悬铃木、雪松、栾树、香樟、圆柏、榉树、白蜡、火炬松、油松、南洋杉、木棉、凤凰木、木菠萝、羊蹄甲、合欢、柳杉、银杏、白玉兰、银桦、女贞、棕榈、大王椰子、假槟榔、榕树、鹅掌楸、枫香、桉树、白桦、薄壳山核桃、无患子、臭椿、泡桐、七叶树、樱花、金钱松、南京椴、重阳木、木麻黄、黄连木、三角枫、五角枫等。

5. 丛植

丛植由二三株到十几株植株组合种植在一起,其树冠线彼此密接而形成一个整体外轮廓线。丛植可以单纯树种,也可以多树种混交。丛植主要有两株丛植、三株丛植、四株丛植、五株丛植等。

丛植在园林中应用广泛,可用于草坪、水边、河畔、岛屿、岗坡、道旁、花境、花坛、树坛以及庭园角隅、建筑一侧、园路转折等处,布局配植自由灵活,形式多样,丰富多彩。

各类园林常用丛植树种有紫杉、冷杉、金钱松、银杏、雪松、龙柏、桧柏、水杉、白玉兰、紫薇、栾树、七叶树、红枫、鸡爪槭、紫叶李、桂花、棕榈、杜鹃、海桐、苏铁、丝兰、凤尾兰、大王椰子、石榴、石楠、梧桐树、榉树、南洋杉、紫玉兰、琼花等。

6. 群植

群植是指由几十株植物组合种植在一起。树群所表现的是群体美,通常作为主景、背景。组成群植的树木数量一般在20~30株。

群植树群通常有单纯树群和混交树群。单纯树群由一种树木组成。混交树群由多种树木混合组成,层次丰富,景观多姿多彩、稳定性强。混交树群的树木种类也不宜过多,一般不超过五种,过多会显得零乱和繁杂。通常选用1~2种作为基调树种,分布于树群各个部位,以取得和谐统一的整体效果。

树群应该布置在有足够距离的开阔场地上,如靠近林缘的大草坪、宽广的林中空地、水中的小岛屿、宽广水面的水滨、小山山坡、土丘上等。规模不宜太大,一般以外缘投影轮廓线长度不超过60 m,长宽比不大于3:1为宜。树群内通常不允许游人进入,游人也不便进入，因而不利于作庇荫休息之用。

7. 林植

林植是指大面积的成片、成带种植植株，呈树林状，构成森林景观或发挥特殊防护功能，如风景林、防护林、综合性公园安静休息区休憩林等。根据其结构分为密林、疏林，根据其组成可分单纯林和混交林等。密林的郁闭度为0.7～1.0，疏林的郁闭度为0.4～0.6。

疏林多为单纯乔木林，也可配植一些花灌木，具有舒适明朗、适合游憩活动的特点，公共庭园绿地中多有应用。如在面积较大的集中绿地中设计布置疏林，夏日可庇荫纳凉，冬季也能进行日光浴，还适合林下野餐、打拳练功、读书看报等，已是深受人们喜爱的园林环境之一。

8. 绿篱

由灌木或小乔木以近距离的株行距密植，栽成单行或双行，紧密结合的规则的种植形式，称为绿篱或绿墙。其中高度150 cm以上的为绿墙，120～150 cm的称为高篱，50～120 cm的称为中篱，50 cm以下的称为矮篱。

根据绿篱的功能与观赏特性可将绿篱分为常绿篱、花篱、观果篱、刺篱、落叶篱、蔓篱与编篱等。

绿篱造型可以是几何型，也可是建筑型、自然型。几何型是绿篱最常见的造型形式，篱面通常平直，篱体断面一般为矩形、梯形、折形、圈形等，可用于矮篱、中篱等。建筑型是将篱体造型设计成城墙、拱门、云墙等建筑式样，建筑型绿篱可用于中、高绿篱和绿墙，多选用常绿树种，需定期造型修剪。自然型绿篱自然生长，不作规则式修剪造型，或在生长过程中稍做整理，篱体形态自然，通常以花、叶、果取胜，多用于花篱、彩叶篱、果篱、刺篱等。

9. 基础栽植

凡在建筑物和构筑物的基部附近种植植物，都称为基础栽植。基础栽植能起到缓和建筑物的直线条、丰富建筑艺术和增加风景美的作用。基础栽植的植物配植，以建筑背景和栽植用地的宽度为依据，前后和两侧的要求有所不同，但对建筑来讲应是个整体，因此四周绿化要互相协调。在建筑物正面的植物配植要求较高。对体型高大、轮廓整齐对称的建筑物，它的基础栽植以整齐对称的形式较好；如果建筑物正面的造型为凹凸富于变化或玲珑别致的小型建筑，则采取自然式的绿化形式，若与假山配置在一起，尤显活泼有情趣。

第三单元　水生植物的应用

一、水生植物的特点

水生植物泛指生长于水中或沼泽地的植物，这类植物与其他植物明显不同的是对水分的要求和依赖远远大于其他各类，因此也构成了其独特的习性。耐旱性弱，生长期间要求经常有大量水分存在，或有饱和的土壤湿度和空气湿度。它们的根、茎和叶内多有通气组织，通过气腔从外界吸收氧气，以供根系正常生长所需。

水生植物按其生活习性和生长特性，分为挺水植物、浮水植物、漂浮植物、沉水植物等类型。

1. 挺水植物

根系扎于泥中，茎叶挺出水面，是主要的水生观赏植物类型之一。对水的深度要求因种类不同而异，一般要求水深 1 m 左右。如荷花、千屈菜、香蒲、水葱、慈菇等。

2. 浮水植物

根系生于泥中，叶片漂浮水面或略高出水面，也是主要的观赏类型。如睡莲、萍蓬莲、芡实、王莲、菱、莼菜等。

3. 漂浮植物

根系漂于水中，叶完全浮于水面，可随水漂移，在水面的位置不易控制。如凤眼莲、大薸。

4. 沉水植物

根扎于泥中，茎叶沉于水中，如金鱼藻、玻璃藻、黑藻、苦草、眼子菜等。

水体景观主要应用水生植物进行园林绿化，但除此之外，在园林景观水体绿化过程中，也会选用某些湿生植物进行水体景观绿化。湿生植物指生长在河川两岸或浅水区的植物，河川两岸植物又称滨溪植物或水边植物，自大乔木至草本植物均有，如草本的红蓼、蕨类植物；木本的落羽杉、水杉、竹类等。

绝大多数水生植物喜欢光照充足、通风良好的环境，但也有耐半阴者，如菖蒲、石菖蒲等。

二、水生植物的应用

（一）水生植物配植的原则

在河湖、池塘等园林水体中进行水生植物种植，不宜将整个水面占满。否则会造成水面拥挤，不能产生景观倒影而失去水体特有的景观效果；也不要在较小的水面四周种满一圈，避免单调、呆板。因此，水体种植要求是要留出一定面积的活泼水面，并且植物布置有疏有密，有断有续，富于变化，使水面景色更为生动。一般较小的水面，植物占据的面积以不超过 1/3 为宜。

水生植物配植还要根据水体环境条件和特点，因“水”制宜地选择合适的种类。如大面积的湖泊、池沼，布置时观赏与生产结合，种植莲藕、芡实、芦苇等，较小的庭园水体，则点缀种植水生观赏花卉，如荷花、睡莲、王莲、香蒲、水葱等。水体深浅不同，选择种类也不一样。多种植物搭配时，既要满足生态要求，又要注意主次分明，高低错落，形态、叶色、花色等搭配协调，取得优美的景观构图。如香蒲与睡莲搭配种植，既有高低姿态对比，又能相互映衬，协调生长。

水生植物多生长迅速，如不加以控制，会很快在水面上蔓延，影响整个水体景观效果。因此，水生植物配植时要考虑控制水生植物生长范围。

（二）水生植物配植的方法

挺水植物通常适宜生长于水深 1 m 左右的浅水中，植株高出水面。较浅的池塘或浅水湖、河近岸边与岛缘浅水区，通常设计挺水植物，如荷花、水葱、千屈菜、慈菇、芦苇、菖蒲等，可丰富水体岸边景观。

浮水植物可生长于稍深的水体中，但其茎叶不能直立挺出水面，而是浮于水面之上，花朵也是开在水面上。所以，多种植于面积不大的较深水体中，用以点缀水面景观，形成水面观赏焦点，如睡莲、王莲、芡实、菱等。

漂浮植物整株漂浮于水面，不固定生长于某一地点，因此这类水生植物可用于各种水深的水体植物造景，点缀水面景色，如水浮莲、凤眼莲等。这类水生植物具有生长繁殖速度快，极易培养，并能有效净化水体，吸收有害物质特点。

沉水植物可沉于水下，则可布置于水体中，但水不能太深，可应用于静态水体如湖、池，也可用于动态水体如溪涧或泉水。

第四单元　室内盆栽植物的应用

广义的盆栽植物指在容器中栽培的植物，容器包括花盆、木箱、容器袋、纸杯或其他容器皿，而狭义的盆栽植物仅指在花盆中栽植的植物。由于室内光照不足，空气相对湿度低，通风不良，温差较小，加上盆土容量有限，室内盆栽植物长期室内布置往往生长不良，需定期改善其生长环境条件以保持良好的观赏效果。

一、室内盆栽植物的类型及特点

室内盆栽植物是较大场所室内装饰的基本材料，它具有布置及更换方便、种类及形式多样、观赏期长的特性。

常见室内盆栽植物的种类，按其对环境条件的要求不同，依高度(包括盆高)可分为：特大型盆栽植物，株高200 cm以上；大型盆栽植物，株高130～200 cm；中型盆栽植物，株高50～130 cm；小型盆栽植物，株高20～50 cm；特小型盆栽植物，株高20 cm以下。

按需光程度、对室内环境适应能力不同又可分为：宜陈设于室内明亮而无直射光的植物，在室内摆放一个月左右，休眠期可延长1～2个月。如苏铁、棕榈科植物等；宜陈设在室内明亮、有一定量直射光的植物，在室内摆放一个月左右，休眠期可延长至2个月，如山茶、八仙花、凤梨类等；宜陈设在室内阳光充足处的植物，供短期观赏，1～2周应更换的植物，如一品红、变叶木、茉莉花等。

二、室内盆栽植物的应用形式

(一)居室装饰

居室主要包括起居室、餐厅、客厅、书房及阳台等处。向阳居室选择喜光、耐高温的观赏植物品种，东向居室选择一些耐半阴的观赏植物，北向居室则宜选择耐阴的观赏植物、盆景等。一般卧室较小，所以装饰植物数量不宜太多，宜放些芳香、小型的观赏植物，突出营造典雅安逸的装饰效果。书房则应突出清新明快、幽静舒适的装饰意境。会客室一般较宽敞、豪华，故装饰要艳丽多姿，用具有香味和有净化空气作用的中大型的观花、观叶植物，以便营造欢快、热烈的气氛，显得气派大方，清新高雅。

门框、窗格及阳台栏杆最好用蔓生植物装饰，向阳的窗户或阳台可组成绿檐或绿棚。有下垂枝叶的植物，最适合放在窗台、书橱、立柜高处、阳台外沿或悬挂于窗户中央。有些落地长窗具宽而长的窗档，其上可陈设小型的盆栽或微型盆景等。

室内的角隅不便放置家具，最适合用大中型常绿观叶盆栽植物来屏障或装饰，以调和室内布局。桌几、低橱柜上陈列的植物,多供近处观赏,质量要好,布置应妥贴融洽,小型盆栽、盆景都可用,但每个房间所用植物不易太多,以2~3盆为宜。

现代别墅式建筑中,常有将起居室一部分建造成温室,阳光可从大面积的玻璃窗或部分玻璃屋面射入,内有加温设备、植床、水池等,可布置成室内小花园的一隅。

(二)厅堂装饰

在现代酒吧、餐厅、咖啡馆、卡拉OK厅、舞厅等餐饮、娱乐服务场所中,植物装饰是绝不可少的,而且其规格在不断提高。室内植物装饰既要追求环境的富丽堂皇,又要使人感到高雅、洁净、亲切和热情。

一般餐馆娱乐场所的厅堂,宜选用较大型的观叶植物,并配以花叶共赏的植物。可以在进门显眼的地方摆放一些大型五针松、罗汉松等盆景,起到"迎客松"的作用,表达尊客之意。在墙的角落可摆放体态大方的橡皮树、棕竹、散尾葵等观叶植物,显示友谊长存之意。厅堂中,由于人员的流动性较大,则应用垂直绿化形式。在竖直空间上,用垂吊、挂、嵌以及攀缘等形式,点缀一些绿色植物,以充分利用空间,使客人能全方位地欣赏到绿色植物,以增添情趣。

在厅堂装饰时,观赏植物的色调要与厅堂整体相协调。比如厅堂的墙壁是淡黄色的,窗帘是淡绿色的,沙发是棕色的,上面衬以白色的沙发巾,这时在桌几上放置朱红色、红色花朵为主体插花来点缀较适宜。不同性质的宴会对于花色的选择也很有讲究。比如在灯光暗淡的晚宴上,如采用红、蓝、紫等较深色的观赏植物,会令人感到气氛沉闷;同样是这些观赏植物,用于午宴时,会显得活泼奔放,给人以热情好客的感受。白色、黄色、粉色及淡色的观赏植物则适宜于晚宴,会使厅堂显得明亮。在婚礼、聚会上,常用紫红色的月季,配以鲜艳的台布,并在花瓶口系上佩带与台布相协调,会使气氛更浓重;儿童过生日,可以选用粉红色的月季、香石竹,配以枣红色的台布;而为老人祝寿时,宜选用淡黄色的月季,配以黄色台布等。

餐饮业、娱乐业的厅堂植物装饰风格,可以根据经营特色灵活运用,或中国传统风格式,或西洋式、日本式等。对于专用的宾馆、饭馆、餐厅等,如风味餐厅,可以选用当地有特色的观赏植物,来增加地方色彩,若厅室内功能较多,如配合跳舞或演出活动等,植物装饰要夸张一些,采用鲜艳的观赏植物,显示出华丽的气氛。如果设置有隐蔽的座位区,也可用植物做屏风式布置,来掩映分隔效果更好。

(三)会场装饰

会场是指会议的场地。会场的布置要根据会议的大小、性质等来布置,一般以中、高档草花和观叶植物为主,让人们踏入会场的一瞬间就融和到会议的主题中。

最常见的是非节日的普通布置,这类布置一般多用鲜花和绿色观叶植物进行搭配,如主席台上用1.5~2 m高的棕竹、散尾葵等观叶植物作背景,主席桌摆放鲜插花,主席台下方用些小型盆花装饰,会场入口放置大型鲜花花篮,使整个会场融为一体,以烘托会议隆重、壮观和热烈气氛。另外,会场布置要切合会议的主题,例如圣诞节用一棵高大的圣诞树和大量圣诞花布置,再配些精美的彩带和气球作点缀,会场会更具特色。

(四)植物展览

植物展览是以一定数量的优质观赏植物,采用各种艺术形式在预定的时间和地点集中进行的露天布置或室内陈列。植物展览以其性质不同分为庆贺、纪念日、科学普及、品种评定等展览形式,或兼而有之。展览方式有常设的植物展览、临时的专类植物展览和规模较大的综合性展览。植物展出的环境,不论展出规模的大小、室内或露天,最宜在园林风景优美之处,尤其室外展览更为如此。

珍贵的盆栽植物如菊、兰、桩景和热带花卉等,宜于室内展览(包括荫棚游廊),一般其规模不宜过大,温暖季节可充分利用敞廊、棚架及凉棚作为展览场所,冬季在室内必须通风良好,光照充足,如有观赏温室最好。陈列时要注意将风格迥然不同的展品合理区别安排,欣赏时互不干扰;而适宜互相搭配的展品,又要左右呼应,相互得益。

综合性的植物展览有作为科学普及的,如介绍植物类别、经济用途、地理分布或栽培技术等,各依其特点分类陈列;也有依据不同展品如盆花、插花及盆景分别布置。专类的如菊花展览,常按照不同整枝类型、品种特点及装饰方式而布置。

植物展览中,由于游人多,室内空气污浊,室外尘土飞扬,加上因布置需要,将盆花高置于花架或斜置歪放,若有人拥挤,不免践踏碰损。因此,植物展览的养护管理及更新添换工作极为重要。举行大型植物展览时,足够的后备展品,方便的短途运输工具及多种方式的灌溉设备必须早有准备。

现代大规模花展的发展趋势是由单纯观赏性的展览发展为综合性的园艺产品展销,一般附设园艺场,出售花种、种苗、种球、鲜花、园艺机具、肥料、农药、盆钵、装饰材料、花卉书刊等。同时,长期定点举办的花展,日益成为丰富人们生活的一种客观需要,不但内容更加丰富多彩,而且将更多地发挥其在科学普及等方面的功能。

实训一 调查草本园林植物在园林中的应用形式

一、实训目的

通过实地调查,掌握草本植物的主要应用形式及在不同园林应用形式中所应用的草本植物种类。进一步对草本园林植物种类的形态特征、生态习性及园林用途进行掌握。

二、实训材料

在本地区园林绿化中所应用的常见草本植物,主要调查花坛、花境、花丛、花台、花钵、花带等园林形式中所应用的主要草本植物。

三、实训内容

1. 识别本地区园林绿化中应用的草本植物种类。
2. 记录每种草本植物的形态特征、生态习性及观赏特性。
3. 记录每种草本植物的主要园林应用形式。
4. 统计本地区常见园林草本植物。

草本园林植物应用调查统计表

编号	名称	形态特征	观赏特性	生态习性	花、果期	园林应用形式	备注

实训二 调查木本园林植物在园林中的应用形式

一、实训目的

通过实地调查,掌握木本植物的主要应用形式及在不同园林应用形式中所应用的木本植物种类。进一步对木本园林植物种类的形态特征、生态习性及园林用途进行掌握。

二、实训材料

在本地区园林绿化中所应用的常见木本植物,主要调查孤植、对植、丛植、树群、林带、绿篱等园林形式所用的木本植物种类。

三、实训内容

1. 识别本地区园林绿化中应用的木本植物种类。
2. 记录每种木本植物的形态特征、生态习性及观赏特性。
3. 记录每种木本植物的主要园林应用形式。
4. 统计本地区常见园林木本植物。

木本园林植物应用调查统计表

编号	名称	形态特征	观赏特性	生态习性	花、果期	园林应用形式	备注

实训三 调查水生植物在园林中的应用

一、实训目的

通过实地调查,掌握水生植物的主要应用形式及在不同园林应用形式中所应用的水生植物种类。进一步对水生植物种类的形态特征、生态习性及应用环境条件等进行掌握。

二、实训材料

在本地区水体绿化所应用的常见水生植物,主要调查湖、溪、池塘、潭等园林水景中所应用的主要水生植物;并对驳岸、水面及水边所应用的水生植物种类进行调查。

三、实训内容

1. 识别本地区园林水景中应用的水生植物种类。
2. 记录每种水生植物的形态特征、生态习性、观赏特性及适宜水生环境。
3. 记录每种水生植物在园林水景中的主要应用环境。
4. 统计本地区常见园林水景中的水生植物。

水生植物的应用调查统计表

编号	名称	形态特征	观赏特性	生态习性	花、果期	应用环境	备注

实训四　调查室内盆栽植物的布置方式

一、实训目的

通过实地调查,掌握室内盆栽园林植物的主要应用形式及不同环境对室内盆栽园林植物的选择标准,进一步对室内盆栽植物的形态特征、生态习性及应用环境条件等进行掌握。

二、实训步骤

在本地区厅堂、会场及办公场所、家居进行调查,主要调查这些场所布置所应用的盆栽植物种类,并对这些植物的形态、习性进行了解。

三、实训内容

1. 参观花卉市场或温室,识别本地区室内常见的室内盆栽植物。
2. 记录每种盆栽植物的形态特征、生态习性、观赏特性。
3. 记录盆栽植物在室内布置的情景。

室内盆栽植物调查统计表

编号	名称	形态特征	观赏特性	生态习性	花、果期	应用环境	备注

第三章　园林木本植物

第一单元　常绿针叶树木

一、常绿针叶树木的特点

常绿针叶树多为裸子植物,乔木、灌木,罕为藤本。叶多为针形、鳞片形、线形、椭圆形、披针形,罕为扇形。花单性,罕两性,胚珠裸露,不为子房所包被。种子有胚乳,胚直生,子叶一至多数。

二、园林常见常绿针叶树木

1. 苏铁(凤尾蕉、凤尾松、避火蕉、铁树)(见图 3-1-1)

Cycas revoluta Thunb.

【科属】:苏铁科,苏铁属。

【识别要点】:常绿棕榈状木本植物,茎高达 5 m。叶羽状,长达 0.5 ~ 2.4 m,厚革质而坚硬,羽片条形,长达 18 cm,边缘显著反卷;雄球花长圆柱形,小孢子叶木质;雌球花略呈扁球形,大孢子叶宽卵形,有羽状裂,胚珠 2 ~ 4。种子卵形而微扁,长 2 ~ 4 cm。花期 6 ~ 8月,种子 10 月成熟,熟时红色。

【产地及分布】:原产中国南部,福建、台湾、广东各地均有分布。日本、印度尼西亚及菲律宾亦有分布。

【习性】:喜暖热湿润气候,不耐寒,在温度低于 0 ℃时即易受害。生长速度缓慢,寿命可达 200 余年。俗传"铁树 60 年开一次花",实则十余年以上的植株在南方每年均可开花。

【园林应用】:苏铁体型优美,可体现热带风光,常布置于花坛的中心或盆栽布置于大型会场内供装饰用,亦可作园景树。

2. 南洋杉(见图 3-1-2)

Araucaria cunninhamii Sweet.

【科属】:南洋杉科,南洋杉属。

【识别要点】:常绿大乔木,高 60 ~ 70 m。幼树尖塔形,树型整齐,老时呈平顶状。主枝轮生,平展,侧枝亦平展或稍下垂。叶二型:生于侧枝及幼枝上的多呈针状,质软,长 0.7 ~ 1.7 cm;生于老枝上的则密集,卵形或三角状钻形,长 0.6 ~ 1.0 cm。雌雄异株。

主要栽培品种:

(1)"银灰"南洋杉'Glauca':叶呈银灰色。

(2)"垂枝"南洋杉'Pendula':枝下垂。

【产地及分布】:原产大洋州及东南沿海地区,如澳大利亚的北部、新南威尔士及昆士兰等州。中国的广州、厦门、云南西双版纳、海南等地均有露地栽培;在其他城市常用作盆栽。

【习性】:性喜暖热气候而空气湿润处,不耐干燥及寒冷,喜生于肥沃土壤,较耐风。生长迅速。

【园林应用】:南洋杉树体高大,姿态优美,与雪松、日本金松、金钱松、巨杉(世界爷)等合称为世界五大公园树,是理想的园景树,亦可作行道树,又是珍贵的室内盆栽装饰树种。

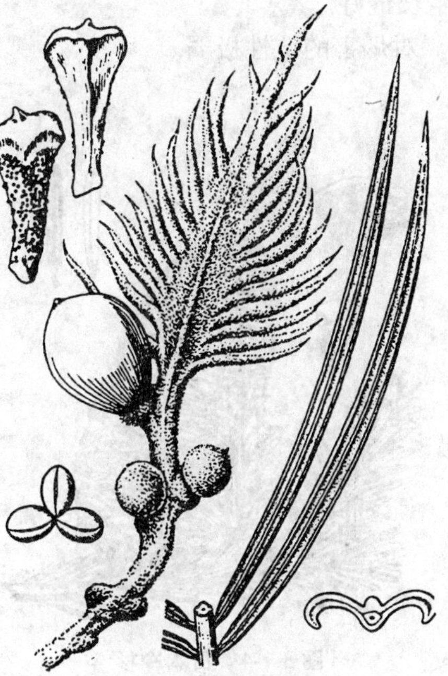

图 3-1-1 苏铁

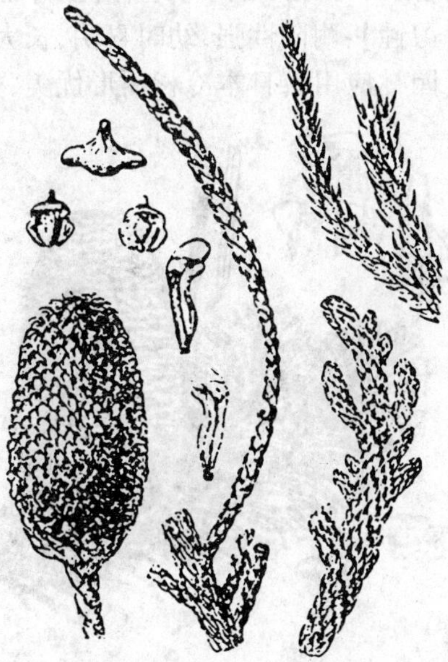

图 3-1-2 南洋杉

3. 冷杉(见图 3-1-3)

Abies fabri(Mast.)Craib.

【科属】:松科,冷杉属。

【识别要点】:常绿乔木,高达 40 m;树冠尖塔形。树皮深灰色,呈不规则薄片状裂纹。1 年生枝淡褐黄色。冬芽有树脂,叶长 1.5~3.0 cm,宽 2.0~2.5 mm,先端微凹或钝,叶缘反卷或微反卷,下面有 2 条白色气孔带,叶内树脂道 2,边生。球果卵状圆柱形,熟时暗蓝黑色,略被白粉,长 6~11 cm,径 3.0~4.5 cm,有短梗。花期 4 月下旬至 5 月,果当年 10 月成熟。

【产地及分布】:分布于四川西部高山海拔 2 000~4 000 m 处。

【习性】:耐阴性很强,喜冷凉而空气湿润,对寒冷及干燥气候抗性较弱,多生于年平均气温在 0~6 ℃,降水量 1 500~2 000 mm 处。喜中性及微酸性土壤。浅根性。

【园林应用】:冷杉冠态优美,宜丛植、群植,易形成庄严、肃静的气氛。

4. 日本冷杉(见图 3-1-4)

Abies firma Sieb. et Zucc.

【科属】:松科,冷杉属。

【识别要点】:常绿乔木,高达 50 m;树冠幼时为尖塔形,老树为广卵状圆锥形。树皮粗糙或裂成鳞片状;1 年生枝淡灰黄或暗灰黑色。冬芽有少量树脂;叶条形,在幼树或徒长枝上长 2.5 ~ 3.5 cm,端成二叉状,在果枝上长 1.5 ~ 2.0 cm,端钝或微凹。球果圆筒形,熟时黄褐或灰褐色,长 12 ~ 15 cm,径 5 cm。

【产地及分布】:原产于日本的本州中南部及四国、九州地方。中国旅顺、大连、青岛、庐山、南京、北京及台湾等地有栽培,而以在庐山生长最好。

【习性】:耐阴性强,幼时喜阴,长大后则喜光。对烟害的抗性极弱。

【园林应用】:日本冷杉树形优美,秀丽可观。

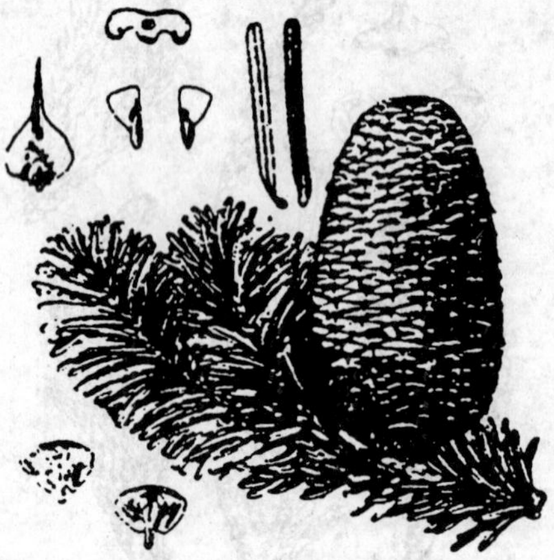

图 3-1-3 冷杉

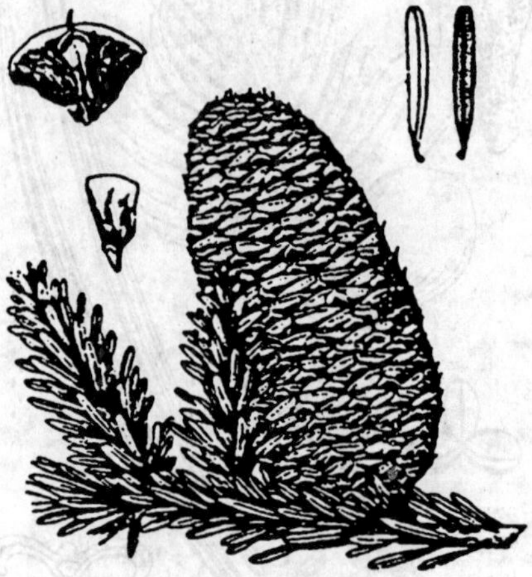

图 3-1-4 日本冷杉

5. 杉松(辽东冷杉、沙松、冷杉)(见图 3-1-5)

Abies holophylla Maxim.

【科属】:松科,冷杉属。

【识别要点】:常绿乔木,高达 30 m;树冠阔圆锥形,老树为广卵形。树皮灰褐色,内皮赤色;1 年生枝淡黄褐色,冬芽有树脂;叶条形,长 2 ~ 4 cm,宽 1.5 ~ 2.5 mm,端突尖或渐尖,上面深绿色,有光泽,下面有 2 条白色气孔带,果枝的叶上亦常有 2 ~ 5 条不很显著的气孔线。球果圆柱形,长 6 ~ 14 cm,熟时淡黄褐或淡褐色,近无柄;包鳞短,不露出,先端有刺尖头。花期 4 ~ 5 月,果当年 10 月成熟。

【产地及分布】:产于辽宁东部、吉林及黑龙江省,但小兴安岭无之,在长白山区及牡丹江山区为主要树种之一。俄罗斯西伯利亚及朝鲜亦有分布。

【习性】:阴性树,抗寒能力较强,喜生长于土层肥厚的阴坡,在干燥阳坡极少见。

【园林应用】:杉松树姿雄伟、端庄,宜作风景林。

6. 臭冷杉(白果枞、白果松、华北冷杉、臭松、白松、臭枞)(见图 3-1-6)

Abies nephrolepis(Trauty.)Maxim.

【科属】:松科,冷杉属。

【识别要点】:常绿乔木,高达 30 m;树冠尖塔形至圆锥形。树皮青灰白色,浅裂或不裂。1 年生枝淡黄褐或淡灰褐色,密生褐色短柔毛。冬芽有树脂;叶条形,长 1 ~ 3 cm,宽约 1.5 mm,上面亮绿色,下面有 2 条白色气孔带。球果卵状圆柱形或圆柱形,长 4.5 ~ 9.5 cm,熟时紫黑色或紫褐色,无柄。花期 4 ~ 5 月,果当年 9 ~ 10 月成熟。

【产地及分布】:分布于河北省小五台山、山西、辽宁、吉林及黑龙江东部海拔 300 ~ 2 100 m 地带。俄罗斯及朝鲜亦有分布。

【习性】:阴性树种,喜生于冷湿的气候下,喜土壤湿润深厚之处,在排水不良处生长较差。浅根性,生长较慢。

【园林应用】:臭冷杉树冠尖圆形,宜列植或成片种植。在海拔较高的自然风景区宜与云杉等混交种植。

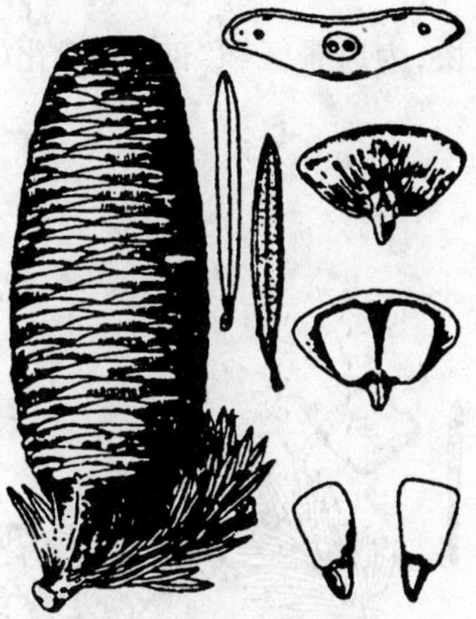

图 3-1-5　杉松

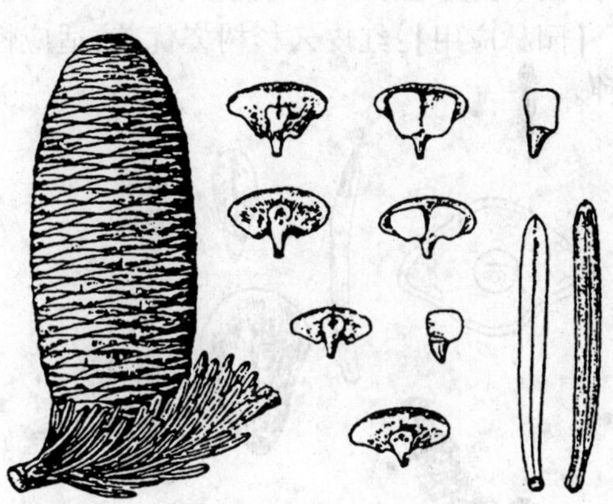

图 3-1-6　臭冷杉

7. 云杉(见图 3-1-7)

Picea asperata Mast.

【科属】:松科,云杉属。

【识别要点】:常绿乔木,高 45 m,树冠圆锥形。1 年生枝淡黄、淡褐黄或黄褐色,芽圆锥形,有树脂,上部芽鳞先端不反卷或略反卷,小枝基部宿存芽鳞先端反曲。叶长 1 ~ 2 cm,先端尖,横切面菱形,上面有 5 ~ 8 条气孔线,下面 4 ~ 6 条。球果圆柱状长圆形或圆柱形。成熟前种鳞全为绿色,成熟时呈灰褐或栗褐色,长 6 ~ 10 cm。花期 4 月,果当年 10 月成熟。

主要栽培品种:

"蓝粉"云杉'Glauca':叶断面四棱状,具蓝粉,系德国品种。

【产地及分布】:产于四川、陕西、甘肃海拔 1 600 ~ 3 600 m 的山区。

【习性】:有一定耐阴性,喜冷凉湿润气候,但对干燥环境有一定抗性。浅根性,要求排水良好,喜微酸性深厚土壤。

【园林应用】:云杉树冠尖塔形,苍翠壮丽,材质优良,生长较快,故在用材林和风景林等方面都有重要作用。

8. 红皮云杉（红皮臭、虎尾松、高丽云杉、带岭云杉）（见图 3-1-8）

Picea koraiensis Nakai.

【科属】：松科，云杉属。

【识别要点】：常绿乔木，高达 30 m；树冠尖塔形，大枝斜伸或平展，小枝上有明显的叶枕。1 年生枝淡红褐或淡黄褐色；芽长圆锥形，小枝基部宿存芽鳞之先端常反曲。叶长 1.2 ~ 2.2 cm，锥形，先端尖，多辐射伸展，横切面菱形，四面有气孔线。球果卵状圆柱形或圆柱状矩圆形，长 5 ~ 8 cm，成熟时呈黄褐或褐色。

【产地及分布】：分布于东北小兴安岭、吉林山区海拔 400 ~ 1 800 m 地带，朝鲜及俄罗斯乌苏里地区亦产。

【习性】：较耐阴，浅根性。适应性较强，在分布区内除沼泽化地带及干燥的阳坡、山脊外，在不同立地条件下均能生长。

【园林应用】：红皮云杉树姿优美，适应性强，生长快，为风景区和“四旁”绿化的优良树种。

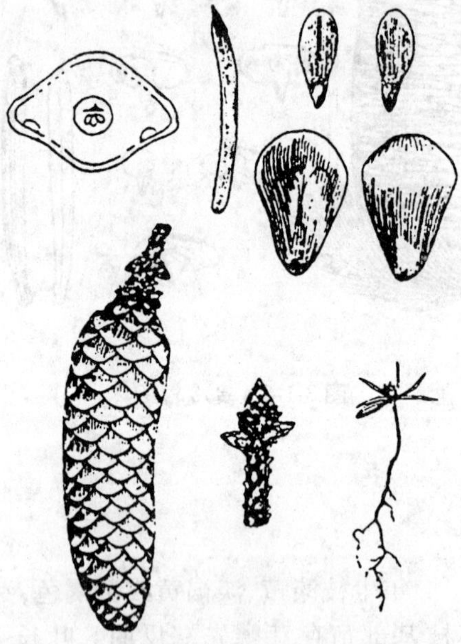

图 3-1-7　云杉

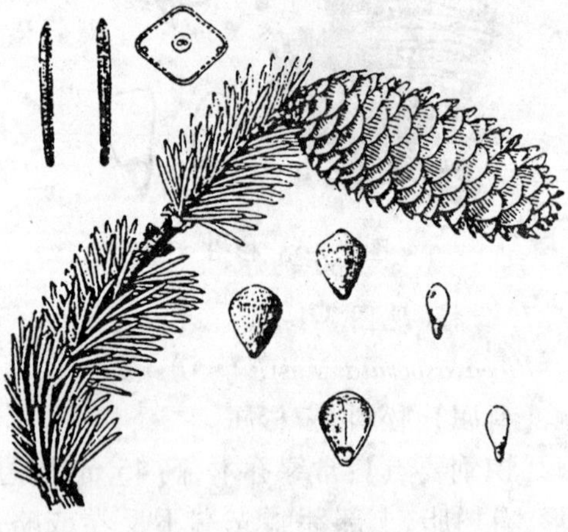

图 3-1-8　红皮云杉

9. 白杄（麦氏云杉、毛枝云杉）（见图 3-1-9）

Picea meyeri Rehd. et Wils.

【科属】：松科，云杉属。

【识别要点】：常绿乔木，高约 30 m；树冠狭圆锥形。树皮灰色，呈不规则薄鳞状剥落，大枝平展，小枝淡黄褐、红褐或褐色，1 年生枝黄褐色，当年枝几无毛。芽多圆锥形或卵状圆锥形，褐色，略有树脂，上部芽鳞先端常向外反曲，基部芽鳞常有脊，小枝基部宿存芽鳞之先端向外反曲或开展。叶四棱状条形，横切面菱形，弯曲，呈有粉状青绿色，端钝，四面有气孔线，叶长 1.3 ~ 3.0 cm，宽约 2 mm，螺旋状排列。球果长圆状圆柱形，长 5 ~ 9 cm，初期浓紫色,成熟时呈有光泽的黄褐色。花期4~5月,果9~10月成熟。

【产地及分布】:中国特产,是国产云杉中分布较广的种。在山西五台山,河北小五台山、雾灵山,陕西华山等地均有分布。

【习性】:耐阴性强,性耐寒,喜空气湿润气候;喜生于中性及微酸性土壤,但也可生于微碱性土壤中。浅根性,但根系有一定的可塑性,在土层厚而较干处根可生长稍深。

【园林应用】:白杆树形端正,枝叶茂密,下枝能长期存在,最适孤植,亦可丛植。华北城市可较多应用。

10. 青杆(魏氏云杉、细叶云杉)(见图3-1-10)

Picea wilsonii Mast. (*P. mastersii* Mayr.)

【科属】:松科,云杉属。

【识别要点】:常绿乔木,高达50 m;树冠圆锥形。1年生枝淡黄绿,淡黄或淡黄灰色,2、3年生枝淡灰或灰色。芽灰色,无树脂,小枝基部宿存芽鳞紧贴小枝。叶较短,长0.8~1.3 cm,横断面菱形或扁菱形,各有气孔线4~6条。球果卵状圆柱形或圆柱状长卵形,长4~8 cm,成熟前绿色,熟时黄褐或淡褐色。花期4月,球果10月成熟。

【产地及分布】:分布于河北小五台山、雾灵山,山西五台山,甘肃中南部,陕西南部,湖北西部,青海东部及四川等地山地海拔1 400~2 800 m地带。北京、太原、西安等地城市园林中常见栽培。

【习性】:性强健,适应力强,耐阴性强,耐寒,喜凉爽湿润气候;喜排水良好,适当湿润之中性或微酸性土壤,但在微碱性土壤中亦可生长。

【园林应用】:青杆树形整齐,叶较白杆细密,为优美的园林观赏树之一。

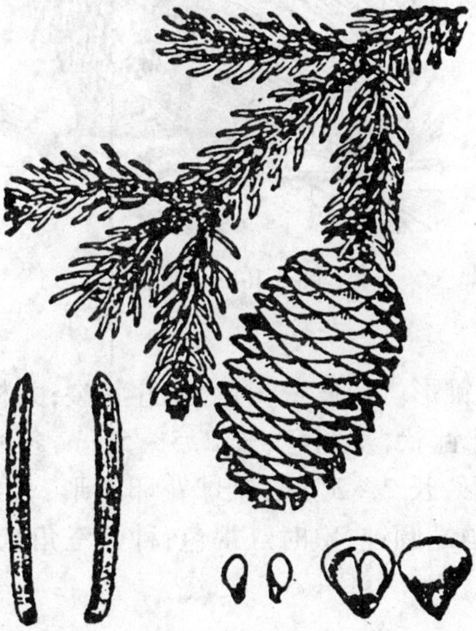

图3-1-9　白杆

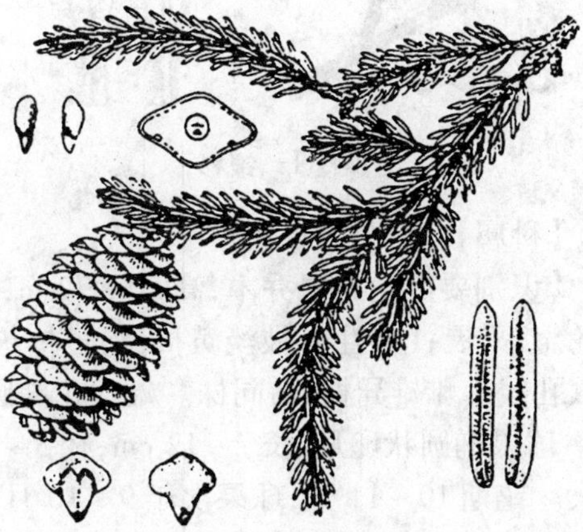

图3-1-10　青杆

11. 银杉(见图3-1-11)

Cathaya argyrophylla Chun et Kuang(*C. nanchuanensis* Chun et Kuang).

【科属】:松科,银杉属。

【识别要点】:常绿乔木,高达 20 m;树皮暗灰色,老则裂成不规则薄片;大枝平展,小枝节间上端生长缓慢,较粗,或少数侧生小枝因顶芽死亡而成距状;1 年生枝黄褐色;叶枕近条形;冬芽卵形或圆锥状卵形,顶钝,淡黄褐色。叶螺旋状着生,叶长 4 ~6 cm,宽 2.5 ~3.0 mm,下面沿中脉两侧具极显著粉白色气孔带。雌雄同株,雄球花单生于 2 年生枝叶腋;雌球花单生于新枝下部叶腋。球果卵圆形,长 3 ~5 cm,下垂,熟时暗褐色,种鳞 13 ~16,蚌壳状,近圆形,不脱落;苞鳞长达种鳞 1/4 ~1/3;种子有翅。

【产地及分布】:中国特产的稀有种,仅产于广西龙胜海拔 1 400 m 的阳坡阔叶林中与四川金川、金佛山海拔 1 600 ~1 800 m 的山脊地带等地。

【习性】:喜光树种,喜温暖、湿润气候和排水良好的酸性土壤。

【园林应用】:银杉树势如苍虬,壮丽可观。可作风景林。

12. 雪松(见图 3-1-12)

Cedrus deodara(Roxb.)Loud.(C. *libani* Rich. var. *deodara* Hook. f.)

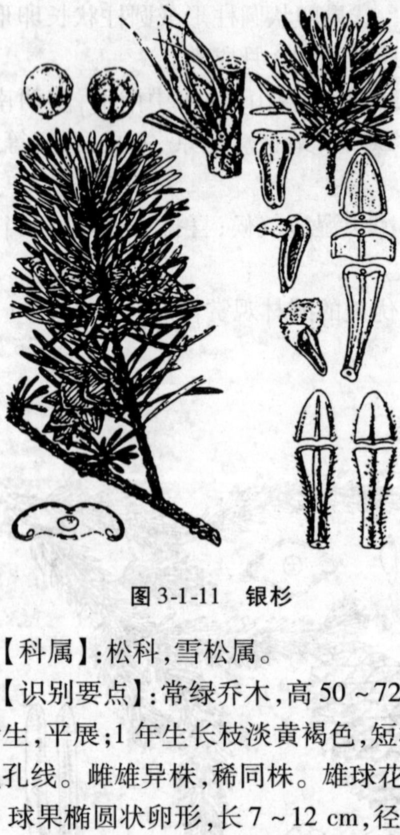

图 3-1-11 银杉

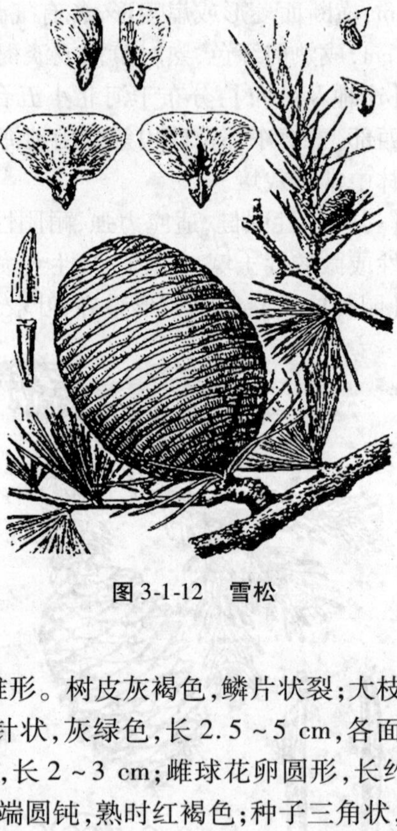

图 3-1-12 雪松

【科属】:松科,雪松属。

【识别要点】:常绿乔木,高 50 ~72 m;树冠圆锥形。树皮灰褐色,鳞片状裂;大枝不规则轮生,平展;1 年生长枝淡黄褐色,短枝灰色。叶针状,灰绿色,长 2.5 ~5 cm,各面有数条气孔线。雌雄异株,稀同株。雄球花椭圆状卵形,长 2 ~3 cm;雌球花卵圆形,长约 0.8 cm。球果椭圆状卵形,长 7 ~12 cm,径 5 ~9 cm,顶端圆钝,熟时红褐色;种子三角状,种翅宽大。花期 10 ~11 月,球果次年 9 ~10 月成熟。

主要栽培品种:国外习见者有以下品种。

(1)"银梢"雪松'Albospica':小枝顶梢呈绿白色。

(2)"银叶"雪松'Argentea':叶较长,银灰蓝色。

(3)"金叶"雪松'Aurea':树冠塔形,高 3 ~5 m,针叶春季金黄色,入秋变黄绿色,至冬季转为粉绿黄色。

(4)“密丛”雪松‘Compacta’:树冠塔形,紧密,高仅数米;枝密集弯曲,小枝下垂。

(5)“直立”雪松‘Erecta’:是优秀的直立性生长品种,叶色更显银灰色,是英国品种。

(6)“赫瑟”雪松‘Hcsse’:极矮生,高仅40 cm;植株紧密,是德国品种。

(7)“垂枝”雪松‘Pendula’:大枝散展而下垂,在定植时应将中央领导枝绑直。

(8)“粗壮”雪松‘Robusta’:塔形,粗壮,高20 m;枝呈不规则地散展,弯曲;小枝粗而曲;叶多数,长5~6(8) cm,暗灰蓝色。

(9)“轮枝粉叶”雪松‘Verticillata Glauca’:树冠窄,分枝少而近轮生;小枝粗;叶在长枝上成层,呈显著的粉绿色。

(10)“魏曼”雪松‘Weisemannii’:塔形,植株紧密,枝密生,弯曲;叶密生,蓝绿色。

【产地及分布】:原产于喜马拉雅山西部自阿富汗至印度海拔1 300~3 300 m;中国自1920年起引种,现各大城市中多有栽培。青岛、大连、西安、昆明、北京、郑州、上海、南京等地雪松均生长良好。

【习性】:喜光,有一定耐阴能力,大树要有充足的阳光。喜温凉气候,有一定耐寒能力,栽培北界在北京,但应选背风处栽植为佳;耐干旱,忌积水;对土壤要求不严;对烟尘、SO_2等污染气体抗性较差,可以作为指示植物。

【园林应用】:雪松雄伟壮观,挺拔苍翠,主干下部的大枝自近地面处平展,常年不枯,是世界著名的观赏树。最宜孤植于草坪中央、建筑前庭中心、广场中心或主要大建筑物的两旁及园门的入口等处;也可在园路两旁列植,十分壮观。

13. 日本五针松(五杈松、日本五须松、五针松)(见图3-1-13)

Pinus parviflora Sieb. et Zucc.

【科属】:松科,松属。

【识别要点】:常绿乔木,高10~30 m;树冠圆锥形。树皮灰黑色,呈不规则鳞片状剥裂,内皮赤褐色;1年生小枝淡褐色;冬芽长椭圆形,黄褐色。叶较细,5针1束,长3~6 cm,内侧两面有白色气孔线。球果卵圆形或卵状椭圆形,长4.0~7.5 cm,径3.0~4.5 cm,熟时淡褐色;种鳞长圆状倒卵形;种子倒卵形,黑褐色而有光泽;种翅三角形,淡褐色。

主要栽培品种:

(1)“银尖”五针松‘Albo-terminata’:叶先端黄白色。日本品种。

(2)“短针”五针松‘Brevifolia’:直立窄冠形,枝少而短,叶细而硬,密生而极短,长2~3 cm。通常多作盆景用。法国品种。

(3)“矮丛”五针松‘Nana’:矮生品种,枝短而少,直立;叶较短、较细,密生。日本品种。

(4)“龙爪”五针松‘Tortuosa’:叶呈螺旋状弯曲。日本品种。

(5)“斑叶”五针松‘Variegata’:全株上混生有绿叶及斑叶2种针叶,斑叶中既有仅一部分具黄白斑者,亦有全叶均呈黄白色者。日本品种。

【产地及分布】:原产于日本本洲中部及北海道、九州、四国等地。中国长江流域部分城市及青岛等地园林中有栽培,各地也常栽为盆景。

【习性】:喜光,比赤松及黑松耐阴。喜生于土壤深厚、排水良好适当湿润之处,在阴湿之处生长不良。虽对海风有较强抗性,但不适于沙地生长。生长缓慢。

【园林应用】:日本五针松是珍贵树种之一,主要作观赏用,宜与山石配植形成优美的园景,但需进行专门的整形方能获得较好树形。亦适作盆景、桩景等用。

14. 红松(海松、果松、红果松、朝鲜松)(见图3-1-14)

Pinus koraiensis Sieb. et Zucc.

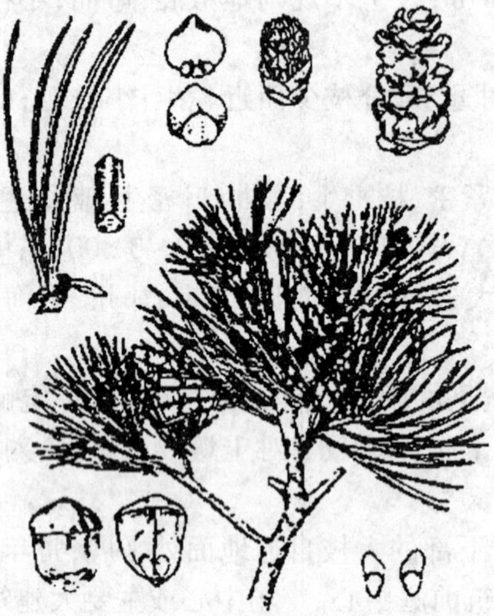

图3-1-13　日本五针松

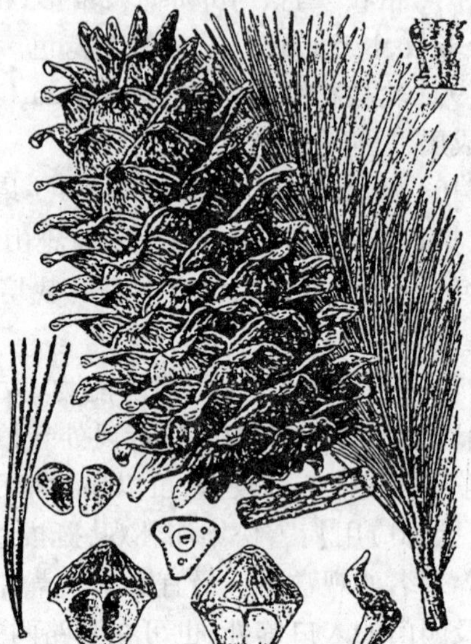

图3-1-14　红松

【科属】:松科,松属。

【识别要点】:常绿乔木,高达50 m;树冠卵状圆锥形。树皮灰褐色,呈不规则长方形裂片,内皮赤褐色。1年生小枝密被黄褐色或红褐色柔毛。冬芽长圆形,赤褐色。叶5针1束,长6~12 cm,在国产的五针松中最为粗硬,直,深绿色,缘有细锯齿,腹面每边有蓝白色气孔线6~8条,树脂道3,中生。球果圆锥状长卵形,长9~14 cm,熟时黄褐色,有短柄;种鳞菱形,先端钝而反卷;种子大,倒卵形,无翅,长1.5 cm,宽约1.0 cm,有暗紫色脐痕。子叶13~16。花期5~6月,果次年9~11月成熟,熟时种子不脱落。

主要栽培品种:

(1)"斑叶"红松'Variegata':叶上有黄白斑。

(2)"温顿"红松'Winton':灌木,树冠宽大于高,冬芽较大;叶不直而气孔线更明显。

(3)"龙爪"红松'Tortuosa':针叶回旋呈龙爪状,小枝顶端之针叶尤甚。

【产地及分布】:产于东北辽宁、吉林及黑龙江,在长白山、完达山、小兴安岭极多,在大兴安岭有少量分布。朝鲜、俄罗斯及日本北部亦有分布。

【习性】:喜光,较耐阴;性喜凉爽气候,耐寒性强,能耐-50 ℃左右的低温。喜空气湿润的近海洋性气候,对酷热及干燥气候适应能力较差。喜生于深厚肥沃、排水良好而又适当湿润的微酸性土壤。浅根性。

【园林应用】:红松树形雄伟高大,宜作北方森林风景区材料,或配植于庭园中。

15. 华山松(见图3-1-15)

Pinus armandii Franch.

【科属】:松科,松属。

【识别要点】:常绿乔木,高达35 m;树冠广圆锥形。幼树树皮灰绿色,老则裂成方形厚块片固着树上。小枝平滑无毛,冬芽小,圆柱形,栗褐色。叶5针1束,长8~15 cm,质柔软,缘有细锯齿,树脂道多为3,中生或背面2个边生,腹面1个中生,叶鞘早落。球果圆锥状长卵形,长10~20 cm,柄长2~5 cm,成熟时种鳞张开,种子脱落。种子无翅或近无翅。花期4~5月,果次年9~10月成熟。

【产地及分布】:山西、陕西、甘肃、青海、河南、西藏、四川、湖北、云南、贵州、台湾等地均有分布。在自然界大抵生于海拔1 000~3 000 m处,有纯林及混交林。

【习性】:喜光,但幼苗略喜一定庇荫;喜温和凉爽、湿润气候,自然分布区年平均气温多在15 ℃以下,年降水量600~1 500 mm,年平均相对湿度大于70%。耐寒力强,能耐-31 ℃低温,不耐炎热。喜排水良好,能适应多种土壤,最宜深厚、湿润、疏松的中性或微酸性壤土,不耐盐碱土,耐瘠薄能力不如油松、白皮松;根系较浅;对二氧化硫抗性较强。

【园林应用】:华山松高大挺拔,针叶苍翠,冠形优美,生长迅速,是优良的庭园绿化树种。可作园景树、庭荫树、行道树及林带树,亦可用于丛植、群植,是高山风景区之优良风景林树种。

16. 白皮松(虎皮松、白骨松、蛇皮松)(见图3-1-16)

Pinus bungeana Zucc.

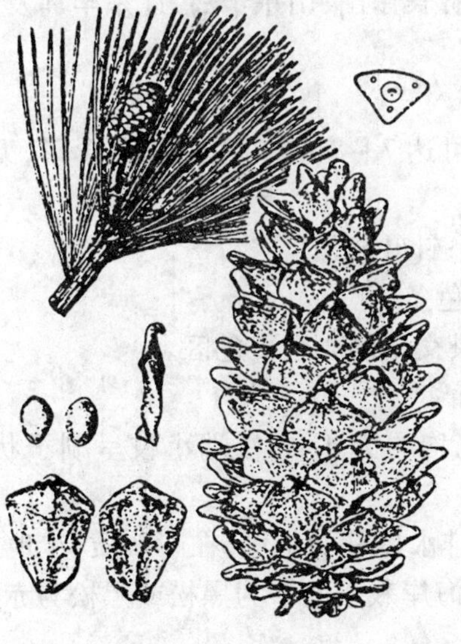

图3-1-15　华山松

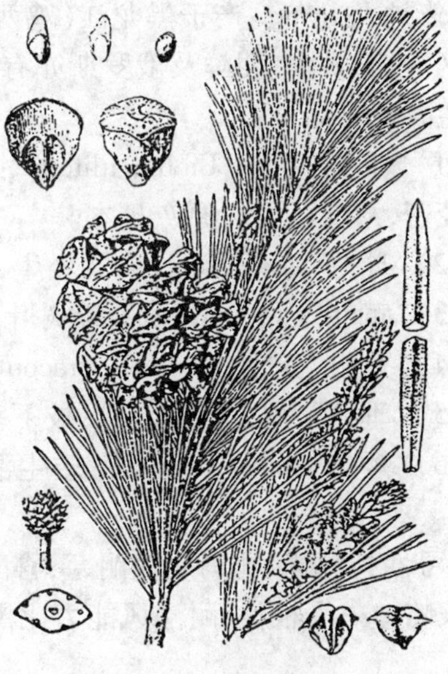

图3-1-16　白皮松

【科属】:松科,松属。

【识别要点】:常绿乔木,高达30 m;树冠阔圆锥形、卵形或圆头形。树皮淡灰绿色或粉白色,呈不规则裂片状剥落。1年生小枝灰绿色,光滑无毛;大枝近地面处斜出。冬芽卵形,赤褐色。叶3针1束,长5~10 cm,缘有细锯齿,树脂道边生,基部叶鞘早落。雄球花序长约 10 cm，鲜黄色；球果圆锥状卵形，长 5 ~ 7 cm，径约 5 cm，成熟时淡黄褐色，近无柄；鳞背宽阔隆起，有横脊，鳞脐有刺。种子大，卵形褐色，长 1.2 cm，宽 0.7 cm，翅长约 0.6 cm。子叶 9 ~ 11。花期 4 ~ 5 月，果次年 9 ~ 11 月成熟。

【产地及分布】：中国特产，是东亚唯一的三针松；在陕西蓝田有成片纯林，山东、山西、河北、陕西、河南、四川、湖北、甘肃等地均有分布，生于海拔 500 ~ 1 800 m 处。

【习性】：喜光，稍耐阴，幼树略耐半阴。耐寒性不如油松。喜生于排水良好而又适当湿润的土壤。对土壤要求不严，在中性、酸性及石灰性土壤上均能生长，可生在 pH 值为 8 的土壤上。亦能耐干旱土地，耐干旱能力较油松为强。深根性树种，后期生长较快。寿命长，达千年以上。

【园林应用】：白皮松是中国特产的珍贵树种，自古以来即用于宫廷、寺院以及名园之中。其树干皮呈斑驳状的乳白色，极为醒目，衬以青翠的树冠，可谓独具奇观。宜孤植，亦宜团植成林，或列植成行，或对植堂前。

17. 赤松（日本赤松）（见图 3-1-17）

Pinus densiflora Sieb. et Zucc.

【科属】：松科，松属。

【识别要点】：常绿乔木，高达 35 m；树冠圆锥形或扁平伞形。树皮橙红色，呈不规则薄片状剥落。1 年生小枝橙黄色，略有白粉。冬芽长圆状卵形，栗褐色。叶 2 针 1 束，长 5 ~ 12 cm。1 年生小球果种鳞先端的刺向外斜出；球果长圆形，长 3 ~ 5.5 cm，径 2.5 ~ 4.5 cm，有短柄。花期 4 月，果次年 9 ~ 10 月成熟。

【产地及分布】：产于黑龙江（鸡西、东宁）、吉林长白山、山东半岛、辽东半岛及苏北云台山区等地，日本、朝鲜及俄罗斯亦有分布。

主要栽培品种：

（1）“千头”赤松‘Umbraculifera’：大灌木，高可达 7 ~ 8 m；树冠呈圆顶伞形，无主干，枝叶茂密，翠绿可爱。原产日本。

（2）“球冠”赤松‘Globosa’：矮生；树冠半球形；针叶较短。

（3）“黄叶”赤松‘Aurea’：绿树叶中夹有淡黄色条斑。

（4）“龙眼”赤松‘Oculus - draconis’：绿叶上具交错的 2 个黄色区。

（5）“垂枝”赤松‘Pendula’：枝下垂或匍匐状。

（6）“矮生”赤松‘Pumila’：矮生灌木，高及宽均约为 4 m；枝端小枝呈刷子状；叶鲜绿色。

【习性】：喜光；比马尾松耐寒；喜酸性或中性排水良好的土壤，在石灰质、沙地及多湿处生长略差。深根性，耐潮风能力比黑松差，故在海岸栽培的多为黑松或黑松与赤松的杂交种。

【园林应用】：“烟叶葱茏苍麂尾，霜皮剥落紫龙鳞”是对赤松的逼真写照。适于门庭、入口两侧对植，草坪上孤植、群植或与红叶树类如黄栌、槭树类混植，亦可作树桩盆景。

18. 樟子松（海拉尔松、蒙古赤松）（见图 3-1-18）

Pinus sylvestris L. var. *mongolica* Litv.

【科属】：松科，松属。

【识别要点】:常绿乔木,高达30 m;树冠阔卵形。1年生枝淡黄褐色,无毛,2~3年生枝灰褐色。冬芽卵状椭圆形,淡褐黄至赤褐色,有树脂。叶2针1束,较短硬而扭旋,长4~9 cm,树脂道6~11,边生,叶断面呈扁半圆形,两面均有气孔线,边缘有细锯齿。雌雄花同株而异枝,雄球花黄色,聚生于新梢基部;雌球花淡紫红色,有柄,授粉后向下弯曲。球果长卵形,长3~6 cm,径2~3 cm,果柄下弯。花期5~6月,果次年9~10月成熟。

【产地及分布】:产于黑龙江大兴安岭海拔400~900 m山地及海拉尔以西、以南沙丘地区。蒙古亦有分布。

【习性】:喜光;比油松更能耐寒冷及干燥土壤,又能生于沙地及石砾地带,在大兴安岭阳坡有纯林。生长速度较快,尤以10~40年生期间高生长最旺。在自然界与之混交的种类视土壤条件而异。

【园林应用】:樟子松是东北地区主要速生用材、防护林和"四旁"绿化的优良树种之一,亦适园林观赏等用。树干通直、材质良好,防风固沙作用显著,适应性强,能耐-40~-50 ℃低温和严重干旱。在沈阳以北至大兴安岭山区沙丘地带以及东北、西北(如乌鲁木齐等)城市作造林与园林绿化树种,颇有发展前途。

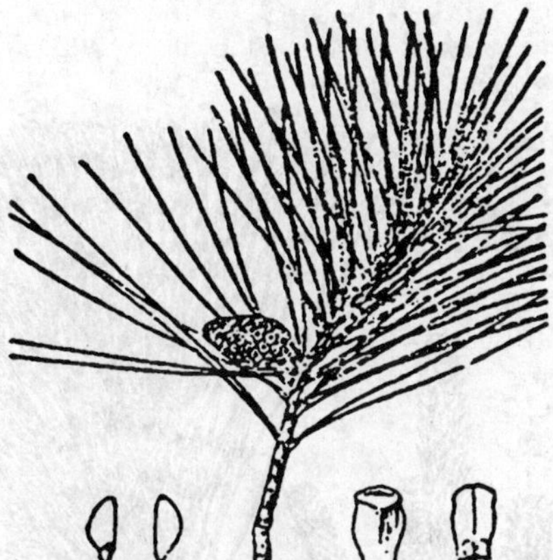

图3-1-17 赤松

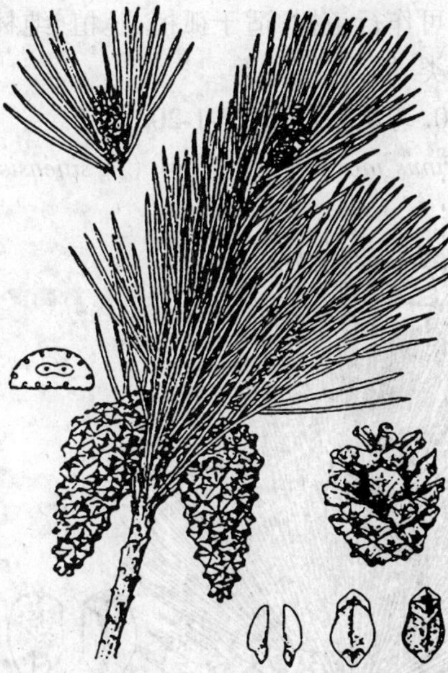

图3-1-18 樟子松

19. 油松(短叶马尾松、东北黑松)(见图3-1-19)

Pinus tabulaeformis Carr.

【科属】:松科,松属。

【识别要点】:常绿乔木,高达25 m;树冠在壮年期呈塔形或广卵形,在老年期呈盘状或伞形。树皮灰棕色,呈鳞片状开裂,裂缝红褐色。小枝粗壮,无毛,褐黄色;冬芽长圆形,端尖,红棕色,在顶芽旁常轮生有3~5个侧芽。叶2针1束,罕3针1束,长10~15 cm,树脂道5~8或更多,边生;叶鞘宿存。雄球橙黄色,雌球花绿紫色。当年小球果的种鳞顶端有刺,球果卵形,长4~9 cm,无柄或有极短柄,可宿存枝上达数年之久;种鳞的鳞背肥厚,横脊显著,鳞脐有刺。种子卵形,长 6 ~ 8 mm,淡褐色,有斑纹;翅长约 1 cm,黄白色,有褐色条纹。子叶 8 ~ 12。花期 4 ~ 5 月,果次年 10 月成熟。

【产地及分布】:分布于辽宁、吉林、内蒙古、河北、河南、山西、陕西、山东、甘肃、宁夏、青海、四川北部等地,朝鲜亦有分布。

变种:

(1)黑皮油松 var. *mukdensis* Uyeki:乔木,树皮深灰色,2 年生以上小枝灰褐色或深灰色。产于河北承德以东至沈阳、鞍山等地。

(2)扫帚油松 var. *umbraculifera* Liouet Wang:小乔木,树冠呈扫帚形,主干上部的大枝向上斜伸,树高 8 ~ 15 m;产于辽宁省千山慈祥观附近,宜供观赏用。

【习性】:强阳性树种,但 1 年生幼苗能在 0.4 郁闭度的林冠下生长,随着苗龄的增长而需光性增加,最后成为群体的最上层,如在下层则生长不良。性强健耐寒,能耐 - 30 ℃低温。耐干燥,对土壤要求不严,但在低湿处及黏重土壤上生长不良。深根性树种。寿命长。

【园林应用】:油松树干挺拔苍劲,四季常青,不畏风雪严寒,树冠开展,年龄愈老姿态愈奇,可作行道树,适于孤植、丛植、纯林群植或混交种植。适于作油松伴生树种的有元宝枫、栎类、桦木、侧柏等。

20. 马尾松(见图 3-1-20)

Pinus massoniana Lamb. (*P. sinensis* Lamb.)

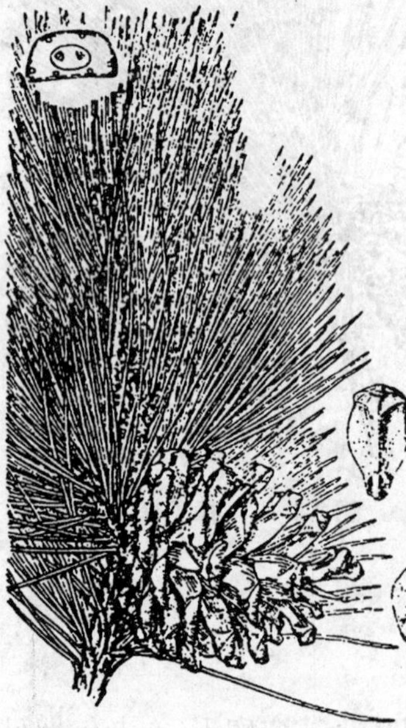

图 3-1-19　油松

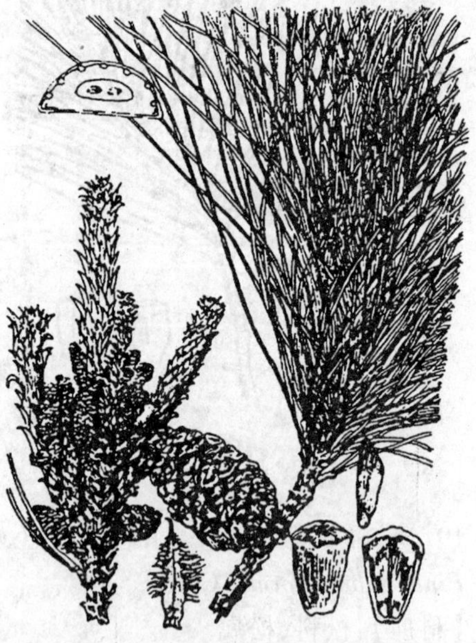

图 3-1-20　马尾松

【科属】:松科,松属。

【识别要点】:常绿乔木,高达 45 m;树冠在壮年期呈狭圆锥形,老年期则开张如伞状。干皮红褐色,呈不规则裂片;1 年生小枝淡黄褐色,轮生;冬芽圆柱形,端褐色。叶 2 针 1

束,罕3针1束,长12~20 cm,质软,叶缘有细锯齿;树脂道4~8,边生。球果长卵形,长4~7 cm,径2.5~4 cm,有短柄,成熟时栗褐色,脱落;种鳞鳞背扁平,横脊不显著,鳞脐不突起,无刺。种子长4~5 mm,翅长1.5 cm。子叶5~8。花期4月,果次年10~12月成熟。

【产地及分布】:分布极广,北自河南及山东南部,南至两广、台湾,东自沿海,西至四川中部及贵州,遍布于华中、华南各地。一般在长江下游海拔600~700 m以下,中游约1 200 m以上,上游约1 500 m以下均有分布。

自然类型:

(1)依树皮厚度及皮色而分。在浙江、安徽等省将马尾松分为:

薄皮型:树皮棕黄色;树冠开展,枝叶较疏;树皮薄。

厚皮型:树皮深褐色;树冠窄,枝叶较密;树皮厚。

(2)依产树脂能力而分。在江苏、浙江等地常将马尾松分为:

高产型:树冠宽,枝稀疏。

低产型:树冠窄,枝较密。

(3)黄松。它是由马尾松与黑松的混植而产生的天然杂交种。其形态介于马尾松与黑松之间,生长势较父、母本为强;主要见于南京地区和皖南。

【习性】:强阳性树种,幼苗亦不耐庇荫。性喜温暖湿润气候,在年均温13~22 ℃、年降水量达700 mm时才能生长良好。耐寒性差。喜酸性黏重土壤,对土壤要求不严,能耐干旱瘠薄土地,在沙土、砾石土及岩缝间均能生长,不耐盐碱,在钙质土上生长不良。要求土壤pH值的适应范围在4.5~6.5。深根性。生长速度中等。寿命约300年。

【园林应用】:马尾松树形高大雄伟,是江南及华南自然风景区和普遍绿化及造林的重要树种。

21. 黄山松(台湾松)(见图3-1-21)

Pinus taiwanensis Hayata(*P. hwangshanensis* Hsia).

【科属】:松科,松属。

【识别要点】:常绿乔木,高达30 m;树冠伞形。1年生小枝淡黄褐色或暗红褐色,无毛。叶2针1束,长5~13 cm,树脂道3~7,中生。球果卵形,长3~5 cm,径3~4 cm,几无柄,可宿存树上达数年之久;鳞背稍肥厚隆起,横脊显著,鳞脐有短刺。子叶6~7枚。花期4~5月,果次年10月成熟。

【产地及分布】:中国特有树种,产于台湾、浙江、福建、安徽、江西、湖南等地。

【习性】:阳性树种,性喜凉爽湿润的高山气候,喜排水良好、土层深厚的酸性黄壤,pH值为4.5~5.5。耐瘠薄,根系深,有菌根菌共生。生长速度中等而偏慢。

【园林应用】:黄山松可供自然风景区的高山地带绿化配植用,树形优美雄伟,极为美观。

22. 黑松(白芽松、日本黑松)(见图3-1-22)

Pinus thunbergii Parl.

【科属】:松科,松属。

【识别要点】:常绿乔木,高达30~35 m;树冠幼时呈狭圆锥形,老年期呈扁平的伞形。

树皮灰黑色,枝条开展,老枝略下垂。冬芽圆筒形,银白色。叶2针1束,粗硬,长6~12 cm,在枝上可存3年,树脂道6~11,中生。雌球花1~3,顶生。球果卵形,长4~6 cm,径3~4 cm,有短柄;鳞背稍厚,横脊显著,鳞脐微凹,有短刺;种子倒卵形,灰褐色,略有黑斑,长3~7 mm,径2.0~3.5 mm,种翅长1.5~1.8 cm。子叶5~10。花期3~5月,果次年10月成熟。

【产地及分布】:原产日本及朝鲜。中国山东沿海、辽东半岛、江苏、浙江、安徽等地有栽培。

主要栽培品种:

(1)"一叶"黑松(连叶松)'Monophylla':2叶愈合成1叶,或仅叶端分开。

(2)"金叶"黑松'Aurea':枝上绿叶与黄叶混生。

(3)"万代"黑松'Globosa':近地表处分生多数枝条,形成半球形树冠。

(4)"旋毛"黑松'Tortuosa':枝、叶呈螺旋状弯曲。

(5)"篦叶"黑松'Pectinata':枝、叶全着生小枝一侧。

(6)"白发"黑松'Variegata':纯黄白色的针叶与有黄白斑的叶混生,树势弱。

(7)"垂枝"黑松'Pendula':枝下垂。

【习性】:阳性树种,幼苗期比成年树耐阴。性喜温暖湿润的海洋性气候,极耐海风和海雾。对土壤要求不严,喜生于沙质壤土。

【园林应用】:黑松为著名的海岸绿化树种,可用作防风、防潮、防沙林带及海滨浴场附近的风景林、行道树或庭荫树。亦可作整形式高篱。

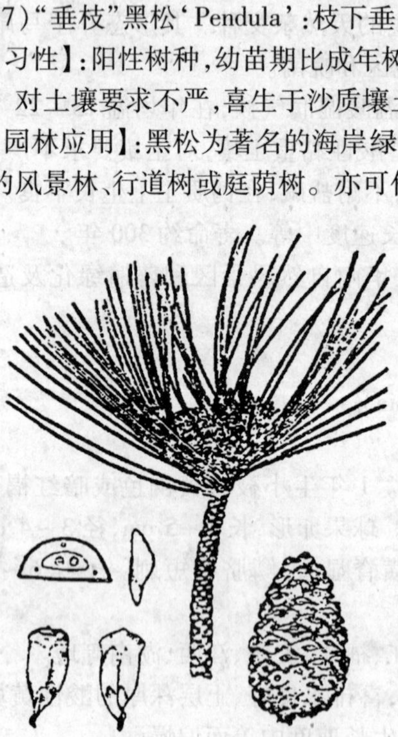

图3-1-21　黄山松

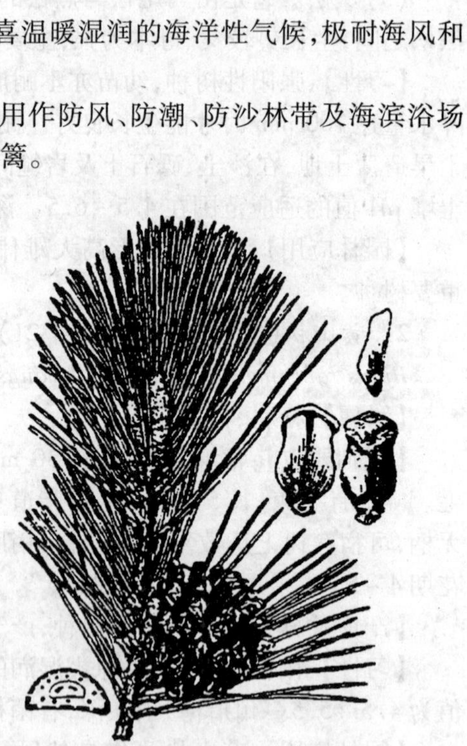

图3-1-22　黑松

23. 火炬松(火把松)(见图3-1-23)

Pinus taeda L.

【科属】:松科,松属。

【识别要点】:常绿乔木,高30 m,树冠呈紧密的圆头状,树皮老时呈暗灰褐色,小枝黄褐色。冬芽长圆形,淡褐色。叶3针1束,罕2针1束,叶细而硬,亮绿色,长16~25 cm。球果卵状长圆形,常对称着生,无柄,长8~14 cm,浅红褐色。鳞脐小,具基部粗壮而反曲的刺。花期3~4月,果次年10~11月成熟。

【产地及分布】:原产美国东南部,华东、华中、华南有栽培。

【习性】:喜温暖湿润气候。喜酸性或微酸性土壤,喜土层深厚肥沃、排水良好,不耐涝,不耐盐碱土。深根性。

【园林应用】:火炬松树干通直,树冠紧凑,可在长江流域及其以南地区推广。

24. 湿地松(见图3-1-24)

Pinus elliottii Engelm.

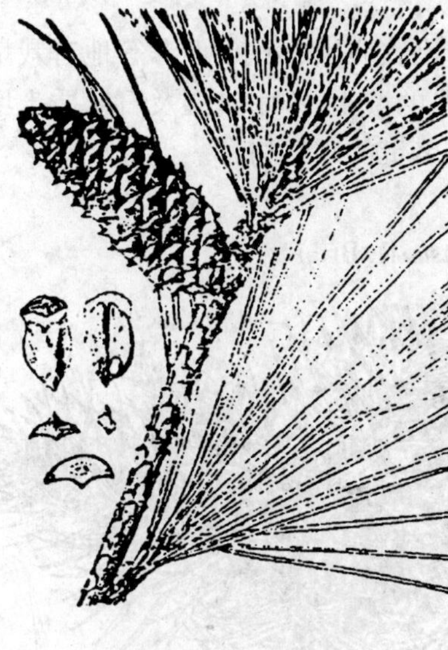

图3-1-23　火炬松

图3-1-24　湿地松

【科属】:松科,松属。

【识别要点】:常绿乔木,高30~36 m;树皮灰褐色,纵裂成大鳞片状剥落;小枝粗壮。冬芽红褐色,粗壮,圆柱形,先端渐狭,无树脂。叶2针、3针1束并存,长18~30 cm,粗硬,深绿色,有光泽,腹背两面均有气孔线,叶缘具细锯齿,叶鞘长约1.2 cm。球果常2~4个聚生,罕单生,圆锥形,长6.5~16.5 cm,有柄,种鳞平直或稍反曲,鳞盾肥厚,鳞脐疣状,先端急尖;种子卵圆形,略具3棱,长约6 mm,黑色而有灰色斑点,种翅长0.8~3.3 cm,易脱落。花期在广州为2月上旬至3月中旬,果次年9月上中旬成熟。子叶7~9枚。

【产地及分布】:原产美国南部暖热潮湿的低海拔地区(600 m以下)。中国山东平邑以南直至海南岛的陵水县,东自台湾,西至成都的广大地区内多处试栽均表现良好。

【习性】:强阳性树种,极不耐阴。性喜夏雨冬旱的亚热带气候,对温度的适应性强。适生于中性至强酸性红、黄沙壤,耐水湿,可生长在低洼沼泽地、湖泊、河边,故名湿地松。较耐旱,深根性,抗风力强,能抗11~12级台风袭击。

【园林应用】:湿地松苍劲而速生,适应性强。在长江以南的园林和自然风景区中可作为重要的园林树种应用。

25. 金松（伞松、日本金松）（见图3-1-25）

Sciadopitys verticillata（Thunb.）Sieb. et Zucc.

【科属】：杉科，金松属。

【识别要点】：常绿乔木，高达40 m；树冠为整齐的尖圆塔形。叶二型：一种称鳞状叶，散生于嫩枝上，膜质；另一种称完全叶，聚簇枝梢，呈轮生状，扁平条状，长5～16 cm，宽2.5～3.0 mm，上面亮绿色，背面有2条白色气孔线。雌雄同株，雄球花呈圆锥状，黄褐色；雌球花长椭圆形，单生枝顶。球果卵状长圆形，长6～10 cm；种子扁平。

主要栽培品种：

（1）“垂枝”金松‘Pendula’。

（2）“彩叶”金松‘Variegata’。

【产地及分布】：原产日本。中国一些大城市如青岛、庐山、南京、上海等地有栽培。

【习性】：喜光，有一定的抗寒力，喜生于肥沃深厚的壤土，不耐过湿及石灰质土壤。

【园林应用】：金松为世界五大公园树种之一，是名贵的观赏树种。

26. 杉木（沙木、沙树、刺杉）（见图3-1-26）

Cunninghamia lanceolata（Lamb.）Hook.（*C. sinensis* R. Br.）

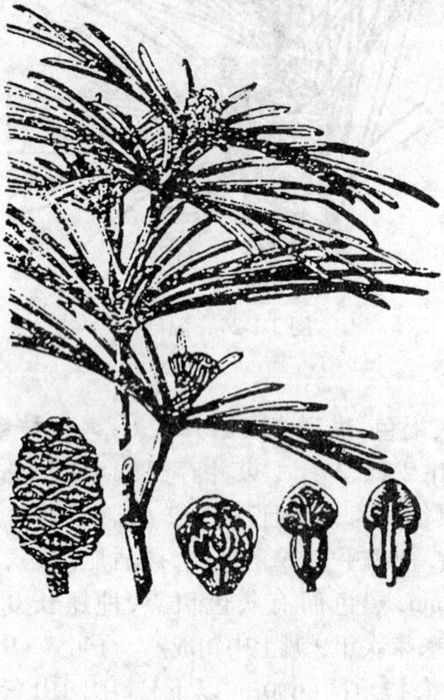

图3-1-25　金松

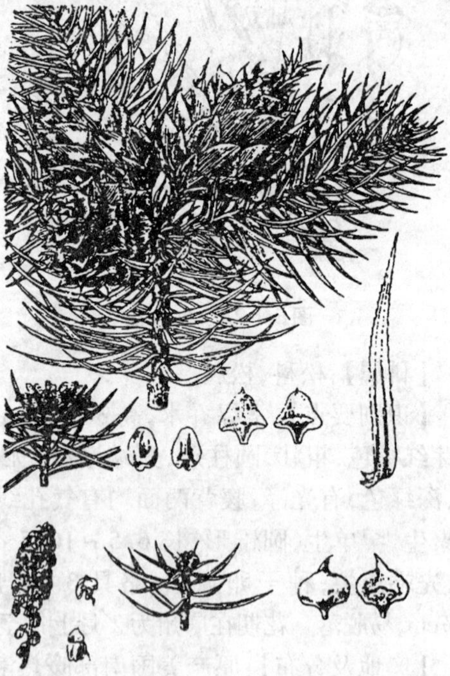

图3-1-26　杉木

【科属】：杉科，杉木属。

【识别要点】：常绿乔木，高达30 m；树冠幼年期为尖塔形，大树为广圆锥形。树皮褐色，裂成长条片状脱落。叶披针形或条状披针形，镰状微弯，革质，坚硬，深绿色，有光泽，长2～6 cm，宽3～5 mm。雌雄同株。球果卵圆至圆球形，长2.5～5 cm，熟时棕黄色，种子长卵形，暗褐色。花期4月，果10月下旬成熟。

主要栽培品种：

(1)“灰叶”杉（深绿叶杉木）‘Glauca’：叶色比原种深，两面有明显的白粉。

(2)“黄枝”杉（黄杉）‘Lanceolata’：嫩枝及新叶黄绿色，有光泽，无白粉。

(3)“软叶”杉（柔叶杉木）‘Mollifolia’：叶薄而柔软，先端不尖。

【产地及分布】：中国特产。分布广，产秦岭、淮河以南各省区。

【习性】：喜光，喜温暖湿润气候，怕风，怕旱，不耐寒，喜深厚、肥沃、排水良好的酸性土壤，不耐盐碱。浅根性，速生。

【园林应用】：杉木树干端直，极为壮观。最适于园林中群植或列植道旁。在英国南方被视为珍贵的观赏树。

27. 柳杉（长叶柳杉、孔雀松、木杪椤树、长叶孔雀松）（见图3-1-27）

Cryptomeria fortunei Hooibrenk ex Otto et Dietr.

【科属】：杉科，柳杉属。

【识别要点】：常绿乔木，高达40 m；树冠圆锥形，树皮赤棕色，纤维状裂成长条片脱落。大枝近轮生；小枝绿色，常下垂。叶长1.0～1.5 cm，钻形，微向内曲；幼树及萌芽枝之叶长达2.4 cm。雌雄同株。雄球花黄色，雌球花淡绿色。球果熟时深褐色，径1.5～2.0 cm，种鳞约20枚，每种鳞有种子2。花期4月，果10～11月成熟。

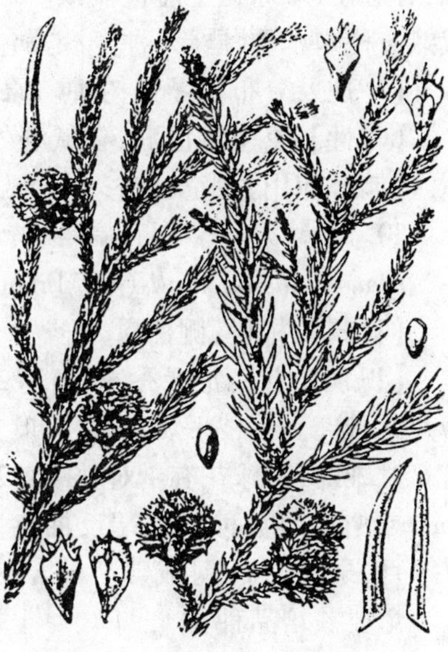

图3-1-27　柳杉、日本柳杉

【产地及分布】：产于长江流域以南，浙江、江苏南部、安徽南部、四川、贵州、云南、湖南、湖北、广东、广西及河南郑州等地有栽培。

【习性】：中等喜光，略耐寒，喜温暖湿润、云雾弥漫、夏季较凉爽的气候条件。喜生长于深厚肥沃、排水良好的沙质壤土。浅根性，寿命长达数百年。

【园林应用】：柳杉树形圆整高大，树干粗壮，极为雄伟，最适独植、对植，亦宜丛植或群植。

日本柳杉（见图3-1-27）

Cryptomeria joponica（L. f.）D. Don.

常绿乔木，高达45 m。与柳杉的区别主要是种鳞较多，20～30枚；苞鳞的尖头和种鳞顶端的齿缺均较长，每种鳞有3～5种子。

原产日本，中国有引种。

28. 巨杉（世界爷、北美巨杉）

Sequoiadendron giganteum（Lindl.）Buchholz（*Sequoia gigantea* Dcne.）

【科属】：杉科，巨杉属。

【识别要点】：常绿巨乔木，高达100 m，干基部有垛柱状膨大物；树皮深纵裂，厚30～

60 cm,呈海绵质;树冠圆锥形。冬芽小而裸;小枝初为绿色,后变淡褐色。叶鳞状钻形,螺旋状排列,下部贴生小枝,上部分离部分长 3 ~ 6 mm。雌雄同株。球果椭圆形,长 5 ~ 8 cm;种鳞盾形,顶部有凹槽;种子长圆形,淡褐色,长 3 ~ 6 mm。果次年成熟。

【产地及分布】:孑遗树种。原产美国加州。

【习性】:喜光,生长快,树龄极长。

【园林应用】:巨杉为世界五大公园树之一,可作园景树应用。

29. 北美红杉(长叶世界爷、红杉、红木杉)

Sequoia sempervirens(Lamb.)Endl.(*Taxodium sempervirens* Lamb.)

【科属】:杉科,北美红杉属。

【识别要点】:常绿巨乔木,高达 110 m;树皮厚 15 ~ 25 cm,赤褐色;树冠圆锥形。叶二型,主枝之叶卵状长圆形,长约 6 mm;侧枝之叶条形,长 8 ~ 20 mm,基部扭成 2 列状,无柄,上面深绿色,背面有粉白色气孔带 2 条,中脉明显。雌雄同株。雄球花单生枝顶或叶腋,有短梗;雌球花生短枝枝顶。球果卵状椭圆或卵形,长 2.0 ~ 2.5 cm,淡红褐色,当年成熟。种鳞木质,盾形;种子淡褐色,长 1.5 mm,两侧有翅。

【产地及分布】:孑遗树种。原产北美西海岸山地。上海、杭州、南京等地有栽培。

【习性】:喜空气湿润,在低湿处成纯林。

【园林应用】:北美红杉为世界著名树种,可作园景树应用。

30. 侧柏(扁松、扁柏、扁桧、黄柏、香柏)(见图 3-1-28)

Platycladus orientalis(L.)Franco(*Biota orientalis* Endl.,*Thnja orientalis* L.)

【科属】:柏科,侧柏属。

【识别要点】:常绿乔木,高达 20 m;幼树树冠尖塔形,老树广圆形;树皮薄,浅褐色,呈薄片状剥离。小枝平展,扁平。叶全为鳞片状。雌雄同株,球花单性,单生枝顶。雄球花有 6 对雄蕊;雌球花有 4 对珠鳞,仅中间 2 对珠鳞各有 1 ~ 2 胚珠。球果卵形,长 1.5 ~ 2.5 cm,成熟前绿色,种鳞顶端反曲尖头,成熟后变木质,开裂,红褐色。种子长卵形。花期 3 ~ 4月,果 10 ~ 11 月成熟。

主要栽培品种:

(1)"千头"柏(子孙柏、凤尾柏、扫帚柏)'Sieboldii':丛生灌木,高 3 ~ 5 m,枝密生,树冠呈紧密卵圆形或球形。叶鲜绿色。球果略长圆形;种鳞有锐尖头,被极多白粉。

(2)"金塔"柏(金枝侧柏)'Beverleyensis':树冠塔形,叶金黄色。

(3)"洒金"千头柏'Aurea Nana':矮生密丛,圆形,高 1.5 m。叶淡黄绿色,冬季略转褐绿。

(4)"北京"侧柏'Pekinensis':乔木,高 15 ~ 18 m。小枝纤细;叶小;球果圆形,径约 1 cm,通常仅有种鳞 8 枚。

(5)"金叶"千头柏(金黄球柏)'Semperaurea':矮型紧凑灌木,树冠近球形,高达 3 m。叶全年金黄色。

(6)"窄冠"侧柏'Zhaiguancebai':树冠窄,枝向上伸展。叶光绿色,生长旺盛。

【产地及分布】:原产华北、东北,现全国各地均有栽培。

【习性】:喜光,有一定耐阴力,喜温暖湿润气候,亦耐湿、耐旱;较耐寒,适应性强。对土壤要求不严，耐干旱瘠薄，耐盐碱。寿命长，抗二氧化硫、氯化氢等有毒气体。

【园林应用】：侧柏是我国应用最广泛的园林树种之一，自古以来常栽植于寺庙、陵墓和庭园中。现存古柏有北京中山公园的辽代古柏，山东泰山岱庙的汉柏，山东曲阜孔林的老柏树，陕西黄陵轩辕庙的"轩辕柏"等。在园林中可片植、列植，可作绿篱等。

31. 香柏（美国侧柏、美国金钟柏）（见图 3-1-29）

Thuja occidentalis L.

【科属】：柏科，崖柏属。

【识别要点】：常绿乔木，高达 20 m；树冠圆锥形，老树有板根，树皮红褐色。中央鳞叶明显隆起并有腺体，侧方鳞叶无腺体或小；鳞叶长 1.5 ~ 3 mm，揉碎有香气。球果长椭圆形，淡黄褐色，种鳞多为 5 对。

主要栽培品种：

（1）"柱形"香柏'Columna'：树冠柱形，高 4 ~ 5 m。

（2）"卵圆"香柏'Hoveyi'：卵圆树冠，高 1.5 m。

【产地及分布】：原产北美。

【习性】：喜光，有一定耐阴力，耐寒，不择土壤，能在潮湿的碱性土壤上生长。生长速度较慢。

【园林应用】：香柏在美洲广泛用于园林，美国多作绿篱用，亦可孤植和丛植于庭园、广场、草坪边缘。我国庐山、北京均有栽培。

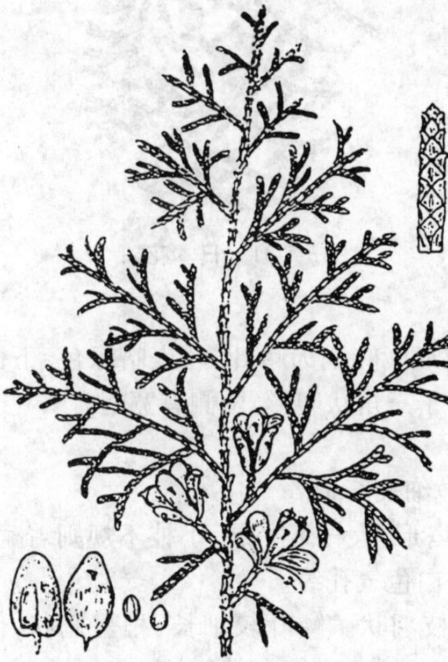

图 3-1-28　侧柏

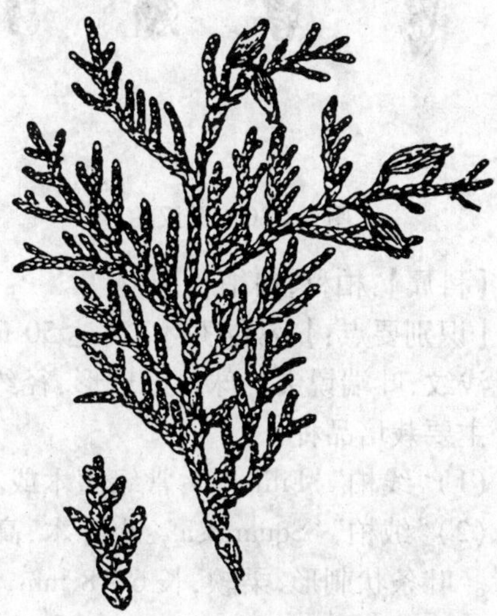

图 3-1-29　香柏

32. 罗汉柏（蜈蚣柏）（见图 3-1-30）

Thujopsis dolabrata Sieb. et Zucc.

【科属】：柏科，罗汉柏属。

【识别要点】:常绿乔木,高达35 m;树冠广圆锥形,大枝平展,小枝扁平。叶鳞片状,对生,侧方鳞叶卵状披针形,叶端尖;中央鳞叶卵状长圆形,叶端钝;叶表绿色,叶背有较宽而明显的粉白色气孔带,叶长4~7 mm。球果近圆形,径1.2~1.5 cm,种鳞6~8;种子椭圆形,灰黄色,两边有翅。

【产地及分布】:原产于日本的本州及九州,我国已引种。

【习性】:喜光,喜生于冷凉湿润气候。

【园林应用】:罗汉柏通常多作盆栽观赏用,亦可用作园景树。

33. 日本花柏(花柏)(见图3-1-31)

Chamaecyparis pisifera(Sieb. et Zucc.)Endl.(*Cupressus pisifera* K. Koch.)

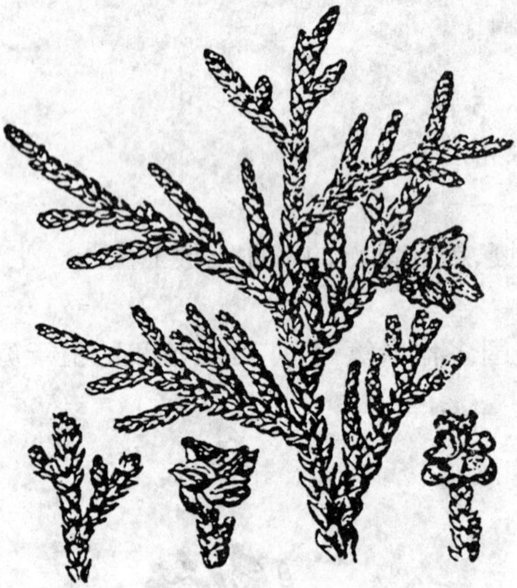

图3-1-30　罗汉柏

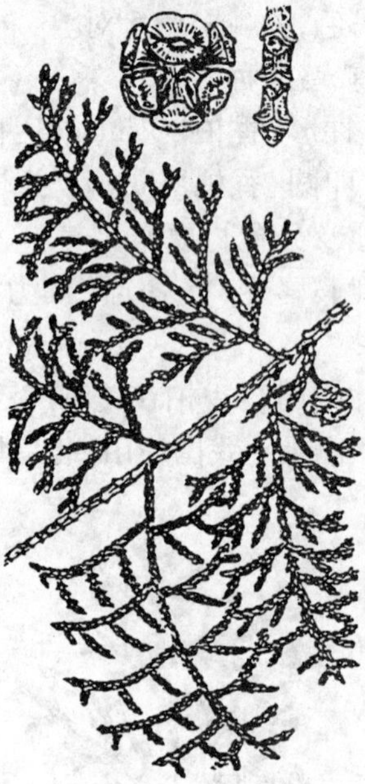

图3-1-31　日本花柏

【科属】:柏科,扁柏属。

【识别要点:】:常绿乔木,高达50 m;树冠圆锥形。叶全为鳞叶,叶表暗绿色,下面有白色浅纹,叶端锐尖。球果圆球形,径约6 mm。种子三角状卵形,两侧有宽翅。

主要栽培品种:

(1)"线柏"'Filifera':常绿灌木或小乔木,小枝细长下垂。

(2)"绒柏"'Squarrosa':小乔木,高5 m;树冠塔形,大枝近平展,小枝不规则着生,呈苔状。叶条状刺形,柔软,长6~8 mm,下面有2条白色气孔线。

(3)"凤尾"柏'Plumosa':小乔木,高5 m;小枝羽状。鳞叶较细长,稍呈刺状,但质软,长3~4 mm。枝叶浓密,树姿、叶形俱美。

(4)"银斑凤尾"柏'Plumosa Argentea':枝端的叶雪白色,其他似"凤尾"柏。

(5)"金斑凤尾"柏'Plumosa Aurea':幼枝新叶金黄色,其他似"凤尾"柏。

(6)"黄金花"柏'Aorea':树冠尖塔形;鳞叶金黄色,但植株内膛叶绿色。

(7)"矮金彩"柏'Nana Aureovariegata':极矮,平顶而密生之灌木,高仅50 cm,小枝扇形；叶有金黄条斑，全叶亦带金黄光泽。

(8)“金晶线”柏‘Golden Spangle’：树冠尖塔形，紧密，高约5 m；小枝短而弯曲，略呈线状；叶金黄色。

(9)“金线”柏‘Filifera Aurea’：似“线柏”，但具金黄色叶，且生长更慢。

【产地及分布】：原产日本。中国东部、中部及西南地区城市园林中有栽培。

【习性】：属中性植物，略耐阴；喜温凉湿润气候；喜湿润土壤。

【园林应用】：日本花柏枝叶纤细秀丽，许多品种具有独特的姿态，观赏价值高。在园林中可独植、丛植或作绿篱用。

34. 日本扁柏(扁柏、钝叶扁柏)(见图3-1-32)

Chamaecyparis obtusa(Sieb. et Zucc.)Endl.

【科属】：柏科，扁柏属。

【识别要点】：常绿乔木，高达40 m；树冠尖塔形；干皮赤褐色。鳞叶尖端较钝。球果球形，径0.8～1 cm；种鳞常为4对；种子近圆形，两侧有窄翅。花期4月，球果10～11月成熟。

主要栽培品种：

(1)“云片”柏(云头柏)‘Breviramea’：着生鳞叶的小枝呈云片状，别致可爱。

(2)“洒金云片”柏‘Breviramea Aurea’：小枝延长而窄，顶端呈金黄色。

(3)“黄塔”扁柏(黄叶扁柏)‘Crippsii’：树冠阔塔形，枝斜展，小枝宽，云片状，顶端下弯；叶鲜金黄色，树冠内叶渐变绿色，枝叶下面黄绿色。

(4)“石南”扁柏‘Ericoides’：灌木，树冠呈紧密的阔圆锥形或近球形，高达1.5 m；叶长3～5 mm，较粗，浅亮绿色。

(5)“孔雀”柏‘Filicoides’：灌木，矮生，生长缓慢；枝长伸而窄，小枝短，扁平而密集，外形如凤尾蕨状；鳞叶小而厚，顶端钝，深亮绿色。

(6)“鹤”柏(乌柏)‘Lycopoides’：矮生，灌木状，或呈圆球形，树高1～2 m；枝散展，较细长，小枝不整齐而密集，枝端尤甚，常压平成鸡冠状；叶呈各种形状。

(7)“矮生”扁柏‘Nana’：矮生，树冠球形，平顶，高达1 m，生长极慢；小枝密生，短而近于水平；叶极小，暗绿色。

(8)“垂枝”扁柏‘Pendula’：枝长，下垂，顶端呈绳索状。

(9)“金四方”柏(金孔雀柏)‘Tetragona Aurea’：矮生，圆锥形，紧密，生长慢；枝近直展；着生鳞叶的小枝呈辐射状排成云片形，较短，枝梢鳞叶小枝四棱状；鳞叶背部有纵脊，亮金黄色。

【产地及分布】：原产日本。我国华东各城市均有栽培，北京可露地越冬。

【习性】：中性树种，略耐阴；喜温暖湿润气候；浅根性。

【园林应用】：日本扁柏树形及枝叶皆美，许多品种具有独特的树形和枝形。在园林中可作园景树、行道树、树丛、风景林及绿篱用。

35. 柏木(垂丝柏)(见图3-1-33)

Cupressus funebris Endl.

【科属】：柏科，柏木属。

图 3-1-32　日本扁柏

图 3-1-33　柏木

【识别要点】:常绿乔木,高 35 m;树冠狭圆锥形;干皮淡褐灰色,呈长条状剥离。小枝下垂,圆柱形,着生叶片的小枝扁平。鳞叶端尖,叶背中部有纵腺点。球果小,径 8 ~ 12 mm,木质;种鳞 4 对;种子两侧有狭翅。花期 3 ~5 月,球果次年 5 ~6 月成熟。

【产地及分布】:分布很广,浙江、江西、四川、湖北、贵州、湖南、福建、云南、广东、广西、甘肃南部、陕西南部等地均有生长。

【习性】:阳性树种,能略耐侧方遮阴;喜暖热湿润气候,不耐寒,是亚热带地区具有代表性的针叶树种;对土壤适应力强;耐干旱瘠薄,略耐水湿;寿命长。

【园林应用】:柏木树冠整齐,能耐侧阴。最宜群植成林或列植成甬道;宜作公园、建筑、陵墓、自然风景区绿化。

36. 福建柏(见图 3-1-34)

Fokienia hodginsii(Dunn.)Henry. et Thomas.

【科属】:柏科,福建柏属。

【识别要点】:常绿乔木,高 20 m;树皮紫褐色,浅纵裂。小枝扁平。鳞叶 2 型,幼树及小枝中央的鳞叶呈楔状倒披针形,两侧的鳞叶近长椭圆形,先端急尖,明显成节,上面绿色,背面被白粉。雌雄同株,球花单生枝顶。球果径 2 ~2. 5 cm;种鳞 6 ~8 对,木质,熟时开裂;种子卵形,种脐明显,上部有一大一小薄翅。花期 3 ~4 月,球果次年 10 ~11 月成熟。

【产地及分布】:产于浙江、福建、江西、湖南、广东、广西、贵州、四川、云南等地。

【习性】:喜光,稍耐阴。喜温暖湿润气候。在肥沃、湿润的酸性或强酸性黄壤或红壤上生长良好;浅根性,侧根发达。

【园林应用】:福建柏树干挺拔雄伟,鳞叶紧密,蓝白相间,奇特可爱。可片植、列植、混植或孤植草坪中,亦可盆栽作桩景。

37. 圆柏(桧柏、刺柏)(见图 3-1-35)

Sabina chinensis(L.)Ant.(*Juniperus chinensis* L.)

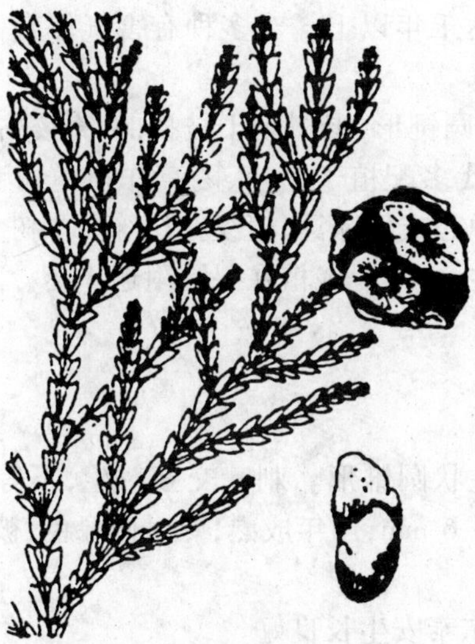

图 3-1-34　福建柏

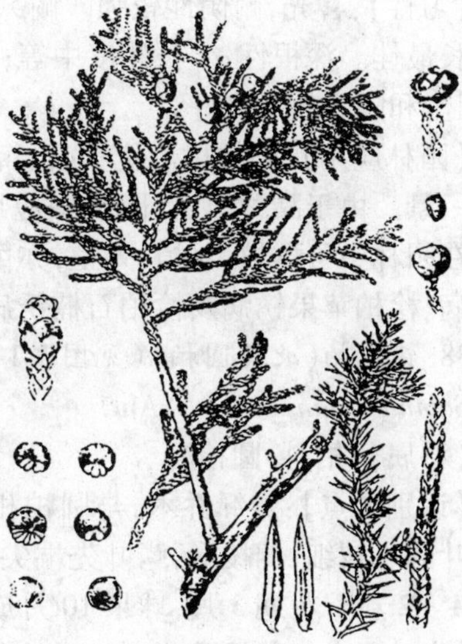

图 3-1-35　圆柏

【科属】:柏科,圆柏属。

【识别要点】:常绿乔木,高 20 m;树冠尖塔形或圆锥形,老树则成广卵形、球形或钟形。树皮灰褐色,呈浅纵条剥离,有时呈扭转状。老枝常扭曲状;小枝直立或斜生。冬芽不显著。叶有两种,鳞叶交互对生,多见于老树或老枝上;刺叶常 3 枚轮生,长 0.6 ~ 1.2 cm;有 2 条白色气孔带。雌雄异株,极少同株;雄球花黄色,对生;雌球花对生或轮生。球果球形,径 6 ~ 8 mm,次年或第 3 年成熟,熟时暗褐色,被白粉,卵圆形。花期 4 月下旬,球果多次年 10 ~ 11 月成熟。

主要栽培品种:

(1)"金叶"桧'Aurea':直立圆锥形灌木,高 3 ~ 5 m,枝上伸;小枝具刺叶及鳞叶,刺叶具窄而不显的灰蓝色气孔带,中脉及边缘黄绿色,鳞叶金黄色。

(2)"金枝球"柏'Aureoglobosa':丛生灌木,树冠近球形;多为鳞叶,小枝顶端新生叶呈金黄色。

(3)"球柏"'Globosa':丛生灌木,近球形,枝密生;全为鳞叶,间有刺叶。

(4)"龙柏"'Kaizuka':树形呈圆柱状,小枝略扭曲上伸,小枝密,在枝端成几个等长的密簇状,全为鳞叶,密生,幼叶淡黄绿,后呈翠绿色;球果蓝黑色,略有白粉。

(5)"金龙"柏'Kaizuka Aurea':叶全为鳞叶,枝端叶金黄色。

(6)"匍地龙"柏'Kaizuka Procumbens':无直立主干,植株就地平展。

(7)"鹿角"桧'Pfitzeriana':丛生灌木,干枝自地面向四周斜展、上伸,风姿优美。

(8)"羽桧"'Plumosa':矮生雄株,灌木,高 1.0 ~ 1.5 m,主枝常于一侧,枝散展;小枝前伸,枝丛密生,羽状;鳞叶密生,暗绿色,在树膛内夹有刺叶。

(9)"塔柏"'Pyramidalis':树冠圆柱形,枝向上直伸,密生;几乎全为刺叶。

【产地及分布】:原产中国东北南部及华北等地,北自内蒙古及沈阳以南,南至两广北部,东自滨海省份,西至四川、云南均有分布。朝鲜、日本也产。

【习性】:喜光,耐阴性较强。耐寒、耐热,对土壤要求不严,以中性、深厚而排水良好处生长最佳。深根性;生长速度中等;寿命极长,达千年以上。对多种有害气体有一定抗性;阻尘和隔音效果良好。

【园林应用】:圆柏树形优美,青年期呈整齐的圆锥形,老树则干枝扭曲,奇姿古态,可独成一景。由于品种丰富,园林中应用广泛。古代多配植于庙宇、陵墓作甬道树和纪念树。在园林中可群植、对植、列植,亦可独植花坛中心或作绿篱、模纹花坛等。本树为桧柏梨锈病、桧柏苹果锈病及桧柏石楠锈病的越冬寄主,应避免栽植在果园附近。

38. 铅笔柏(北美圆柏)(见图 3-1-36)

Sabina virginiana(L.)Ant.

【科属】:柏科,圆柏属。

【识别要点】:常绿乔木,与圆柏相似。树冠柱状圆锥形。刺叶交互对生,不等长;着生鳞叶的小枝细,四棱形,鳞叶先端尖。球果径 5 ~6 mm,当年成熟,熟时蓝绿色,被白粉,种子 1 ~2 粒。花期 3 月,球果 10 月成熟。

【产地及分布】:原产北美。华东有引种。山东泰安生长良好。

【习性】:喜温暖,适应性强,对二氧化硫及其他有害气体抗性较强。

【园林应用】:北美圆柏树形挺拔,枝叶清秀,为优良绿化树种。木材为高级铅笔杆材料,驰名于世。

39. 沙地柏(新疆圆柏、天山圆柏、双子柏、叉子圆柏)(见图 3-1-37)

Sabina vulgaris Ant.(*Juniperus* Sabina L.)

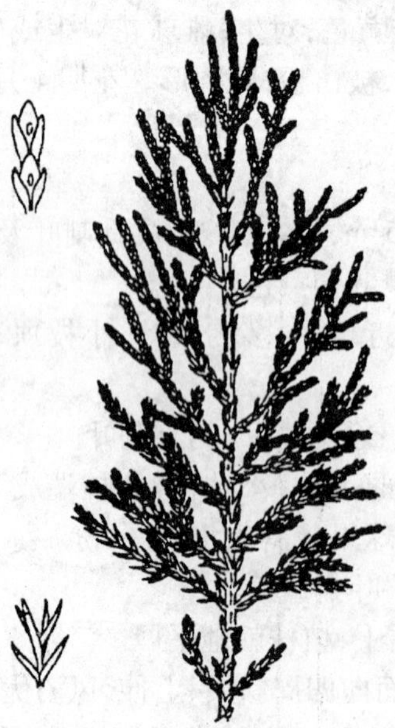

图 3-1-36　铅笔柏

图 3-1-37　沙地柏

【科属】:柏科,圆柏属。

【识别要点】:常绿匍匐性灌木,高不及1 m。刺叶常生于幼树上;鳞叶交互对生,斜方形,先端微钝或急尖,背面中部有明显腺体。多雌雄异株;球果熟时褐色、紫蓝或黑色,多少有白粉;种子1~5。

【产地及分布】:产于西北及内蒙古。南欧至中亚蒙古也有分布。

【习性】:耐旱性强,生于石山坡及沙地、林下。

【园林应用】:沙地柏耐旱性强,可作园林绿化中的护坡、地被及固沙树种用,是理想的木本地被植物。

40. 铺地柏(爬地柏、矮桧、匍地柏、偃柏)(见图3-1-38)

Sabina procumbens(Endl.)Iwata et Kusaka(*Juniperus procumbens* Miq.,*J. chinensis* var. *procumbens* Endl.)

【科属】:柏科,圆柏属。

【识别要点】:常绿匍匐小灌木,高75 cm,冠幅逾2 m,贴近地面伏生,叶全为刺叶,3叶交叉轮生,叶上面有2条白色气孔线,下面基部有2白色斑点,叶基下延生长,叶长6~8 mm;球果球形,种子2~3。

【产地及分布】:原产日本,我国各地园林常见栽培。

【习性】:喜光,在干燥的沙地上生长良好,喜石灰质的肥沃土壤,忌低湿地。

【园林应用】:铺地柏姿态蜿蜒匍匐,色彩苍翠葱茏,在园林中可配植于岩石园或草坪角隅,亦可作缓坡地被及盆栽观赏,是理想的木本地被植物。

41. 刺柏(璎珞柏、台湾柏、山刺柏、刺松)(见图3-1-39)

Juniperus formosana Hayata(*J. taxifolia* Parl.)

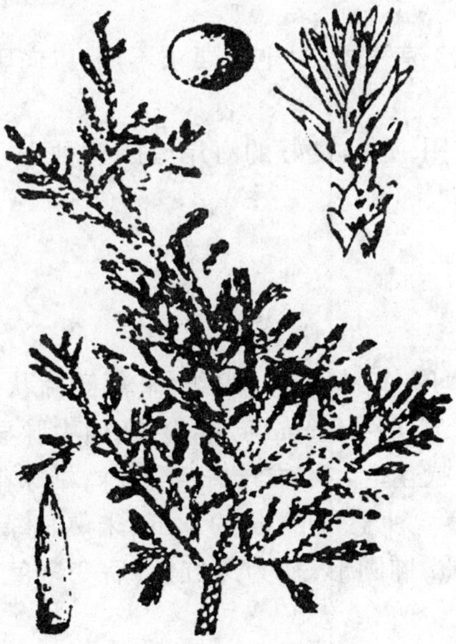

图3-1-38　铺地柏

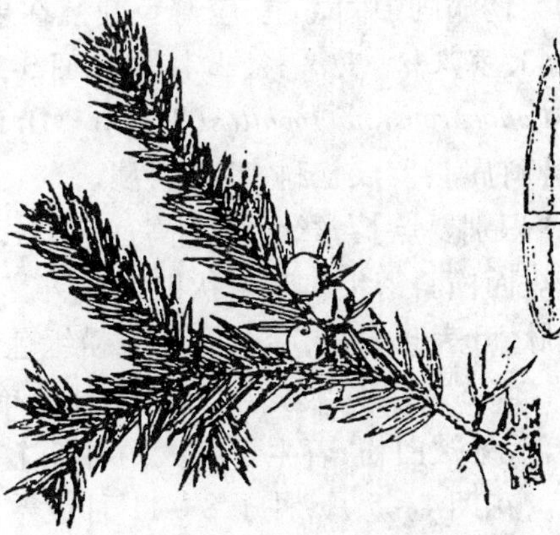

图3-1-39　刺柏

【科属】:柏科,刺柏属。

【识别要点】:常绿乔木,高达12 m;树冠狭圆锥形,小枝下垂,树皮灰褐色,叶全刺形,长2～3 cm；表面微凹，有2条白色气孔带，在尖端处合二为一，白色带比绿色部分宽，下面有钝纵脊；叶基不下延。雌雄同株或异株；球果球形或卵状球形，径6～10 mm，果顶有3条辐状纵纹或略开裂；每果内有种子3，2年成熟，熟时淡红褐色；种子三角状椭圆形。

【产地及分布】：产于台湾、江苏、安徽、浙江、福建、江西、湖北、湖南、陕西、甘肃、青海、四川、贵州、云南、西藏等高山区。

【习性】：喜光，耐寒性强，在自然界常散见于海拔1 300～3 400 m地区。

【园林应用】：刺柏枝条斜展，小枝下垂，姿态优美，体形秀丽，可对植、列植、孤植、群植于园林绿地中。

42. 杜松（见图3-1-40）

Juniperus rigida Sieb. et Zucc.（*J. communis* Thunb.，*J. utilis* Koidz.）

【科属】：柏科，刺柏属。

【识别要点】：常绿乔木，高达12 m；树冠圆柱形，老时圆头形。大枝直立，小枝下垂。叶全为条状刺形，坚硬，长1.2～1.7 cm；上面有深槽，内有1条狭窄的白色气孔带，叶下有明显纵脊，无腺体。雌雄同株或异株；球果球形，径6～8 mm，2年成熟，熟时淡褐黑或蓝黑色；每果内有种子2～4。花期5月，球果次年10月成熟。

主要栽培品种：

（1）"日本"杜松'nipponica'：匍匐性变种。

（2）"线枝"杜松'Filifor mis'：小枝长线状下垂。

【产地及分布】：产于黑龙江、吉林、辽宁海拔500 m以下的低山区及内蒙古乌拉山海拔1 400 m地带，以及河北小五台山、华山、山西北部、西北地区海拔1 400～2 200 m的高山。日本和朝鲜亦有分布。

【习性】：强阳性树种，也有一定的耐阴性；喜冷凉气候；对土壤要求不严，以向阳且适当湿润的沙质壤土最佳。抗海风。

【园林应用】：杜松可在北方园林中作配景应用，亦是良好的海岸庭园树种之一。本树为梨锈病的中间寄主，应避免栽植在果园附近。

43. 罗汉松（罗汉杉、土杉）（见图3-1-41）

Podocarpus macrophllus（Thunb.）D. Don.

【科属】：罗汉松科，罗汉松属。

【识别要点】：常绿乔木，高达20 m；树冠广卵形；树皮灰色，浅裂，呈薄鳞片状脱落。枝较短而横斜密生。叶条状披针形，长7～12 cm，宽7～10 mm，叶端尖，两面中脉显著而缺侧脉，叶表暗绿色，叶背淡绿或粉绿色。叶螺旋状互生。雌雄异株，罕同株；雄球花圆柱形，长3～5 cm，3～5簇生叶腋；雌球花单生于叶腋。种子卵形，长约1 cm，未熟时绿色，熟时紫色，外被白粉，着生于膨大的种托上；种托肉质，椭圆形，初为深红色，后变紫色，略有甜味。花期4～5月，种子8～11月成熟。

变种、变型：

（1）狭叶罗汉松（var. angustifolius Bl.）：叶长5～9 cm，宽3～6 mm，叶端渐狭长成尖头，叶基楔形。

（2）小罗汉松（var. maki Endl.）：小乔木或灌木，枝直上着生。叶密生，长2～7 cm，较窄,两端略钝圆。

(3)短叶罗汉松(var. makif. condensatus Makino.):叶特短小。

【产地及分布】:产于江苏、浙江、福建、安徽、江西、湖南、四川、贵州、广西、广东等地,在长江以南各地均有栽培。日本亦有分布。

【习性】:较耐阴,为半耐阴树种;喜排水良好而湿润的沙质壤土,耐海风。耐寒性较弱;抗病虫害能力较强;对多种有害气体抗性较强。寿命长。

【园林应用】:罗汉松树形优美,秀丽葱郁,宜孤植作庭荫树,或对植、散植于厅、堂前。特别适宜于海边绿化及作防风高篱,亦可作工厂绿化及树桩盆景材料。

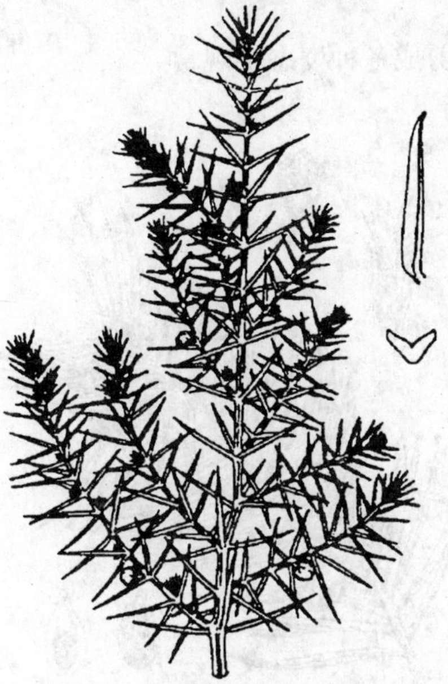

图 3-1-40　杜松

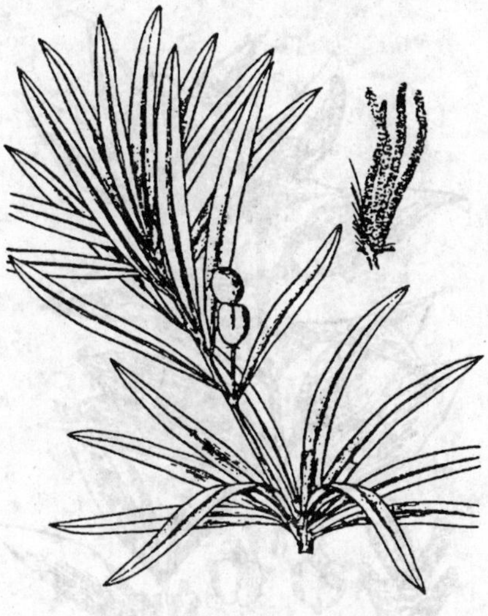

图 3-1-41　罗汉松

44. 竹柏(大叶沙木、猪油木)(见图 3-1-42)

Podocarpus nagi(Thunb.)Zoll. et Mor. ex Zoll.

【科属】:罗汉松科,罗汉松属。

【识别要点】:常绿乔木,高达 20 m;树冠圆锥形。叶对生,革质,形状与大小很似竹叶;叶长 3.5~9 cm,宽 1.5~2.5 cm,平行脉 20~30,无明显中脉。雌雄异株,罕同株;种子球形,径 1.4 cm,熟时紫黑色,外被白粉;种托不膨大,木质。花期 3~5 月,种子 10 月成熟。

【产地及分布】:产于浙江、福建、江西、四川、广西、广东、湖南等地。

【习性】:喜温热湿润气候;耐阴;对土壤要求较严,在排水良好、湿润、富含腐殖质的深厚酸性沙壤土或轻黏壤土中生长良好。自然更新能力强。

【园林应用】:竹柏的枝叶青翠而有光泽,树冠浓郁,树形美观,是南方良好的庭荫树和行道树,亦可作"四旁"绿化。

45. 三尖杉(见图 3-1-43)

Cephalotaxus fortunei Hook. f.

【科属】:三尖杉科,三尖杉属。

【识别要点】:常绿乔木,小枝对生,基部有宿存芽鳞。叶在小枝上螺旋状着生成两列状,排列较稀疏,叶呈线状披针形,长 4 ~ 13 cm,宽 3 ~ 4.5 mm,微弯曲,叶端尖,叶基楔形,叶背有 2 条白色气孔线,比绿色边缘宽 3 ~ 5 倍。雌雄异株;雄球花 8 ~ 10 聚生成头状,生于叶腋,径约 1 cm,梗长 6 ~ 8 mm;雌球花生于枝条基部的苞片腋下,有梗。种子椭圆状卵形,长约 2.5 cm,熟时外种皮紫色或紫红色,柄长 1.5 ~ 2 cm。

【产地及分布】:产于安徽南部、浙江、福建、江西、湖南、湖北、陕西、甘肃、四川、云南、贵州、广西和广东北部等地。

【习性】:喜温暖湿润气候,耐阴,不耐寒。

【园林应用】:三尖杉可作背景树及绿篱,可修剪成各种姿态供观赏。

图 3-1-42　竹柏

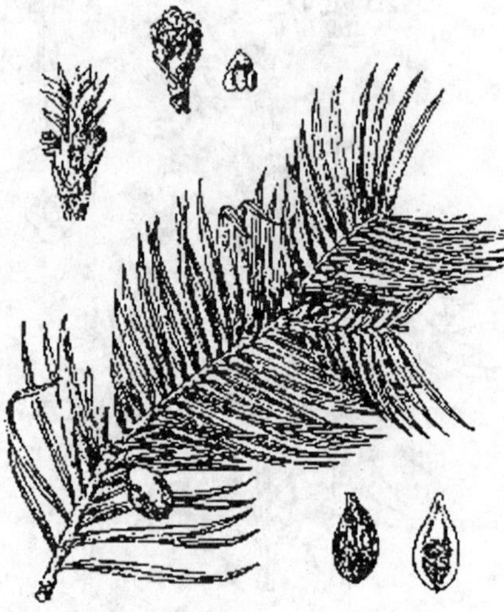

图 3-1-43　三尖杉

46. 粗榧(粗榧杉、中华粗榧杉、中国粗榧)(见图 3-1-44)

Cephalotaxus sinensis (Rehd. et Wils.) Li (*C. drupacea* var. *sinensis* Rehd. et Wils.)

【科属】:三尖杉科,三尖杉属。

【识别要点】:常绿灌木或小乔木,高达 12 m。树皮灰色或灰褐色,呈薄片状脱落。叶条形,端渐尖,长 2 ~ 5 cm,宽约 3 mm,先端有短尖头,叶基近圆或广楔形,几无柄,上面绿色,下面气孔带白色,比绿色边带宽 3 ~ 4 倍。雌雄异株。花期 4 月,种子次年 10 月成熟。

【产地及分布】:我国特有树种。产于江苏南部、浙江、安徽南部、福建、江西、河南、湖北、湖南、陕西南部、甘肃南部、四川、云南东南部、贵州东北部、广西、广东西南部及海南岛等地。

【习性】:喜光,较喜温暖,喜生于富含有机质的壤土内,抗虫害能力强。耐修剪,不耐移植。较耐寒,北京可露地栽培。

【园林应用】:粗榧宜作配景,可作基础栽植,宜栽于草坪边缘、林下或与其他树种配植。

47. 东北红豆杉(紫杉)(见图 3-1-45)

Taxus cuspidata Sieb. et Zucc.(*T. baccata* var. *cuspidata* Carr.)

【科属】:红豆杉科,红豆杉属。

【识别要点】:常绿乔木,高达 20 m;树冠阔卵形或倒卵形,雄株树冠较狭而雌株则较开展;树皮赤褐色,呈片状剥裂;大枝近水平伸展,侧枝密生。冬芽小而长尖,芽鳞宿存于小枝基部。叶条形,长 1.0~2.5 cm,宽 2.5~3.0 mm,先端常急尖,上面深绿色,有光泽,背面有 2 条灰绿色气孔带,在主枝上呈螺旋状排列,在侧枝上呈不规则 2 列。雌雄异株。种子坚果状,卵圆形,赤褐色,假种皮浓红色。花期 5~6 月,种子 9 月成熟。

主要栽培品种:

(1)"矮丛"紫杉(伽罗木)('Nana')'umbraculifera Mak.':半球状密丛灌木;15 年生树高 1.6 m,冠幅 2.0~2.5 m。

(2)"微型"紫杉'Minima':高度在 15 cm 以下。

【产地及分布】:产于吉林及辽宁东部长白山区林中。俄罗斯东部、朝鲜北部及日本北部亦有分布。

【习性】:阴性树种,生长缓慢,浅根性,喜生于富含有机质的潮润土壤中,耐寒性强。寿命极长,可达千年以上。

【园林应用】:东北红豆杉树形端正优美,枝叶繁茂,绿荫如盖,可孤植或群植。枝叶茂密不易枯疏,可作整形绿篱,适合剪整成各种雕塑式形状。

图 3-1-44　粗榧

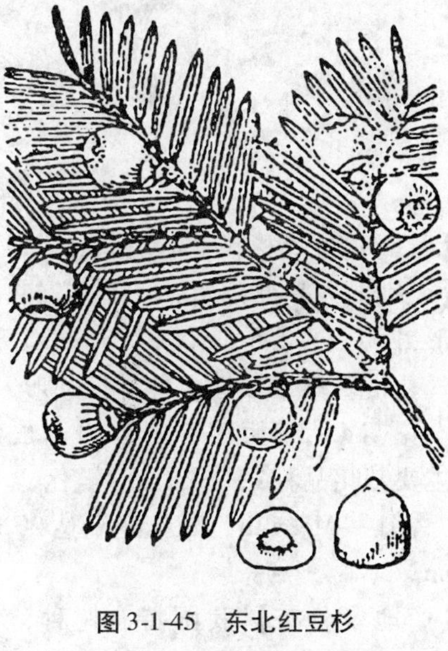

图 3-1-45　东北红豆杉

48. 红豆杉(观音杉)

Taxus chinensis(Pilger)Rehd.

【科属】:红豆杉科,红豆杉属。

【识别要点】:常绿乔木,高 30 m;叶螺旋状互生,基部扭转为 2 列,条形,长 1.0~2.5

cm,宽 2 ~2.5 mm,叶缘微反曲,叶端渐尖,叶背有 2 条宽黄绿色或灰绿色气孔带,中脉上密生有细小凸点,叶缘绿带极窄。雌雄异株。种子扁卵圆形,有 2 棱;假种皮,杯状,红色。

【产地及分布】:分布于甘肃南部、陕西南部、湖北西部、四川等地。

【习性】:喜温湿气候。

49. 榧树(榧、野杉、玉榧)(见图 3-1-46)

Torreya grandis Fort. et Lindl.

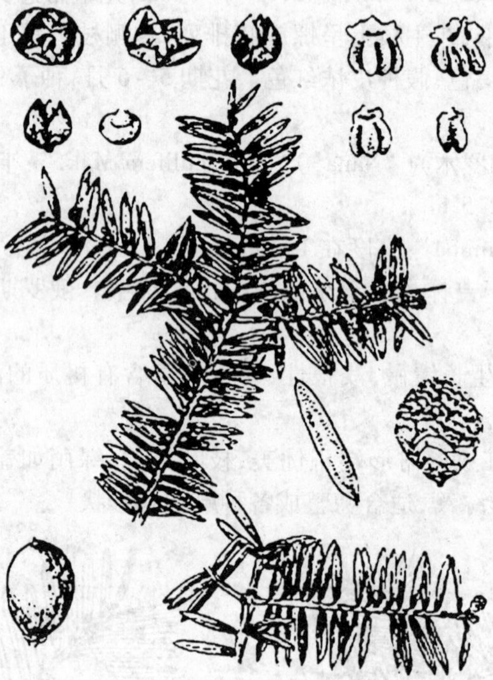

图 3-1-46　榧树

【科属】:红豆杉科,红豆杉属。

【识别要点】:常绿乔木,高达 25 m;树皮黄灰色纵裂。大枝轮生,1 年生小枝绿色。叶条形,长 1.1 ~2.5 cm,宽 2.5 ~3.5 mm,上面绿色,有光泽,中脉不明显,下面有 2 条黄白色气孔带。雌雄异株。种子长圆形,长 2.0 ~4.5 cm,径 1.5 ~2.5 cm,熟时假种皮淡紫褐色。花期 4 ~5 月,种子次年 10 月成熟。

主要栽培品种:

"香榧"'Merrillii':嫁接树高达 20 m;叶深绿色,质较软;种子长圆状倒卵形,长 2.7 ~3.2 cm。

【产地及分布】:我国特有树种,产于江苏南部、浙江、福建北部、安徽南部及湖南一带。

【习性】:阴性树种,喜温暖湿润气候,不耐寒,喜生于酸性而肥沃深厚土壤,较耐湿黏土壤;对烟害的抗性较强,病虫害较少;寿命长,可达 500 年。

【园林应用】:榧树树冠整齐,枝叶繁茂,适宜孤植、列植。

第二单元　落叶针叶树木

一、落叶针叶树木的特点

落叶针叶树多为乔木、灌木，罕为藤本。叶多为针形、鳞片形、线形、椭圆形、披针形，罕为扇形。花单性，罕两性。胚珠裸露，不为子房所包被。种子有胚乳，胚直生，子叶一至多数。

二、园林常见落叶针叶树木

1. 银杏（白果树、公孙树）（见图 3-2-1）

Ginkgo biloba L.

【科属】：银杏科，银杏属。

【识别要点】：落叶大乔木，高达 40 m。树冠广卵形，青壮年期树冠圆锥形；树皮灰褐色，深纵裂。枝有长枝、短枝之分。叶扇形，有二叉状叶脉，顶端常 2 裂，基部楔形，有长柄；在长枝上互生，在短枝上簇生。雌雄异株，雄球花柔荑花序，雌球花具长梗，胚珠 1 枚。种子核果状，外种皮肉质，成熟黄色，外被白粉，有臭味；中种皮白色，骨质；内种皮膜质；胚乳肉质。花期 4 ~ 5 月，种子 9 ~ 10 月成熟。

主要栽培品种：

（1）"黄叶"银杏'f. *aurea* Beiss.'：叶鲜黄色。

（2）"塔状"银杏'f. *fastigiata* Rehd.'：大枝开张角度小，树冠呈尖塔状。

（3）"垂枝"银杏'Pendula'：小枝下垂。

（4）"马铃"银杏：种子长椭圆状。

【产地及分布】：我国特产，属化石植物，为我国一级保护植物。浙江天目山有野生银杏，沈阳以南、广州以北各地均有栽培，而以江南一带较多。

【习性】：喜光，喜适当湿润而又排水良好的深厚沙质壤土，pH 值为 4.5 ~ 8.0 均可生长；不耐积水，较耐旱；耐寒性强；不耐盐碱；能适应高温多雨气候；深根性，寿命极长，可达 1 000 年以上。

【园林应用】：树姿挺拔雄伟，叶型秀美，秋色鲜黄，浓荫满庭，是观赏价值极高的园林树木；寿命既长又少病虫害，是理想的行道树、园景树、庭荫树，孤植、群植均可。

2. 华北落叶松（见图 3-2-2）

Larix principis - rupprechtii Mayr.

【科属】：松科，落叶松属。

【识别要点】：落叶乔木，高达 30 m；树冠圆锥形。树皮暗灰褐色，呈不规则鳞片状裂；大枝平展；1 年生长枝淡褐黄或淡褐色，较粗，2、3 年生枝变为灰褐或暗灰褐色。叶窄条形，长 2 ~ 3 cm，宽约 1 cm。雌雄同株。球果卵形，长 2 ~ 4 cm，径约 2 cm；种子灰白色，有褐色斑纹，有长翅。花期 4 ~ 5 月，球果 9 ~ 10 月成熟。

【产地及分布】:产于河北、山西,辽宁、内蒙古、山东、陕西等地有引种。

【习性】:强阳性树种;极耐寒;对土壤的适应性强,喜深厚湿润而排水良好的酸性或中性土壤,略耐盐碱;有一定的耐湿和耐旱力。根系发达,生长迅速,寿命长,达 200 年以上。

【园林应用】:华北落叶松树冠整齐,叶轻柔而潇洒,最适合较高海拔和较高纬度地区应用。

图 3-2-1　银杏

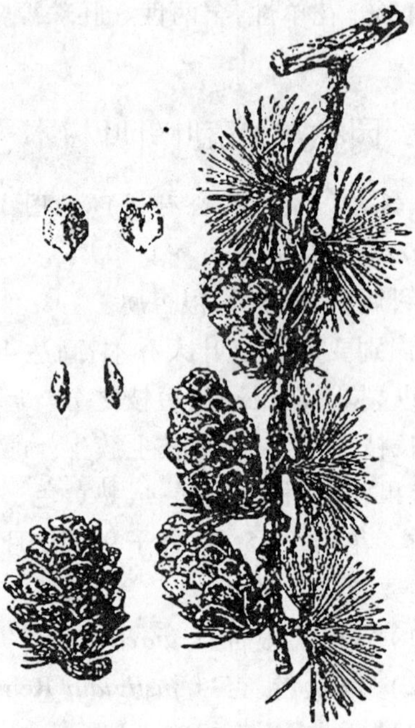

图 3-2-2　华北落叶松

3. 日本落叶松

Larix kaempferi(Lamb.)Carr.

【科属】:松科,落叶松属。

【识别要点】:落叶乔木,高达 30 m。1 年生长枝淡黄或淡红褐色,有白粉。球果广卵形,长 2 ~ 3 cm,种鳞上部边缘向后反卷。

【产地及分布】:原产日本,中国有引种,在东北东部北纬 45°以南山区已成为主要造林树种。

【习性】:适应性强,生长快,抗病力强。

【园林应用】:日本落叶松在园林应用中较有推广潜力。

4. 金钱松(见图 3-2-3)

Pseudolarix kaempferi Gord. [*Pseudolarix amabilis*(Nels.)Rehd.]

【科属】:松科,金钱松属。

【识别要点】:落叶乔木,高达 40 m;树冠阔圆锥形。树皮赤褐色,呈狭长鳞片状剥落;大枝平展;1 年生长枝黄褐或赤褐色。冬芽卵形。叶条形,在长枝上互生,在短枝上轮状簇生,叶长2~5.5 cm,宽1.5~4 mm。雄球花簇生于短枝顶;雌球花单生于短枝顶,紫红色。球果卵形,长6~7.5 cm,径4~5 cm,有短柄,淡红褐色;种鳞木质,熟时脱落;种子卵形,白色,有翅。花期4~5月,球果10~11月成熟。

主要栽培品种:

(1)"垂枝"金钱松'Annesleyana':小枝下垂,高约30 m。

(2)"矮生"金钱松'Dawsonii':树形矮化,高30~60 cm。

(3)"丛生"金钱松'Nana':植株矮而分枝密,高0.3~1 m。

【产地及分布】:产于安徽、江苏、浙江、江西、湖南、湖北、四川等地。

【习性】:喜光,喜温凉湿润气候和深厚肥沃、排水良好而又适当湿润的中性或酸性沙壤土,不耐干旱瘠薄,不耐盐碱地和低洼积水。较耐寒,抗风性强,抗雪压。深根性,生长速度中等偏快。

【园林应用】:金钱松体形高大,树干端直,秋叶金黄,极为美丽,为珍贵的观赏树种。可孤植或丛植。常与银杏、柳杉、杉木、枫香、交让木、毛竹等混生形成美丽的自然景色。国家二级保护树种。

5. 水松(见图3-2-4)

Glyptostrobus pensilis(Staunt.)Koch.(*Taxodium sinensis* Forb.)

【科属】:杉科,水松属。

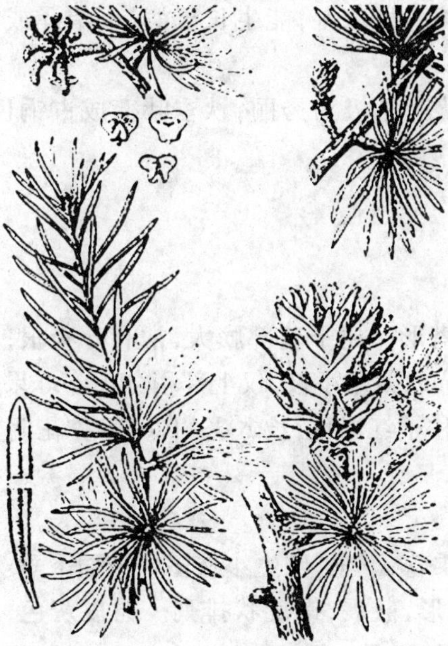

图3-2-3　金钱松

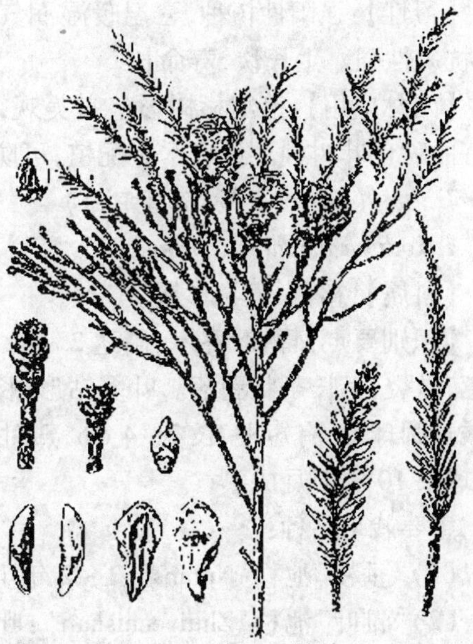

图3-2-4　水松

【识别要点】:落叶乔木,高8~16 m。树冠圆锥形;树皮褐色,具扭状长条浅裂,生于低湿环境者树干基部膨大,有瘤状呼吸根。枝条稀疏,小枝绿色。叶异型,条形及钻形,柔软,冬季与小枝同落;鳞形叶宿存,螺旋状着生主枝上。雌雄同株,球花单生枝顶;雄球花圆球形,雌球花卵圆形。球果倒卵形,长2.0~2.5 cm,径1.3~1.5 cm;种鳞木质,扁平,倒卵形，成熟后逐渐脱落；种子椭圆微扁，褐色，基部有尾状长翅。花期 1～2 月，球果 10～11月成熟。

【产地及分布】：孑遗树种。产于广东、福建、广西、江西、四川、云南等地。长江流域以南城市有栽培。

【习性】：强阳性树种，喜温暖湿润气候，喜湿，在沼泽地栽植呼吸根发达。不耐寒，不耐盐碱，浅根性，寿命长。

【园林应用】：水松树形美丽，叶秋季变褐色，最宜河边湖畔应用，极为雅致。国家二级保护树种。

6. 落羽杉（落羽松）（见图 3-2-5）

Taxodium distichum（L.）Rich.

【科属】：杉科，落羽杉属。

【识别要点】：落叶乔木，高达 50 m。幼树树冠圆锥形，老时伞形，树干基部常膨大且有呼吸根；树皮褐色，呈长条状剥落。叶条形，长 1.0～1.5 cm，扁平，排成羽状 2 列，淡绿色，秋季落叶前变暗红褐色。球果圆球形或卵圆形，径 2.5 cm，熟时淡黄褐色；种子褐色。花期 5 月，球果次年 10 月成熟。

【产地及分布】：孑遗树种。原产美国东南部，长江流域栽培广泛，山东、河南也有引种。

【习性】：强阳性树种，喜温暖湿润气候，不耐寒，耐水湿，能生长于海岸、沼泽或潮湿地，抗风性强。生长快，寿命长。

【园林应用】：落羽杉树形整齐美观，近羽毛状叶丛极为秀丽，秋季叶变成古铜色，是很好的秋色叶树种。最宜水旁配植，可防风护岸。

7. 池杉（池柏、沼杉、沼落羽松）

Taxodium ascendens Brongn.

【科属】：杉科，落羽杉属。

【识别要点】：落叶乔木，高达 25 m。树冠尖塔形。树干基部膨大，常有呼吸根；树皮褐色，纵裂，呈长条状剥落。叶多钻形，长 4～10 mm，紧贴小枝，仅上部稍分离。球果圆球形或长圆球形，有短梗，长 2～4 cm，熟时褐黄色；种子红褐色，长 1.3～1.8 cm。花期 3～4 月，球果 10～11 月成熟。

主要栽培品种：

（1）"垂枝"池杉'Nutans'：1～2 年生枝细长柔软，下垂；侧生小枝多分枝而下垂。

（2）"锥叶"池杉'Zhuiyechishan'：叶绿色，锥形，散展，螺旋状排列。树皮灰色，皮厚裂深。

（3）"线叶"池杉'Xianyechishan'：叶深绿色，条状披针形，紧贴小枝或稍散展。凋落性小枝细，线状，直伸或弯曲成钩状。枝叶稀疏，树皮灰褐色。

（4）"羽叶"池杉'Yuyechishan'：叶草绿色，枝叶浓密，凋落性小枝分枝多；树冠塔形。树皮深灰色。枝叶常呈团状，密集如云朵。

【产地及分布】：原产美国南部，常于沿海平原的沼泽及低湿地海拔 30 m 以下见到。

我国许多城市都有栽培。

【习性】:强阳性树种,喜温暖湿润气候,喜深厚疏松的酸性、微酸性土;耐涝,亦较耐旱;不耐盐碱,抗风性强;萌芽力强;速生树种。

【园林应用】:池杉树形优美,枝叶秀丽婆娑,秋叶棕褐色。最宜水滨湿地成片栽植,亦可孤植或丛植作园景树。

8. 水杉(见图 3-2-6)

Metasequoia glyptostroboides Hu et Cheng.

【科属】:杉科,水杉属。

【识别要点】:落叶乔木,高达 35 m。树冠塔形,树干基部常膨大;树皮灰褐色。大枝近轮生,小枝对生。叶交互对生,呈羽状,扁平条形,排成 2 列,冬季与无芽小枝一同脱落。雌雄同株。雄球花单生枝顶和侧方,成总状或圆锥状花序;雌球花单生于枝顶。球果近球形,具长柄,长 1.8 ~2.5 cm,熟时深褐色;种子扁平,倒卵形。花期 2 月,球果当年 11 月成熟。

【产地及分布】:孑遗树种。产于四川石柱县、湖北利川县及湖南龙山、桑植等地。目前国内南北各地及国外许多国家都有引种。

【习性】:阳性树种,喜温暖湿润气候,有一定抗寒性,在北京可露地过冬。喜深厚肥沃的酸性土,喜湿怕涝;较耐盐碱,对二氧化硫、氯气、氟化氢等有害气体抗性较弱。浅根性,速生。

【园林应用】:水杉树冠圆锥形,姿态优美,叶色秀丽,秋叶转棕褐色。宜丛植、列植或孤植,亦可成片林植。国家一级保护树种。

图 3-2-5　落羽杉

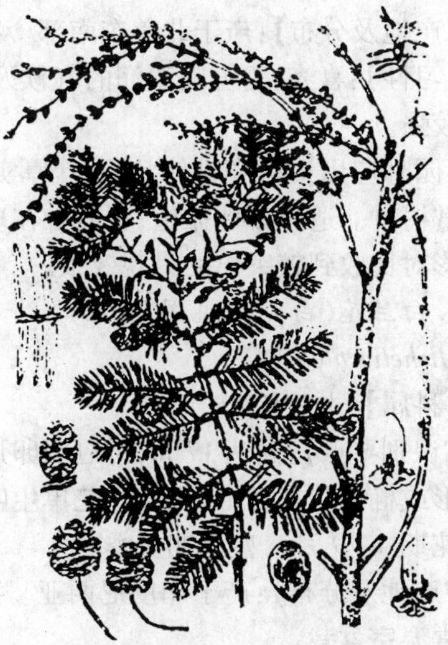

图 3-2-6　水杉

第三单元　常绿阔叶树木

一、常绿阔叶树木的特点

常绿树种以绿取胜，季相变化不明显，在园林景观中受到普遍重视。常绿阔叶树多分布在热带和亚热带地区，我国长江流域及其以南地区因气候温暖湿润，常绿阔叶树种类很多，一年四季保持叶色浓绿，呈现出四季常青的自然景观。我国北方地区冬季寒冷漫长，万木凋零，景象萧条，常绿树种的配置显得很重要，中国北方的常绿树种多为针叶类，常绿阔叶种类很少。要达到“三季有花，四季常青”的园林景观，必须进一步加快常绿阔叶树种的引种驯化。

二、园林常见常绿阔叶树木

(一)乔木类

1. 荷花玉兰(广玉兰、洋玉兰)(见图3-3-1)

Magnolia grandiflora Linn.

【科属】:木兰科，木兰属。

【识别要点】:高达30 m，小枝、芽、叶柄和叶背及果实均密被褐色茸毛，实生苗幼树枝及叶背无毛。单叶互生，厚革质，椭圆形或倒卵状椭圆形，叶缘反卷微波状，表面深绿色，有光泽。花单生于枝顶，荷花状，大型，白色，芳香。聚合果蓇葖圆柱形，种子外皮红色。花期5~6月，果期9~10月。

【产地及分布】:产于北美东南部。我国长江流域以南各城市广为栽培。

【习性】:喜光，喜温暖湿润的气候及深厚、肥沃湿润的土壤；对二氧化硫等有害气体抗性较强。

【园林应用】:树姿雄伟壮丽，叶厚实有光泽，四季常青，花硕大有香气，为园林中珍贵的观赏树种。适宜草坪孤植，更适合在现代建筑物周围进行列植，也可群植作为背景树，借色彩对比收到较突出的景观效果。

2. 白兰花(白兰)(见图3-3-2)

Michelia alba DC.

【科属】:木兰科，含笑属。

【识别要点】:高达17 m，树冠倒卵形。新枝及芽有白色绢毛。单叶互生，薄革质，长椭圆形或椭圆状披针形，全缘。花单生叶腋，白色，极香。聚合果扭曲，蓇葖倒卵形，黄褐色。花期4~9月。盛花期夏季。

【产地及分布】:产于印度尼西亚。我国福建南部、华南及云南广为栽培，长江流域及华北常温室盆栽。

【习性】:喜光，不耐阴；喜暖热多湿的气候及肥沃疏松的酸性土壤，不耐干旱和水涝，忌烟害、台风和积水；对二氧化硫、氯气等有害气体抗性差。

【园林应用】:著名的香花树种，华南多作为庭荫树、行道树。广植于公园绿地、路旁、房前屋后或草坪内。

图 3-3-1　**荷花玉兰**

图 3-3-2　**白兰花**

3. 含笑(含笑花)(见图 3-3-3)

Michelia figo(Lour.)Spreng.

【科属】:木兰科,含笑属。

【识别要点】:树皮灰褐色,分枝很密,芽、幼枝、花梗和叶柄均密生黄褐色绒毛。叶椭圆至倒卵状椭圆形,革质,先端渐尖或尾状渐尖,基部楔形,全缘。花单生于叶腋,小而直立,乳黄色或乳白色,芳香。蓇葖卵圆形或圆形,顶端有短喙。花期 3~4 月,果期 9 月。

【产地及分布】:原产华南山坡杂木林中。现华南至长江流域各地均有栽培。

【习性】:喜暖热多湿气候,喜半阴,夏季炎热时宜半阴环境,不耐烈日暴晒;不耐寒,长江以南背风向阳处能露地越冬;不耐干旱瘠薄,怕积水,要求排水良好,肥沃的微酸性、中性土壤,不耐盐碱;对氯气有较强的抗性。

【园林应用】:含笑叶绿花香,树形、叶形俱美,是重要的观赏花木。适于在小游园、花园、公园或街道上成丛种植,可配植于草坪边缘或稀疏林丛之下,使游人在休息之中常得芳香气味的享受。北方多盆栽观赏。

4. 木莲(见图 3-3-4)

Manglietia fordiana(He msl.)Oliv.

【科属】:木兰科,木莲属。

【识别要点】:高达 20 m,树皮灰色,平滑,小枝灰褐色,有皮孔和环状纹。幼枝、芽、叶柄、果柄均具红褐色绢毛。叶革质,长椭圆状披针形,叶端短尖,通常钝,基部楔形,稍下延,叶背灰绿色有白粉。叶柄红褐色。花白色,单生于枝顶。聚合果卵形,蓇葖肉质,深红色,成熟后木质,紫色。花期 3~4 月,果期 9~10 月。

【产地及分布】:分布于长江中下游各省,我国浙江、安徽、江西、福建、云南等地均有天然的木莲散生,混生于阔叶林中。

【习性】:幼年耐阴,长大后喜光,有一定的耐寒性,不耐酷暑;喜温暖湿润气候及深厚肥沃的酸性土。

【园林应用】:树姿优美,花大芳香,典雅清秀,宜于草坪、庭园或名胜古迹处孤植、群植。

图 3-3-3　含笑

图 3-3-4　木莲

5. 樟树(香樟、乌樟)(见图 3-3-5)

Cinnamomum camphora(L.)Presl.

【科属】:樟科,樟属。

【识别要点】:高达 50 m,树皮幼时绿色,平滑,老时渐变为黄褐色或灰褐色纵裂。枝和叶都有芳香味。树冠广卵形。单叶互生,薄革质,卵形或椭圆状卵形,顶端短尖或近尾尖,基部圆形,全缘,背面微被白粉,离基三出脉,脉腋有腺体。圆锥花序腋生,花小,两性,浅绿色。浆果近球形,熟时紫黑色。花期 4 ~ 5 月,果期 10 ~ 11 月。

【产地及分布】:主产我国长江流域以南。长江流域各地普遍栽培。

【习性】:喜光,喜温暖湿润的气候;以深厚、肥沃、湿润、微酸性土壤生长最好;耐烟尘,对二氧化硫、臭氧抗性较强;深根性,萌芽力强,寿命长。

【园林应用】:根深叶茂。冠大荫浓,是优良的庭荫树、行道树、风景林、防护林树种。可植于溪边、池畔,孤植、丛植于草坪,片植、群植作背景树,也可用于厂矿区绿化。

6. 紫楠(黄心楠)(见图 3-3-6)

Phoebe sheareri(Hemsl.)Gamble.

【科属】:樟科,楠木属。

【识别要点】:高达 20 m,树皮灰色,纵裂。小枝、芽、叶柄、叶背、花被密生锈色绒毛。单叶互生。革质,倒卵状椭圆形,顶端尾尖,基部楔形,全缘,表面叶脉下陷,背面网脉隆起。圆锥花序聚伞状腋生。浆果卵形,种皮有黑斑。花期 5 ~ 6 月,果期 10 ~ 11 月。

【产地及分布】:产于我国华东、华中、华南及西南。

【习性】:耐阴,全光照下生长不良;喜暖湿环境,有一定耐寒能力,南京能正常生长;喜深厚、肥沃的微酸性及中性土壤;深根性,萌芽性强,抗风、抗火。

【园林应用】:树姿整齐优美,叶大荫浓,是优美的庭荫树和风景林。可配植草坪、广场、建筑物周围,显得雄伟壮观。可作防风、防火隔离带。

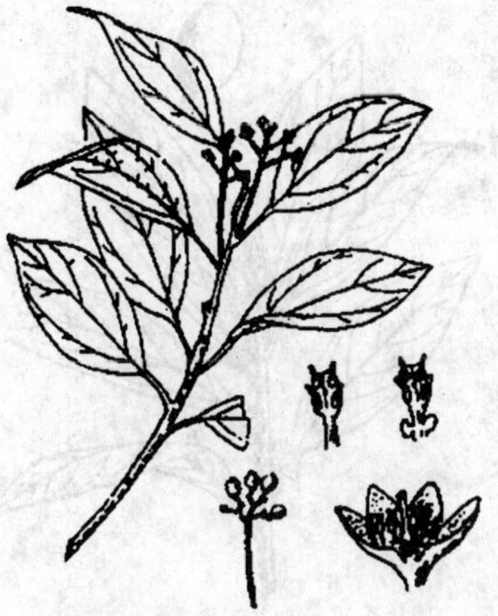

图 3-3-5　樟树

图 3-3-6　紫楠

7. 阴香(见图 3-3-7)

Cinnamomum burmannii(C. G. et Th. Nees.)Bl.

【科属】:樟科,樟属。

【识别要点】:高达 20 m,树皮光滑。叶近对生,卵形或长椭圆形,两面光绿无毛,离基三出脉,脉腋无腺体,背面粉绿色,无毛。圆锥花序生枝顶或叶腋,绿白色。核果长卵形,果托具有半残存的花被片。花期 3 月,果期冬末。

【产地及分布】:产亚洲东南部,我国广东、广西、江西、福建、浙江、湖北和贵州有分布。

【习性】:喜光,喜暖热湿润气候及肥沃湿润土壤;常生于肥沃、疏松、湿润而不积水的地方;自播力强,母株附近常有天然苗生长;对氯气和二氧化硫均有较强的抗性。

【园林应用】:阴香树冠伞形或近圆球形,株态优美。宜作庭园栽植和行道树。

8. 月桂(见图 3-3-8)

Laurus nobilis Linn.

【科属】:樟科,月桂属。

【识别要点】:高达 12 m,树皮黑褐色。树冠卵圆形,分枝较低,小枝绿色,全株有香气。单叶互生,革质,长椭圆至广披针形,边缘波状。单性花,雌雄异株,聚伞花序簇生叶腋间,小花淡黄色。核果椭圆状球形,熟时呈紫褐色。花期 3 ~ 5 月,果期 6 ~ 9 月。

【产地及分布】:原产于地中海一带。我国浙江、江苏、福建、台湾、四川、云南等省有栽培。

【习性】:喜光,稍耐阴,喜温暖,也耐寒,耐干旱,忌水涝;喜土层深厚、肥沃湿润而排水良好的土壤,不耐盐碱。萌芽力强。

【园林应用】:四季苍郁,树姿优美,春天又有黄花缀满枝间,颇为美丽,是良好的庭园绿化树种。可孤植、群植、行列种植于草坪、庭园、路旁。

图 3-3-7　阴香

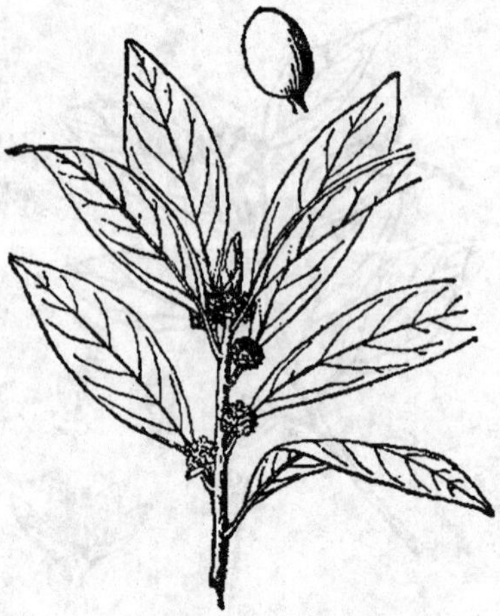

图 3-3-8　月桂

9. 香叶树(红油果、香油果)(见图 3-3-9)

Lindera communis He msl.

【科属】:樟科,山胡椒属。

【识别要点】:高达 10 m,老枝灰褐色,1 年生小枝密被茸毛。单叶互生,革质,椭圆形、卵形或卵形长椭圆形,先端短尖或长尖,基部阔楔形,上面无毛,光亮,下面淡灰色或淡褐色,疏生柔毛。花单性,雌雄异株,伞形花序腋生,黄色。核果卵形,红色。花期 3 ~ 4 月,果期 9 ~ 10 月。

【产地及分布】:产华中、华南及西南地区,多生于丘陵和山地下部疏林中。

【习性】:耐阴,喜温暖气候,耐干旱瘠薄,在湿润、肥沃的酸性土壤上生长较好。萌芽力强,耐修剪。

【园林应用】:叶绿果红,颇为美观,可作庭园绿化及观赏树种。

10. 石楠(千年红)(见图 3-3-10)

Photinia serrulata Lindl.

【科属】:蔷薇科,石楠属。

【识别要点】:高 12 m,树冠卵形或圆球形。幼枝绿色或灰褐色,光滑。单叶互生,革质,表面深绿,有光泽,长椭圆形至倒卵状椭圆形,边缘疏生具腺细锯齿。花两性,复伞房花序顶生,白色。梨果球形,红色。花期 4 ~ 5 月,果期 10 ~ 11 月。

【产地及分布】:主产长江流域及秦岭以南地区,华北地区有栽培,多呈灌木状。

【习性】:喜光,耐阴性较强;喜温暖湿润的气候;对土壤要求不严,以排水良好的肥沃沙质土壤最为适宜,耐干旱瘠薄,不耐水湿;萌芽力强,耐修剪;对烟尘和有毒气体抗性较强。

【园林应用】:树冠圆整,叶片光绿,初春嫩叶紫红,春末白花点点,秋日红果累累,极富观赏价值,是著名的观叶、观果树种。石楠属杂交种红叶石楠新梢和嫩叶火红,色彩艳丽持久,在园林绿地中多作为地被植物片植,或与其他彩叶植物组合成各种图案,也可群植成大型绿篱或幕墙。

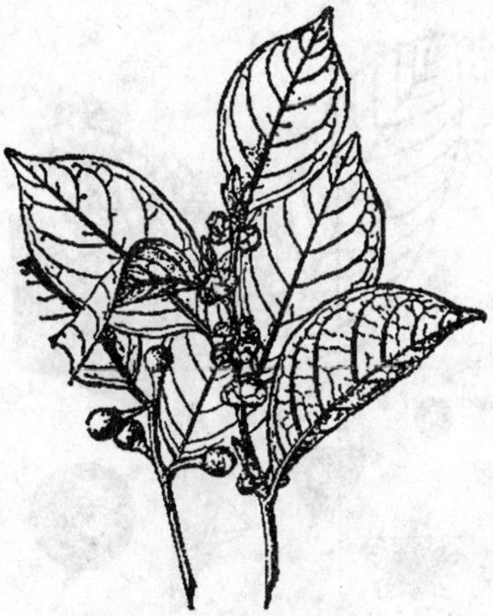

图 3-3-9　香叶树

图 3-3-10　石楠

11. 椤木石楠(椤木)(见图 3-3-11)

Photinia davidsoniae Rehd. Et Wils.

【科属】:蔷薇科,石楠属。

【识别要点】:高达 15 m,幼枝棕色,贴生短柔毛,树干、枝条有刺。单叶互生,长圆形或倒卵状披针形,少数椭圆形,革质,基部楔形,顶端急尖或渐尖,有短尖头,边缘稍反卷,有带腺的细锯齿。复伞形花序花多而密,白色,花序梗、花柄贴生短柔毛。梨果球形,黄红色。花期 5 月,果期 9 ~ 10 月。

【产地及分布】:分布于我国华中、华南、西南各省。

【习性】:耐阴,亦耐贫瘠、干旱,对土壤要求不严。

【园林应用】:花、叶均美,可作庭园栽培,常作刺篱用。

12. 枇杷(见图 3-3-12)

Eriobotrya japonica(Thunb.)Lindl.

【科属】:蔷薇科,枇杷属。

【识别要点】:高达 12 m,树冠圆形,小枝粗壮,小枝、叶背、叶柄均密被锈色茸毛。单叶互生,革质,倒卵状披针形、倒卵形或椭圆状长圆形,先端急尖或渐尖,基部楔形或渐窄成叶柄,边缘上部有疏锯齿,下部全缘,表面羽脉凹入。圆锥花序顶生,花白色,芳香,总花梗、花梗和萼筒外面均密被锈色茸毛。梨果近球形,橙黄色。花期 10 ~ 12 月,果期次年 5 ~ 6 月。

【产地及分布】:原产我国中西部,四川、江苏、湖北、福建等地有野生,现南方各地普遍栽培。

【习性】:喜光、稍耐阴;喜温暖湿润的气候及深厚肥沃排水良好的中性和微碱性土壤;不耐寒,深根性。

【园林应用】:树冠圆整,叶大荫浓,冬日白花盛开,初夏果实金黄。园林中常配植在亭、堂、院落之隅,其间点缀山石、花卉,意境颇佳。丛植或群植在草坪边缘、湖边、池畔、山麓坡地、阳光充足的地方。若与其他观果植物组成树丛,以枇杷作基调树种,四季常青,景色倍增。

图 3-3-11　椤木石楠

图 3-3-12　枇杷

13. 红豆树(鄂西红豆树、花梨木)(见图 3-3-13)

Ormosia hosiei Hemsl. et Wils.

【科属】:蝶形花科,红豆树属。

【识别要点】:高达 20 ~ 30 m。幼树树皮灰绿色,具灰白色皮孔,老树皮暗灰褐色。奇数羽状复叶互生,小叶 5 ~ 7(9),椭圆状卵形、长圆形或长椭圆形,先端急尖,基部宽楔形或圆钝。圆锥花序顶生或腋生,密被黄棕色短柔毛,花白色或淡红色。荚果木质,近扁圆形,种子 1 ~ 2 粒,鲜红色。花期 4 月,果期 10 月。

【产地及分布】:产于我国浙江、福建、湖北、四川、陕西。安徽南部、江苏南部有栽培。

【习性】:喜光,喜温暖湿润气候。萌芽性强,寿命长。

【园林应用】:可作庭荫树、行道树。种子鲜红亮丽,可作装饰品。

14. 鹅掌柴(鸭脚木)(见图 3-3-14)

Schefflera octophylla(Lour.)Harms.

【科属】:五加科,鹅掌柴属。

【识别要点】:小枝幼时密被星状毛。掌状复叶互生,小叶 6 ~ 9 枚,椭圆形或倒卵状椭圆形,全缘,总叶柄长,基部膨大并抱茎。伞形花序集成大圆锥花序顶生,被星状短柔毛,花白色,芳香。浆果球形。果期 12 月至翌年 1 月。

【产地及分布】:原产南洋群岛,我国广东、福建等地,是热带、亚热带地区习见树种。现世界各地均有栽培。

【习性】:喜温暖湿润气候,耐半阴,不耐寒,忌阳光直射;喜深厚肥沃的酸性土壤。冬季应保持 10 ℃以上的温度,否则叶片会逐渐枯黄,继而枝干枯死。

【园林应用】:鹅掌柴株形丰满优美,叶形如鹅掌,奇异美观,是优良的盆栽观叶植物。小型盆栽宜置于客厅、书房、门廊和窗台案头作装饰;也可培育成多干式的大中型盆栽摆设在较大空间环境,颇具气派;也可庭园孤植,是南方冬季的蜜源植物。

图 3-3-13　红豆树

图 3-3-14　鹅掌柴

15. 蚊母树(见图 3-3-15)

Distylium racemosum Sieb. et Zuc.

【科属】:金缕梅科,蚊母树属。

【识别要点】:高达 25 m,栽培后常为灌木状,树冠呈球形,树皮暗灰色,粗糙,嫩枝端具星状鳞毛。单叶互生,椭圆形或倒卵形,革质有光泽,先端钝或略尖,叶脉不明显,背面侧脉略隆起。短总状花序腋生,无花瓣,但红色花药十分醒目。蒴果卵形,密生星状毛,顶端有两个宿存花柱。花期 4 ~ 5 月,果期 8 ~ 9 月。

【产地及分布】:产于我国台湾、海南及东南沿海各地,长江流域有栽培。

【习性】:喜光,稍耐阴;喜温暖湿润气候;对土壤要求不严,酸性、中性和微碱性土壤均能适应,但必须排水良好;萌芽力强,耐修剪;耐烟尘,对二氧化硫、氯气等有毒气体的抗性强,防尘及隔音效果好。

【园林应用】:适于作背景树或绿篱,也可修剪成各种几何造型。

16. 石栎(见图 3-3-16)

Lithocarpus glabra(Thunb.)Makai.

【科属】:壳斗科(山毛榉科),栎属。

【识别要点】:高达 17 m,1 年生枝有灰黄色绒毛。单叶互生,叶片倒卵状长椭圆形或椭圆形,先端尾尖,基部楔形,全缘或顶端有 2 ~ 4 个浅齿。花单性,常雌雄同序,柔荑花序,直立,壳斗碟形或碗形,外壁小苞片呈鳞片状。坚果长椭圆形,被白粉,果脐凹下。花期 8 ~ 9 月,果期翌年 9 ~ 10 月。

【产地及分布】:产于我国湖北、湖南、浙江、江西、福建、广东、广西等地。

【习性】:喜光,稍耐阴,喜温暖气候和深厚湿润、肥沃土壤,较耐干旱瘠薄;萌芽力强。

【园林应用】:树冠浑圆,层次明显,枝叶浓密;适于在庭园布置、草坪孤植或丛植为背景树,或在山坡上成片配植;也是厂矿绿化和隔音、防火林带的优良树种。

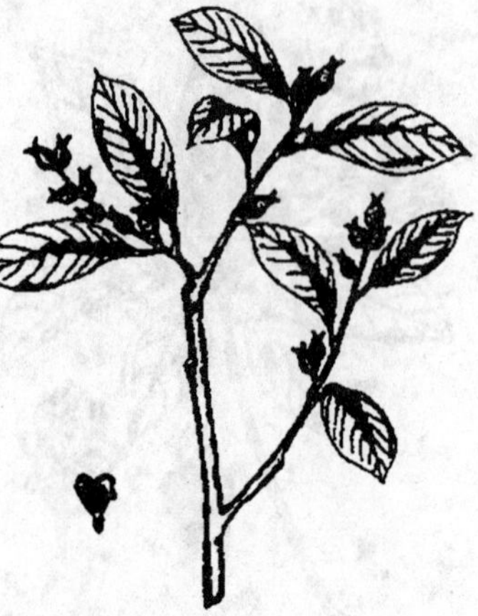
图 3-3-15　蚊母树

图 3-3-16　石栎

17. 印度橡胶树(橡皮树、印度胶榕)(见图 3-3-17)

Ficus elastica Roxb.

【科属】:桑科,榕属。

【识别要点】:高达 45 m,树冠开展,树皮有乳汁。单叶互生,厚革质,有光泽,长椭圆形或矩圆形,先端钝或有尖,全缘,中脉显著,托叶单生,淡红色。花单性,雌雄同株,花序托成对着生于叶腋,花细小、白色。隐花果成对腋生,长椭圆形,无果柄,熟时黄色。花期 5 ~6 月。

观赏变种:黄边橡皮树,叶片有金黄色边缘,入秋更为明显;白叶黄边橡皮树,叶乳白色,而边缘为黄色,叶面有黄白色斑纹。

【产地及分布】:原产于印度、马来半岛。我国各地均有栽培,北方在温室越冬。

【习性】:喜光,亦耐阴,不耐寒;喜温暖湿润气候,生长适温为 20 ~25 ℃。

【园林应用】:印度橡皮树叶大光亮,四季葱绿,为常见的观叶树种。我国长江流域及北方各大城市多作盆栽观赏,华南温暖地区作行道树或风景树。

18. 榕树(细叶榕、小叶榕)(见图 3-3-18)

Ficus microcarpa L. f.

【科属】:桑科,榕属。

【识别要点】:高达 30 m,冠大而开展,枝具下垂须状气生根。单叶互生,椭圆形、卵状椭圆形或倒卵形,革质,全缘或有浅波状锯齿,无毛。隐花果腋生,近扁球形,熟时紫红色。广州花期 5 月,果期 7 ~9 月。

【产地及分布】:产于浙江、福建、海南、台湾、江西、广东、广西等华南地区。

【习性】:喜温暖湿润气候,要求阳光充足,喜深厚肥沃、排水良好的酸性土壤。生长快,寿命长。

【园林应用】:枝叶茂密,树冠开展,气生根入地生长,粗壮如干,可形成“独木成林”的景观。适于作行道树、庭荫树,也可作盆景。

图 3-3-17　印度橡胶树

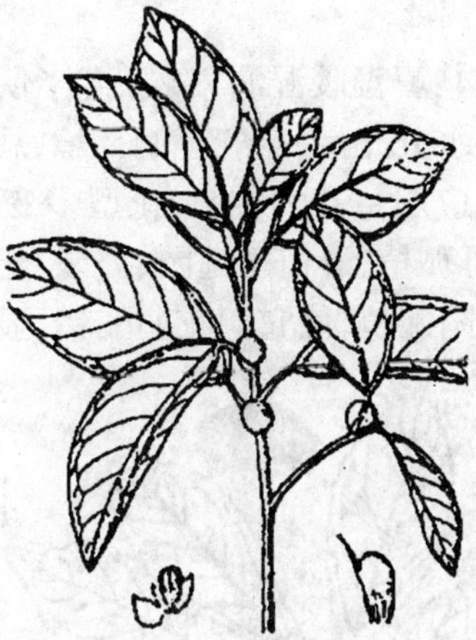

图 3-3-18　榕树

19. 杜英(山杜英、胆八树、羊屎树)(见图 3-3-19)

Elaeocarpus sylvestris(Lour.)Poir.

【科属】:杜英科,杜英属。

【识别要点】:高达 26 m,树冠卵圆形,树皮深褐色,平滑,小枝红褐色。单叶互生,倒卵状椭圆形,叶缘有浅锯齿。总状花序腋生,花黄白色,下垂。核果椭圆形,熟时紫黑色。花期 6~8 月,果期 10~12 月。

【产地及分布】:产于我国南部,浙江、江西、福建、台湾、湖南、广东、广西及贵州南部均有分布。多生于海拔 1 000 m 以下之山地杂木林中。

【习性】:喜温暖潮湿环境,稍耐阴,耐寒性稍差;喜排水良好、湿润、肥沃的酸性土壤;根系发达,萌芽力强,耐修剪;对二氧化硫抗性强。

【园林应用】:杜英四季苍翠,枝叶茂密,霜后部分叶变红色,红绿相间,颇为美丽。宜作基调树种和背景树,丛植、列植作绿篱,对植庭前、入口,群植于草坪边缘,均美观别致;也适于作防噪声隔离带和厂矿绿化。

20. 山茶花(山茶、茶花)(见图 3-3-20)

Camellia japomica L.

【科属】:山茶科,山茶属。

【识别要点】:高 6~15 m,树冠卵形,枝条黄褐色。单叶互生,革质,表面有光泽,倒卵形或椭圆形,叶缘细锯齿。花大,单生或 2~3 朵生于叶腋或枝端,有各种颜色。蒴果球形,外壳木质化。花期 2~4 月,果期 10 月。

园艺品种较多,我国达 300 多个品种,常分为:

(1)单瓣类:花瓣 1~2 轮,5~7 片,基部连生,多呈筒状,雌、雄蕊发育完全,能结实。

(2)半重瓣类:花瓣 3~5 轮,20 片左右,多者达 50 片。有半重瓣型、五星型、荷花型、松球型等。

(3)重瓣类:大部分雄蕊瓣化,花瓣数在 50 片以上。有托桂型、菊花型、芙蓉型、皇冠型、绣球型、放射型、蔷薇型等。

【产地及分布】:产于我国和日本。我国东部及中部栽培较多,东北、西北、华北等地温室盆栽。

【习性】:喜温暖湿润气候,喜半阴,忌烈日;喜肥沃、疏松的微酸性土壤(pH 5.6～6.5);适宜水分充足、空气湿润环境,忌干燥;对氯气及二氧化硫抗性强。

【园林应用】:花大色艳,花型多变,花色丰富,花期长,且四季常青,是闻名中外的名贵花木。可孤植、群植于庭园、公园、建筑物前、甬道两侧,亦可配植在假山石旁,还可在牡丹园、玉兰园配植,使它们花期交错,显得春意盎然。

图 3-3-19　杜英

图 3-3-20　山茶花

21. 金花茶(见图 3-3-21)

Camellia chrysantha(Hu)Tuyama.

【科属】:山茶科,山茶属。

【识别要点】:高 2～6 m,小枝无毛。单叶互生,革质,长椭圆形至长椭圆状披针形,先端尾状渐尖或急尖,叶缘微向背面翻卷,有细硬锯齿。花大,单生叶腋,金黄色,具蜡质光泽。花梗下垂,花开放时呈杯状、壶状或碗状,蒴果扁球形或三角状球形,黄绿色或紫褐色,萼宿存。花期 11 月至次年 3 月,果期 10～12 月。

【产地及分布】:产于我国广西、云南。大部分地区盆栽。

【习性】:喜温暖湿润气候,不耐干旱,不耐寒;对土壤要求不严,微酸性至中性土壤中均可生长;耐瘠薄,也喜肥;耐涝。

【园林应用】:金花茶花期繁花满树,花色金黄,形态多样,风姿绰约,被誉为“茶族皇后”。多盆栽供室内观赏。亚热带地区可植于常绿阔叶林下或荫棚内。

22. 茶梅(见图 3-3-22)

Camellia sasanqua Thunb.

【科属】:山茶科,山茶属。

【识别要点】:高 3～13 m,树皮灰白色,小枝、芽鳞、叶柄、子房、果皮均有毛,且芽鳞表面有倒生柔毛。单叶互生,椭圆形或长卵形,先端短尖,边缘有细锯齿。花单生,有重瓣或半重瓣,红、白、粉红等色,无柄,稍有香气。蒴果球形,花期 11 月至次年 2 月。

【产地及分布】:产于我国长江流域以南地区。

【习性】:喜光,稍耐阴,在阳光充足处花朵更为繁茂,但强烈阳光会灼伤其叶和芽,导致叶卷脱落；喜温暖湿润气候，不耐寒；宜生长在排水良好、富含腐殖质、湿润的微酸性土壤，pH 值 5.5 ~6 为宜，碱性土和黏土不适宜种植。

【园林应用】：茶梅树形优美，姿态丰满，花色瑰丽，是优良的花灌木。南方常植于庭园观赏，作基础种植及花篱。北方盆栽观赏。

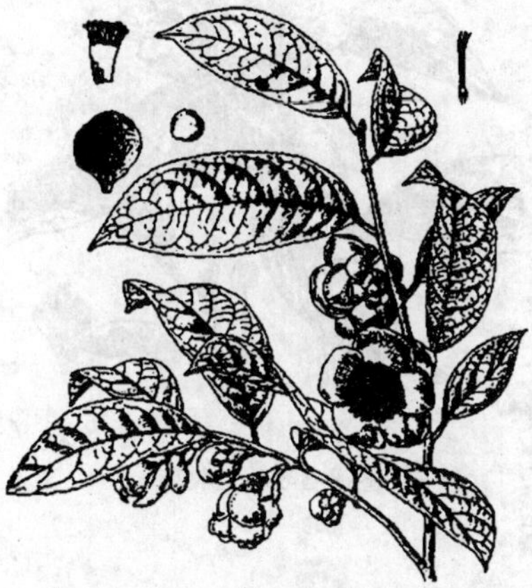

图 3-3-21　金花茶

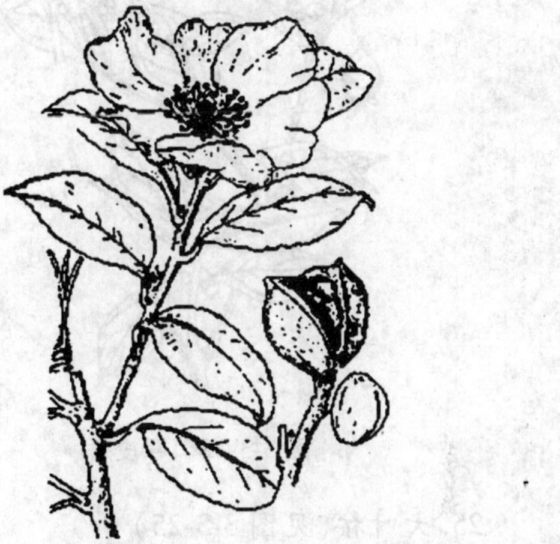

图 3-3-22　茶梅

23. 厚皮香（见图 3-3-23）

Ternstroemia gymnanthera（Wight. et Arn.）Sprague.

【科属】：山茶科，厚皮香属。

【识别要点】：高达 15 m，枝条黑褐色。单叶互生，通常集生于枝顶，倒卵状椭圆形，先端钝尖，叶基渐窄且下延，全缘，中脉在表面下陷，侧脉不明显。两性花，单生叶腋，淡黄色，稍下垂。蒴果圆球形，浆果状，紫红色。花期 7 ~8 月，果期 10 ~11 月。

【产地及分布】：分布于湖北、湖南、贵州、云南、广西、广东、福建、台湾等地。

【习性】：喜温暖湿润和背阴潮湿环境，不耐寒，阳光直射处生长不良；喜排水良好、湿润肥沃的微酸性土壤，也能适应中性土和微碱性土。根系发达，抗风力强。

【园林应用】：树冠浑圆，枝叶层次感强，叶肥厚，入冬转绯红色，适宜配植在林下、林缘等处，为基础栽植材料，也是厂矿区的绿化树种。

24. 木荷（见图 3-3-24）

Schima superba Gardn. et Champ.

【科属】：山茶科，木荷属。

【识别要点】：高 20 ~30 m，树冠广圆形。小枝幼时有毛，后无毛。单叶互生，厚革质，卵状椭圆形、长圆形或倒卵状椭圆形，先端渐尖，基部楔形或近圆形，叶缘疏生浅钝齿。花单生叶腋或排成短总状花序顶生，花白色，芳香。蒴果近球形木质。花期 4 ~5 月，果期 9 ~10 月。

【产地及分布】：我国长江流域以南广泛分布。

【习性】：喜光，也耐阴；喜温暖湿润气候及富含腐殖质的肥沃酸性土壤；幼苗需庇荫，忌水淹；抗风，对有毒气体有一定抗性。

【园林应用】：入冬叶色染红，艳丽可爱；适宜作庭荫树和风景林；可与其他常绿树混植，配植在山坡作为主体树种；可作防火隔离带。

图 3-3-23　厚皮香

图 3-3-24　木荷

25. 大叶桉（见图 3-3-25）

Eucalyptus robusta Smith.

【科属】：桃金娘科，桉树属。

【识别要点】：高达 30 m，树皮暗褐色，有槽纹，小枝淡红色。单叶互生，革质，卵状长椭圆形至卵状披针形，先端渐尖，基部圆形，侧脉横列。伞形花序腋生或侧生，总花梗粗而扁，花萼帽状体较厚。蒴果倒卵形至碗状。花期 4～5 月和 8～9 月，花后约 3 个月果熟。

【产地及分布】：原产澳大利亚。我国西南部和南部有栽培。

【习性】：极喜光，喜温暖湿润气候，不耐寒，喜肥沃湿润的酸性及中性土壤，不耐干旱贫瘠，极耐水湿。生长迅速，寿命长，萌芽力强，根系深，抗风倒。

【园林应用】：树冠庞大，是庭园和公共绿地的良好绿化树种；可用做沿海地区低湿处的防风林树种。花期长，是良好的蜜源植物。

26. 冬青（四季青）（见图 3-3-26）

Ilex chinensis Sims.

【科属】：冬青科，冬青属。

【识别要点】：高达 13～20 m，树冠卵圆形。小枝浅绿色，具棱。单叶互生，薄革质，长椭圆形至披针形，先端渐尖，基部楔形，叶缘有疏浅圆锯齿，表面深绿色，有光泽。聚伞花序腋生，花单性，雌雄异株，紫红色。浆果状核果红色。花期 5～6 月，果期 10～11 月。

【产地及分布】：产于长江流域及其以南各地，西至四川，南达海南。

【习性】：喜光，稍耐阴；喜温暖湿润的气候及肥沃、排水良好的酸性土壤；不耐寒，深根性，萌芽力强，耐修剪；对二氧化硫有一定抗性。

【园林应用】：枝叶繁茂，葱郁如盖，果熟时红若丹珠，分外艳丽；是优良的观赏树种；宜列植于墙际、甬道两侧，孤植、丛植于池畔、草坪、广场边缘，或配植在园中的叠石和小丘，甚是美观；也可作绿篱栽培。

图3-3-25 大叶桉

图3-3-26 冬青

27. 女贞(大叶女贞、蜡树)(见图3-3-27)

Ligustrum lucidum Ait.

【科属】:木犀科,女贞属。

【识别要点】:高达15 m,树冠倒卵形。小枝无毛。单叶对生,革质,卵形至卵状椭圆形,全缘,表面深绿色,有光泽。圆锥花序顶生,花小,白色,芳香。浆果状核果蓝紫色。花期6~7月,果期11~12月。

【产地及分布】:广布于我国秦岭、淮河流域以南及陕西甘肃南部,华北及西北多有栽培。

【习性】:喜光,稍耐阴,耐寒性好,耐水湿;喜温暖湿润的气候及肥沃的微酸性土壤,不耐干旱和瘠薄;萌芽、萌蘖力强,耐修剪;对二氧化硫、氯气等有害气体有较强抗性,耐烟尘。

【园林应用】:女贞终年常绿,苍翠可爱;可孤植、列植于园林绿地、草坪边缘、广场、建筑物周围,亦可作行道树。生长快又耐修剪,也用于绿篱。

28. 桂花(木犀)(见图3-3-28)

Osmanthus fragrans(Thunb.) Lour.

【科属】:木犀科,木犀属。

【识别要点】:高达12 m,树冠圆头形或椭圆形,树皮粗糙,灰褐色或灰白色。单叶对生,椭圆形、卵形或长椭圆形,全缘或上半部疏生细锯齿。聚伞状花序3~5朵簇生叶腋,花小,淡黄色,浓香。核果紫黑色。花期9~10月,果期次年4~5月。

品种群:

(1)金桂品种群:花金黄色,香味浓或极浓。秋季开花。

(2)银桂品种群:花黄白色或淡黄色,香味浓至极浓。秋季开花。

(3)丹桂品种群:花橙黄或橙红色,香味较淡。秋季开花。

(4)四季品种群:花淡黄或黄白色,香味淡。一年四季均有花开。

【产地及分布】:原产我国中南、西南部。淮河流域至黄河下游以南各地普遍栽培。

【习性】:喜光,耐半阴;喜温暖湿润的气候,不耐寒;在土层深厚、富含腐殖质的偏酸性沙质壤土上生长良好，不耐干旱和瘠薄，忌积水；萌发力强；寿命长；对有毒气体抗性较强。

【园林应用】：桂花枝繁叶茂，四季常青，秋季花开，芳香四溢，是我国人民喜爱的传统园林花木。其适宜在园林中孤植、对植、丛植、片植，作园景树及园林小品背景树，或散植在庭园、公园角隅。旧式庭园常用对植，古称“双桂当庭”或“双桂留芳”。桂花对有害气体二氧化硫、氟化氢有一定的抗性，也是工矿区绿化的好树种。

图 3-3-27　女贞

图 3-3-28　桂花

29. 马拉巴栗（发财树、大果木棉）（见图 3-3-29）

Pachira macrocarpa（Cham. et Schl.）Schl ex Bailey.

【科属】：木棉科，瓜栗属。

【识别要点】：高达 6 ~ 7 m。干肥大光滑，基部膨大。树皮绿色，侧枝 5 ~ 6 轮生。掌状复叶互生，小叶 5 ~ 7 枚，长椭圆状披针形，顶端短尖，基部楔形，全缘，中肋两面隆起，脉上着生稀疏锈色星状毛。花大，花瓣条裂，花色有红、白或淡黄色。果卵圆形。花期 4 ~ 5 月，果期 9 ~ 10 月。

【产地及分布】：原产墨西哥。近年来我国引种栽培。

【习性】：喜高温和半阴环境，喜温暖湿润，不耐寒，生长适温 20 ~ 30 ℃；喜富含腐殖质排水良好的沙壤土；极怕烟熏。

【园林应用】：优良的室内观叶植物，播种繁殖的实生苗茎基肥大，较为美观，可单株种植，也可 3 ~ 5 株植于一盆，将茎干编成辫状，别具一格。茎干可随意弯曲造型。

30. 巴西铁树（巴西木、巴西千年木、金边香龙血树）（见图 3-3-30）

Dracaena fragrans（L.）Ker.

【科属】：百合科，龙血树属。

【识别要点】：高达 6 m，少分枝。叶片聚生茎顶，长椭圆状披针形，尖稍钝，弯曲成弓形，有亮黄色或乳白色的条纹，叶缘有波浪状起伏。圆锥花序生于茎上部叶腋，花小白色，芳香。

【产地及分布】：原产加那利群岛和非洲几内亚等地。

【习性】：喜光照充足、高温、高湿的环境，亦耐阴、耐干燥，要求排水良好的沙质土壤。

在明亮的散射光和北方居室较干燥的环境中，其能生长良好。

【园林应用】：叶片宽大，具金黄色条纹，是优良的室内观叶植物。盆栽作室内陈设，或与其他植物配植成组合装饰。

图 3-3-29　马拉巴栗

图 3-3-30　巴西铁树

31. 棕榈（棕树）（见图 3-3-31）

Trachycarpus fortunei（Hook.）H. Wendl.

【科属】：棕榈科，棕榈属。

【识别要点】：高达 15 m。干圆柱形，直立，不分枝，老叶柄基部残存不脱落，被暗棕色的叶鞘纤维包裹。叶丛生于树干顶端，向外开展，扇形或圆扇形，掌状分裂成多数狭长的裂片，裂片坚硬，顶端浅二裂，不下垂。叶柄上面近平，下面半圆，两侧具细齿。花单性或杂性，雌雄异株或同株，肉穗花序排列成腋生圆锥花序，淡黄色，佛焰苞多数，有锈色茸毛。核果肾状球形，蓝褐色，被白粉。花期 4～5 月，果期 10～11 月。

【产地及分布】：原产我国，除西藏外我国秦岭以南地区均有分布。

【习性】：喜光，稍耐阴，喜温暖湿润的气候，较耐寒；喜肥沃、排水良好的土壤，在干燥沙土及低洼水湿处生长较差；对烟尘、二氧化硫、氟化氢等有毒气体的抗性较强。

【园林应用】：棕榈树干挺拔，叶形如扇，清姿优雅。宜对植、列植于庭前路边和建筑物旁，或高低错落地群植于池边与庭园，翠影婆娑，颇具南国风光韵味。

32. 蒲葵（葵树）（见图 3-3-32）

Livistona chinensis R. Brown.

【科属】：棕榈科，蒲葵属。

【识别要点】：高达 20 m，单干直立，干棕灰色，有环纹和纵裂纹。叶扇形，掌状浅裂，先端下垂，裂片多条形，端尖 2 裂。叶柄长，腹面平，背面圆凸，两侧具骨质钩刺，叶鞘褐色，纤维甚多。两性花，肉穗花序腋生，分枝多而疏散，黄绿色，佛焰苞管状多数。核果椭圆形，熟时紫黑色，外略被白粉。花期 3～4 月，果期为 10～12 月。

【产地及分布】：原产中国南部，广东、广西、福建、台湾等省区均有栽培。

【习性】：喜光，亦耐阴，喜温暖、湿润的环境，在 0 ℃左右的低温和半阴的环境中也能生长；对大风、干旱有较强的抗性，在湿润、肥沃、有机质丰富的土壤上生长良好。

【园林应用】:蒲葵树形美观,叶大如伞,宜丛植或行植作广场行道树及背景树,也可用作厂区绿化。

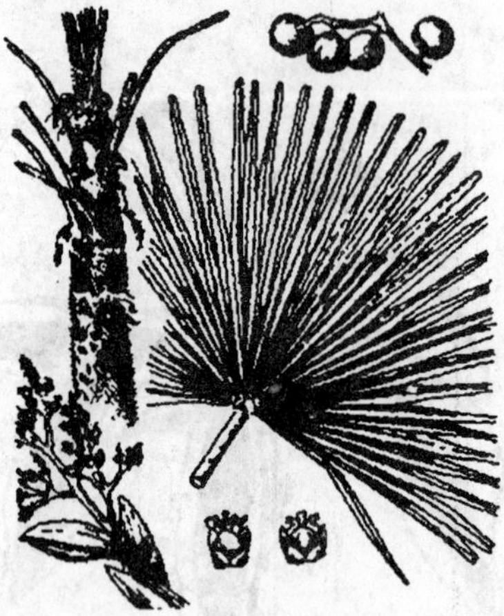

图 3-3-31　棕榈

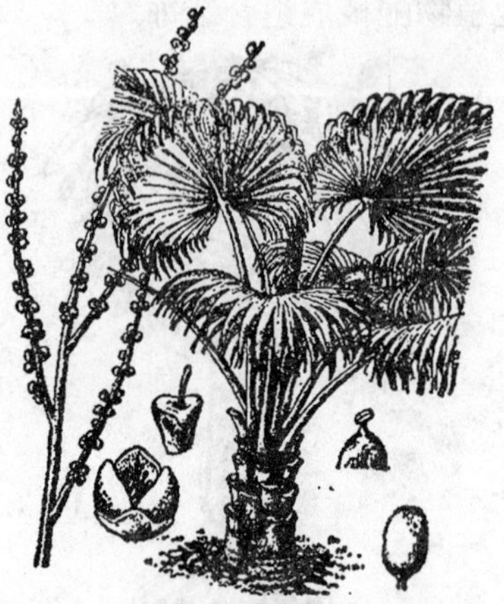

图 3-3-32　蒲葵

33. 假槟榔(见图 3-3-33)

Archontophoenix alexandrae (F. Muell.) H. Wendl. et Drude.

【科属】:棕榈科,假槟榔属。

【识别要点】:高达 25 m;干有梯形环纹,基部略膨大。叶羽状全裂,裂片条状披针形,顶端渐尖,全缘或有缺刻,侧脉及中脉明显,叶鞘长,膨大而抱茎。花单性,雌雄同株,肉穗花序生于叶鞘束下,白色,多分枝,下垂。坚果卵状球形,红色。

【产地及分布】:原产于澳大利亚东部。我国福建、台湾、广东、海南、广西、云南及重庆、四川长江沿岸地区有栽培。

【习性】:喜光,喜高温,耐寒力稍强,耐水湿,亦较耐干旱;对土壤的适应性强。

【园林应用】:可作园林群植观赏,也可列植于宾馆、会堂门前,营造庄严肃穆的气氛,还可作庭园观赏绿化及行道树。

34. 鱼尾葵(假桄榔)(见图 3-3-34)

Caryota ochlandra Hance.

【科属】:棕榈科,鱼尾葵属。

【识别要点】:高达 20 m,干单生,具环纹。叶二回羽状全裂,先端下垂,小叶鱼尾状半菱形,上边缘具不规则的缺刻,叶轴及羽片轴上均被棕褐色毛,叶鞘巨大,长圆筒形,抱茎。花单性同株,圆锥状肉穗花序下垂,黄色。浆果球形,淡红色。花期 7 月。

【产地及分布】:原产亚洲热带、亚热带及大洋洲。我国南部、西南部有分布。北方温室盆栽。

【习性】:喜光,耐半阴,忌强光直射和暴晒,耐寒力不强,喜温暖湿润的气候及疏松肥沃、排水良好的酸性土壤。

【园林应用】:树姿优美,叶形奇特,花鲜黄色,果实如圆珠成串;常作行道树、庭荫树。盆栽宜布置于空间较大的厅堂等处。

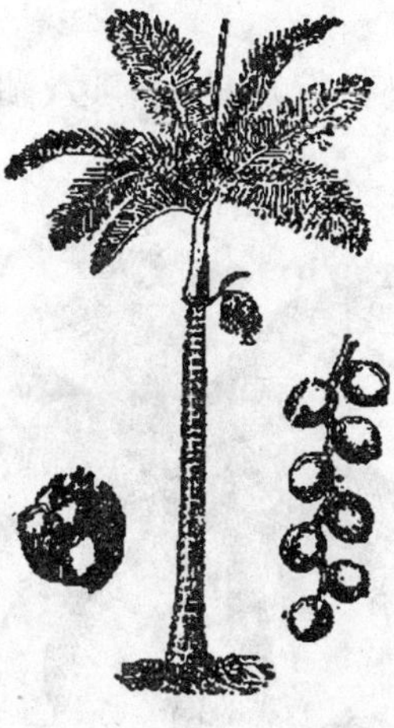

图 3-3-33　假槟榔

图 3-3-34　鱼尾葵

35. 王棕(大王椰子)(见图 3-3-35)

Roystonea regia(HBK.)O. F. Cook.

【科属】:棕榈科,王棕属。

【识别要点】:高达 20 m,干挺直,不分枝,淡灰色,中部最粗,向上及向下稍细,基部膨大,具整齐的环状叶鞘痕。叶簇生于树干顶端,羽状全裂,裂片线状披针形,在叶轴上不整齐地排成 4 行,全缘,有数条明显的纵脉。花单性,雌雄同株,肉穗花序腋生于叶鞘基部,多 3 回分枝,雄花淡黄色,佛焰苞张开后,花序伸展直径可达 1 m 并下垂。浆果球形,红褐色至淡紫色。种子卵形,骨质。

【产地及分布】:原产古巴。广泛分布于世界各热带地区,我国广东、广西、云南和台湾也有栽培。

【习性】:喜光,喜温暖湿润气候,不耐寒;对土壤适应性强,以深厚疏松、排水良好、富含有机质的肥沃冲积土最为理想。

【园林应用】:王棕两头细,中间粗,基部又膨大,树形独特美观,是目前国内行道树、园景树最高大壮观的椰子类植物。

36. 椰子(椰树)(见图 3-3-36)

Cocos nucifera L.

【科属】:棕榈科,椰子属。

【识别要点】:高 15 ~ 30 m,干上有明显的环状叶痕及叶鞘残基。叶羽状全裂,长 3 ~ 7 m,裂片线状披针形,基部明显外向折叠。叶柄粗壮,基部有网状褐色棕皮。肉穗花序腋生,多分枝,雄花聚生于分枝上部,雌花散生于下部,总苞纺缍形,厚木质,脱落。坚果倒卵形或近球形,顶端微具三棱,外果皮薄,革质,中果皮厚而纤维质,内果皮骨质,近基部有 3 萌发孔。几乎全年开花,7 ~ 9 月果熟。

【产地及分布】:广泛分布于亚洲、非洲、大洋洲及美洲的热带滨海及内陆地区。我国海南岛、台湾南部、云南南部栽培椰子已有 2 000 多年的历史。

【习性】:喜光,在高温、湿润、阳光充足的海边生长发育良好;要求年平均温度 24 ~ 25 ℃以上,温差小,最低温度不低于 10 ℃,才能正常开花结实;不耐干旱,喜海滨和河岸的深厚冲积土，要求排水良好；抗风能力强。

【园林应用】：椰子是良好的行道树、庭荫树、园景树，特别是在海边、湖畔临水群植及在草坪、土丘上丛植效果尤佳。

图 3-3-35　王棕

图 3-3-36　椰子

（二）灌木类

37. 珊瑚树（珊瑚枝）（见图 3-3-37）

Viburnum odoratissimum Ker-Gawl.

【科属】：忍冬科，荚蒾属。

【识别要点】：高达 10 m，树皮灰褐色，枝有小瘤状凸起的皮孔。单叶对生，椭圆形至椭圆状矩圆形，革质，边缘波状或具有粗钝齿，叶柄棕褐色。圆锥花序顶生或侧生短枝上，花白色，有时淡红色，裂片长于花冠筒，芳香。核果卵状矩圆形，先红后黑。花期 5～6 月，果期 9～10 月。

【产地及分布】：分布于我国云南、贵州、广西、广东、湖南、江西、福建、台湾、浙江等地，生疏林或灌丛中。长江流域广泛栽培。

【习性】：喜温暖湿润和阳光充足环境，稍耐阴，较耐寒；喜湿润肥沃中性土壤，在酸性和微碱性土中也能适应；耐烟尘，抗火力强，根系发达，耐修剪；对氯气及二氧化硫有一定的抗性和吸收能力。

【园林应用】：枝繁叶茂，红果累累，状如珊瑚，绚丽可爱；常作高篱，在规则式园林中常整形为绿墙、绿门、绿廊；在自然式的园林中多孤植、丛植装饰墙角，用于隐蔽遮挡；是防尘、隔音、防火等防护树种。

38. 檵木（见图 3-3-38）

Loropetalum chinensis（R. Br.）Oliv.

【科属】：金缕梅科，檵木属。

【识别要点】：高达 12 m，小枝、嫩叶及花萼均有锈色星状短柔毛。单叶互生，卵形或椭圆形，革质，顶端锐尖，基部偏斜而圆，全缘，下面密生星状柔毛。两性花，头状花序 3～8 朵簇生于小枝端，黄白色。蒴果褐色，近卵形，有星状毛。花期 5 月，果期 8 月。

变种红花檵木：树皮暗灰或浅灰褐色，多分枝。嫩枝红褐色，密被星状毛。叶暗红色，花紫红色。

【产地及分布】:主要分布于长江中下游及以南地区。

【习性】:喜光,耐半阴,耐干旱瘠薄,喜温暖气候及肥沃、湿润的微酸性土壤;萌芽力强,耐修剪。

【园林应用】:树姿优美,叶茂花繁。宜丛植于草地、林缘或园路转角,也可植为花篱。其变种红花檵木常年叶色鲜艳,枝盛叶茂,特别是开花时瑰丽奇美,极为夺目,是花、叶俱美的观赏树木;常用于色块布置或修剪成球形,也是制作盆景的好材料。

图 3-3-37　珊瑚树

图 3-3-38　檵木

39. 黄杨(见图 3-3-39)

Buxus sinica(Rehd. et Wils.)Cheng.

【科属】:黄杨科,黄杨属。

【识别要点】:树皮淡灰褐色,鳞片状剥落,小枝具四棱,小枝及冬芽鳞均有短柔毛。单叶对生,革质,倒卵形或椭圆形,先端圆或微凹,基部楔形,叶柄及叶背中脉基部有毛。花单性同株,无花瓣,簇生于叶腋或枝端,黄绿色。蒴果球形,黑色,沿室背 3 瓣裂。花期 3~4 月,果期 5~7 月。

【产地及分布】:产于华东、华中至华北。

【习性】:喜温暖湿润气候,耐阴,在庇荫湿润条件下生长良好;喜疏松肥沃的中性及微酸性沙质壤土;萌芽力强,耐修剪;对多种有毒气体抗性强。

【园林应用】:黄杨枝叶茂盛,翠绿可爱,常作绿篱、大型花坛镶边,修剪成球形或其他造型,点缀山石或制作盆景。

常见栽培的有:雀舌黄杨(*Buxus bodinieri* Levl.),分枝密集,小枝纤细。叶倒披针形或倒卵状长椭圆形,先端圆形或微凹,基部狭楔形,全缘,近无柄,两面中肋及侧脉均明显隆起。花小,黄绿色,呈密集短穗状花序,其顶部生一雌花,其余为雄花。蒴果卵圆形,紫黄色。花期 4 月,果期 7 月。

40. 瑞香(见图 3-3-40)

Daphne odora Thumb.

【科属】:瑞香科,瑞香属。

【识别要点】:高1~2.5 m,小枝带紫色。单叶互生,长椭圆形至倒披针形,顶端锐尖,基部窄,全缘。头状花序顶生,具7~12朵花,白色或带红紫色,芳香。核果肉质,圆球形。花期3~4月,果期7~8月。

【产地及分布】:原产我国和日本,分布于长江流域以南各省区。

【习性】:喜半阴和通风环境,怕高温炎热,惧暴晒,不耐寒,不耐旱;喜疏松排水良好的酸性土壤。

【园林应用】:枝干丛生,株形优美,四季常绿,早春开花,香味浓郁,为著名花木。作园林布置,宜配植在建筑物、假山的阴面及树丛前侧,也可盆栽,制作盆景。

图3-3-39　黄杨

图3-3-40　瑞香

41.海桐(海桐花)(见图3-3-41)

Pittosporum tobira(Thunb.)Ait.

【科属】:海桐科,海桐属。

【识别要点】:高达6 m,树冠球形,小枝及叶集生枝顶。单叶互生,有时在枝顶轮生,倒卵形,全缘,边缘略反卷,革质,有光泽。伞形花序顶生,花白色稍带黄绿色,有芳香。蒴果近球形,有棱角,成熟时3裂,木质。种子鲜红色。花期5月,果期9~10月。

【产地及分布】:产于我国长江流域及东南沿海,多生于林下或沟边。各地多栽培。

【习性】:喜光,亦较耐阴,喜温暖湿润的海洋性气候;对土壤要求不严,能耐轻盐碱土,在肥沃湿润的偏酸性或中性壤土上生长良好;萌芽力强,耐修剪,抗海潮、海风;对有毒气体抗性强。

【园林应用】:海桐枝叶茂密,叶色浓绿光亮,花洁白芳香,是常用的观叶树种。其宜在建筑物四周孤植,或在草坪边缘丛植;也可修成球状配植于树坛、花坛、假山石旁,或作绿篱用;也适于厂矿及沿海地区绿化。

42.扶桑(朱槿)(见图3-3-42)

Hibiscus rosa-sinensis L.

【科属】:锦葵科,木槿属。

【识别要点】:高达6 m,树冠圆形或椭圆形。单叶互生,阔卵形或长卵形,先端渐尖,叶缘有锯齿或缺刻,基部近全缘,3出脉,表面有光泽。花单生上部叶腋,雌蕊柱头伸出花冠外，单瓣或重瓣，单瓣漏斗形，通常玫瑰红色，重瓣者有红、粉红、黄、白等色。蒴果卵圆形。花期5～11月。

【产地及分布】：产于我国福建、台湾、广东、广西、云南、四川等地。长江流域及以北温室盆栽。

【习性】：喜光，喜温暖湿润气候，不耐寒，冬季温度不低于5℃；对土壤要求不严，但在肥沃、疏松的微酸性土壤中生长最好；发枝力强，耐修剪。

【园林应用】：扶桑花朵鲜艳夺目，姹紫嫣红，在南方多散植于池畔、亭前、道旁、墙边，或作绿篱。盆栽可布置会场、厅堂、展室等。

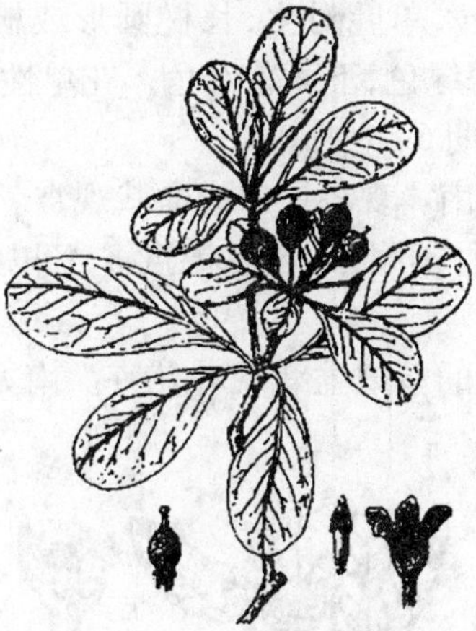

图3-3-41　海桐

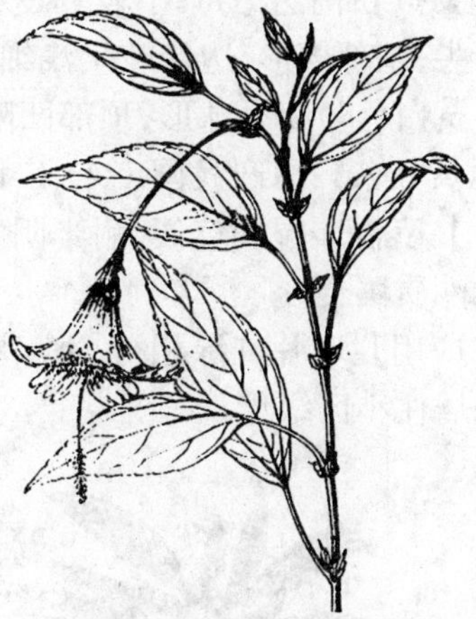

图3-3-42　扶桑

43. 一品红（猩猩木、圣诞花）（见图3-3-43）

Euphorbia pulcherrima Willd.

【科属】：大戟科，大戟属。

【识别要点】：高1～3 m，茎叶含白色乳汁，嫩枝绿色，老枝深褐色。单叶互生，卵状椭圆形，全缘或波状浅裂，先端三角状。顶端靠近花序之叶片呈苞片状，开花时鲜红色，为主要观赏部位。杯状花序聚伞状排列，顶生，总苞淡绿色，边缘有齿及1～2枚大而黄色的腺体，雄花具柄，无花被，雌花单生，位于总苞中央。自然花期12月至翌年2月。

常见栽培品种：

（1）一品白：开花时总苞片乳白色。

（2）一品粉：开花时总苞片粉红色。

（3）一品黄：开花时总苞片淡黄色。

（4）深红一品红：开花时总苞片深红色。

（5）重瓣一品红：叶灰绿色，除总苞片变色似花瓣外，小花也变成花瓣状叶片，直立向上，簇拥成团。

【产地及分布】：原产墨西哥及热带非洲。我国华南可露地栽培，长江流域及其以北温室盆栽。

【习性】：短日照植物，在日照10 h左右，温度高于18℃的条件下开花；喜光，喜温暖湿润气候，不耐寒，冬季室温不能低于5℃；对土壤要求不严，但以肥沃湿润、排水良好的微酸性沙壤土最好；对水分要求严格，土壤过湿，容易引起根部腐烂、落叶等，一品红极易落叶，温度过高过低、土壤过干过湿或光照太强太弱都会引起落叶。

【园林应用】：花色鲜艳，花期长，正值圣诞、元旦、春节开花，盆栽布置室内环境可增加喜庆气氛，极受百姓喜爱；也适宜布置会场等公共场所；华南可露地栽植于庭园作点缀材料，也可作切花。

44. 红背桂（青紫木、紫背桂）（见图 3-3-44）

Excoecaria cochinchinensis Lour.

【科属】：大戟科，土沉香属。

【识别要点】：高达 1 m，小枝具皮孔，光滑无毛。单叶对生，长椭圆形或椭圆状披针形，先端渐尖，基部楔形，边缘疏生浅细锯齿，上面深绿色，下面紫红色。花单性异株，穗状花序腋生，黄白色。蒴果球形，顶部凹陷，红色。花期 6～8 月。

【产地及分布】：原产我国广东、广西、台湾和越南。现各地广为盆栽观赏。

【习性】：喜温暖湿润气候，耐半阴，忌阳光暴晒；不耐寒，越冬温度 8 ℃以上；不耐干旱，喜肥沃沙质壤土。

【园林应用】：叶片红绿相衬，秀丽雅气；是优良的室内盆栽观叶花卉。南方常用于庭园、公园和居住小区绿化。

图 3-3-43　一品红

图 3-3-44　红背桂

45. 变叶木（洒金榕）（见图 3-3-45）

Codiaeum variegatum（L.）A. Juss.

【科属】：大戟科，变叶木属。

【识别要点】：全株有乳汁，幼枝灰褐色，枝上有大而明显的圆叶痕。单叶互生，有短柄，厚革质，叶形多变化，倒披针形、条状倒披针形、条形、椭圆形或匙形，边缘全缘或者分裂，波浪状或螺旋状扭曲，甚为奇特，叶片上常具有白、紫、黄、红色的斑块和纹路。花单性同株，总状花序腋生，花小白色。蒴果球形或稍扁，白色。花期 5～6 月。

【产地及分布】：原产马来西亚、太平洋群岛等地。我国广东、福建、台湾等地可露地栽培，其他地区温室盆栽。

【习性】：喜光照充足和高温多湿的环境，不耐寒，越冬温度 12 ℃以上；喜湿怕干，土壤以肥沃、保水性强的黏质壤土为宜。

【园林应用】:变叶木因在其叶形、叶色上变化显示出色彩美、姿态美,深受人们喜爱。华南地区多用于公园、绿地和庭园美化,既可丛植,也可做绿篱;也常盆栽装饰房间、厅堂和布置会场。

46. 金丝桃(金丝海棠、土连翘)(见图 3-3-46)

Hypericum chinense L.

【科属】:金丝桃科,金丝桃属。

【识别要点】:高约 1 m,树皮灰褐色,小枝对生,红褐色,小枝、叶、花萼、花瓣及花药有腺点。单叶对生,无柄,长椭圆形,叶基渐狭,稍抱茎,叶背中脉稍突起。花单生或 3 ~7 朵集合成聚伞形花序,顶生,金黄色。蒴果卵圆形。花期 6 ~7 月,果期 8 ~9 月。

【产地及分布】:产于我国黄河流域以南各地。各地均有栽培。

【习性】:喜光,稍耐阴;以肥沃的中性沙壤土最好,耐干旱,不耐积水;根系发达,萌芽性强,耐修剪。

【园林应用】:黄花密集,花丝纤细,灿若金丝,绚丽可爱,是夏季优良的观赏花木。其适于丛植或群植在草坪、树坛的边缘和墙角、路旁等处,也常用作花篱。华北多盆栽观赏。

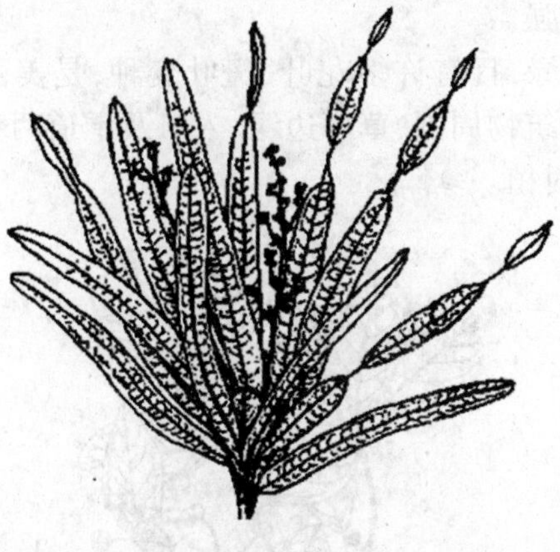

图 3-3-45　变叶木

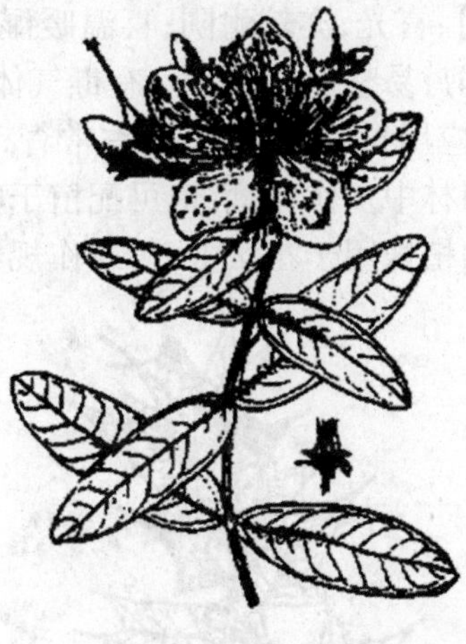

图 3-3-46　金丝桃

47. 枸骨(鸟不宿、猫儿刺)(见图 3-3-47)

Ilex cornuta Lindl.

【科属】:冬青科,冬青属。

【识别要点】:高 3 ~4 m,树皮灰白色,平滑不裂,小枝粗壮,当年生枝具纵脊。单叶互生,硬革质,矩圆状四方形,先端有 3 个尖硬的刺齿,中间一个常向外卷,茎部截形,两侧各有硬尖刺 1 ~3(5)。花单性异株,簇生于 2 年生枝叶腋,花小黄绿色。核果红色。花期 4 ~5 月,果期 10 ~11 月。

【产地及分布】:原产于长江中下游地区,生于山坡谷地灌木丛中。现各地庭园常有栽培。

【习性】:喜光,稍耐阴,喜温暖湿润气候,耐寒性差;在肥沃、排水良好的微酸性土壤上生长良好,在中性及偏碱性土壤也能生长;萌芽力与萌蘖力强,耐修剪。

【园林应用】:枝繁叶茂,叶形奇特,入秋红果累累,经冬不落,是叶果俱佳的园林树种。宜作基础种植及岩石园材料,也可孤植于花坛中心,对植于前庭、路口,或丛植于草坪边缘,同时又是很好的绿篱及盆栽材料。老桩制作盆景亦饶有风趣。

48. 大叶黄杨(冬青卫矛、正木)(见图 3-3-48)

Euonymus japonicus Thunb.

【科属】:卫矛科,卫矛属。

【识别要点】:高达 8 m,小枝近四棱形。单叶对生,革质,表面有光泽,倒卵形或椭圆形,顶端尖或钝,基部楔形,边缘有细锯齿。两性花,5 ~ 12 朵排列成密集的聚伞花序,腋生,绿白色。蒴果近球形,有 4 浅沟,假种皮橘红色。花期 5 ~ 6 月,果期 9 ~ 10 月。

常见栽培变种:

(1)金边黄杨(cv. Aureo-marginatus):边缘金黄色。

(2)银边黄杨(cv. Albo-marginatus):叶边缘白色。

(3)金心黄杨(cv. Aureo-variegatus):叶片中脉处有黄色条斑,不达叶缘。有时叶柄和枝端也变为黄色。

【产地及分布】:原产日本。我国南北各地均有栽培,长江流域以南尤多。

【习性】:喜光,亦较耐阴;喜温暖湿润气候,较耐寒;要求疏松肥沃的土壤,耐干旱瘠薄;极耐修剪,易整形;对烟尘、有毒气体抗性较强。

【园林应用】:枝叶密集,四季常青,叶色亮绿,且有许多花叶、斑叶变种,是美丽的观叶树种。园林中多作绿篱,也可配植于庭园、建筑物周围、草坪边缘、入口及干道两旁。经修剪成型的植株用于花坛中心,或作规则式的对植。

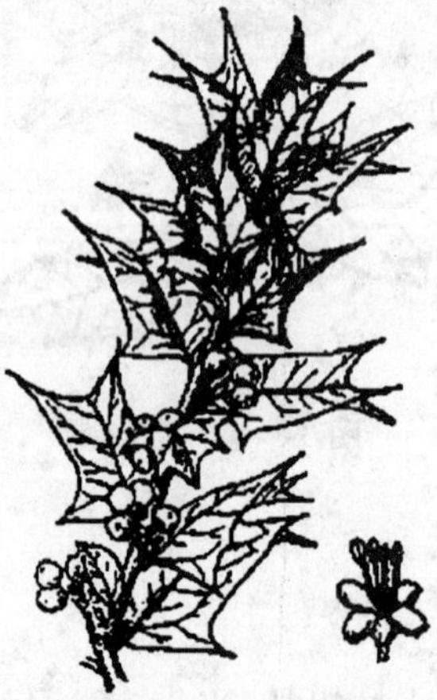

图 3-3-47　构骨

图 3-3-48　大叶黄杨

49. 金橘(金枣、金柑)(见图 3-3-49)

Fortunella margarita(Lour.)Swingle.

【科属】:芸香科,金橘属。

【识别要点】:高达 3 m,树冠半圆形,通常无刺。叶片披针形至椭圆形,全缘或具不明显的细锯齿,表面深绿色光亮,背面浅绿色,有散生腺点。叶柄有狭翅,与叶片边境处有关节。花两性,单花或 2 ~ 3 朵集生于叶腋,白色,芳香。柑果矩圆形或卵形,金黄色。果皮肉质厚而平滑，有许多腺点，有香气。花期6～8月，果期11～12月。

【产地及分布】：原产我国南部。各地盆栽观赏。

【习性】：喜光，喜温暖、湿润的环境，不耐寒，稍耐阴，耐旱；适生于疏松肥沃、排水良好的微酸性沙质壤土；对二氧化硫抗性强。

【园林应用】：金橘枝叶茂密，树姿秀雅，花白如玉，芳香远溢，果实玲珑色艳；为我国传统冬季观果佳品，适于院落、庭前、门旁配植。盆栽摆设在厅堂、客厅都显得格外雅致。

50. 米兰（米仔兰、树兰）（见图3-3-50）

Aglaia odorata Lour.

【科属】：楝科，米仔兰属。

【识别要点】：幼枝顶部具星状锈色鳞片，后脱落。奇数羽状复叶，互生，叶轴有窄翅，小叶3～5枚，倒卵形至长椭圆形，先端钝，基部楔形，全缘。圆锥花序腋生，花小而密，黄色，极香。浆果，卵形或球形，有星状鳞片。花期7～8月，或四季开花。

【产地及分布】：原产亚洲东南部和我国华南地区。广泛种植于世界热带各地。北方也多盆栽。

【习性】：喜光，稍耐阴，不耐寒，冬季温度不低于10 ℃；喜湿怕涝，不耐旱，喜深厚肥沃、疏松的微酸性土壤。

【园林应用】：米兰枝繁叶茂，姿态秀丽，四季常青，花香似兰，花期长，是人们喜爱的花卉植物。南方可植于庭园，北方盆栽陈列客厅、书房等处。

图3-3-49　金橘

图3-3-50　米兰

51. 水蜡（见图3-3-51）

Ligustrum obtusifolium Sieb. et Zucc.

【科属】：木犀科，女贞属。

【识别要点】：株高达3 m，幼枝具柔毛。单叶对生，叶椭圆形至长圆状倒卵形，全缘，端尖或钝，背面或中脉具柔毛。圆锥花序顶生、下垂，花白色，芳香。核果黑色，椭圆形，稍被蜡状白粉。花期6～7月，果期9～10月。

【产地及分布】：原产我国华东、华中、华北，辽宁南部也有分布。现北方各地广泛栽培。

【习性】:适应性较强,喜光,稍耐阴,耐寒,对土壤要求不严。萌芽性强,耐修剪。

【园林应用】:优良的绿篱和造型树种,也可丛植于庭园、草坪边缘。

52. 小叶女贞(见图3-3-52)

Ligustrum quihoui Carr.

【科属】:木犀科,女贞属。

【识别要点】:高2~3 m,小枝具短柔毛。单叶对生,椭圆形至倒卵状长圆形,顶端钝,基部楔形,全缘,边缘略向外反卷,叶柄有短柔毛。圆锥花序顶生,白色,芳香,花冠裂片与筒部等长。核果宽椭圆形,紫黑色。花期7~8月,果期10~11月。

【产地及分布】:产于我国中部、东部和西南部。

【习性】:喜光,稍耐阴,喜温暖湿润环境,较耐寒,华北地区可露地栽培;对土壤要求不严;对二氧化硫等有害气体有较好的抗性。萌芽力强,耐修剪。

【园林应用】:枝叶紧密、圆整,为园林绿化中重要的绿篱材料,或修剪成球形植于广场、草坪、林缘。

图3-3-51　水蜡

图3-3-52　小叶女贞

53. 夹竹桃(柳叶桃)(见图3-3-53)

Nerium indicum Mill.

【科属】:夹竹桃科,夹竹桃属。

【识别要点】:叶3~4枚轮生,枝条下部叶对生,长条状披针形,革质,全缘而略反卷,侧脉密而平行,中脉显著。聚伞花序顶生,花冠5裂漏斗形,单瓣或重瓣,白、粉红或红色。蓇葖果矩圆形,种子顶端具黄褐色种毛。花期6~9月,果期12月至次年1月。

【产地及分布】:原产印度及伊朗,我国各省区均有栽培。

【习性】:喜光,喜温暖湿润的气候,不耐寒;适生于排水良好、肥沃的中性土壤,微酸性、微碱土也能适应,不耐水涝;萌发力强,耐修剪;抗烟尘,对二氧化硫、氟化氢、氯气等有害气体有较强的抗性。

【园林应用】:适于孤植、群植于公园绿地、草坪、水滨、湖畔、墙角及篱边,列植于建筑物前、路边;是工矿、街道优良的抗污染花木。夹竹桃的叶、花、树、皮均有毒,人畜不可食,幼儿园、校园内应避免栽植。

54. 栀子花(栀子)(见图 3-3-54)

Gardenia jasminoides Ellis.

【科属】:茜草科,栀子属。

【识别要点】:高达 3 m,小枝绿色,有垢状毛。叶对生或 3 枚轮生,倒卵形或长椭圆形,先端渐尖,全缘,革质,翠绿有光泽。花单生枝顶,白色,浓香。浆果卵形,黄色或橙色,具 5 ~9 纵棱。花期 5 ~7 月,果期 10 ~11 月。

【产地及分布】:产于长江流域,我国中部及中南部都有分布。全国大部分地区有栽培。

【习性】:喜温暖湿润、光照充足且通风良好的环境,适宜在稍庇荫处生长,忌强光暴晒,耐寒性较差;怕积水,适宜疏松肥沃、排水良好的酸性土壤;萌芽力、萌蘖力强,耐修剪;对氯气有一定抗性。

【园林应用】:栀子叶色亮绿,四季常青,花大洁白,芳香馥郁,是花叶俱佳的观赏树种;适宜于庭园、池畔、阶前、路旁丛植或孤植,或在绿地组成色块;也可作花篱用于街道和厂矿绿化。

图 3-3-53　夹竹桃

图 3-3-54　栀子花

55. 六月雪(见图 3-3-55)

Serissa foetida Comm.

【科属】:茜草科,六月雪属。

【识别要点】:高不及 1 m,分枝多而稠密,老枝褐色,嫩枝绿色微有毛,有明显的皱纹。单叶对生或簇生于短枝,长椭圆形,先端小突尖,基部渐狭,全缘,两面叶脉、叶缘及叶柄上均有白色毛。花小,单生或数朵簇生,花冠白色或淡粉紫色。核果小,球形。花期 5 ~6 月,果期 10 月。

【产地及分布】:原产我国江南各省,从江苏到广东都有野生分布。全国各地普遍栽培。

【习性】:喜温暖湿润的气候,耐阴,不甚耐寒;耐干旱贫瘠,喜肥沃湿润、排水良好的中性及微酸性土壤;适应性强,萌芽、萌蘖力强,耐修剪。

【园林应用】:树型美观秀丽,夏日白花盛开,宛如白雪满树,宜作花坛边界、花篱,群植或丛植于庭园路边及步道两侧作花境配置亦极为别致，也是盆栽观赏的好材料。

56. 南天竹（南天竺）（见图 3-3-56）

Nandina domestica Thunb.

【科属】：小檗科，南天竹属。

【识别要点】：高达 2 m，丛生少分枝，老茎浅褐色，幼枝常为红色。叶互生，2～3 回奇数羽状复叶，小叶椭圆状披针形。圆锥花序顶生，花小，白色。浆果球形，鲜红色。花期 5～6 月，果期 10～11 月。

【产地及分布】：原产我国和日本、印度。现国内外庭园广泛栽培。

【习性】：喜温暖、湿润气候，喜半阴，较耐低温；喜排水良好的肥沃土壤，在阳光强烈、土壤贫瘠干燥处生长不良。

【园林应用】：南天竹树姿秀丽，翠绿扶疏，清秀挺拔，秋冬时叶色变红，且红果累累，经久不落，为赏叶观果的优良树种。可植于山石旁、林缘、庭园或墙角阴处，也可盆栽或制作盆景。

图 3-3-55　六月雪

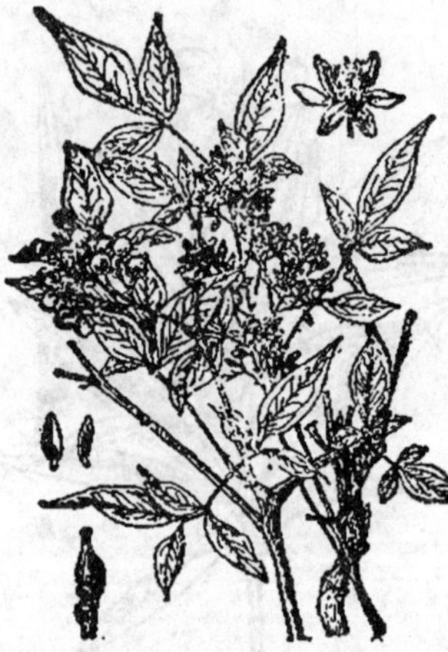

图 3-3-56　南天竹

57. 十大功劳（细叶十大功劳）（见图 3-3-57）

Mahonia fortunei（Lindl.）Fedde.

【科属】：小檗科，十大功劳属。

【识别要点】：高达 2 m，根和茎断面黄色，叶苦。奇数羽状复叶互生，革质，披针形，先端急尖或渐尖，基部狭楔形，边缘有刺状锐齿。总状花序直立，4～8 个簇生，花黄色。浆果圆形或长圆形，蓝黑色，有白粉。花期 7～10 月。

【产地及分布】：分布于陕西、河南、安徽、浙江、江西、福建、湖北、湖南和四川等省，多生于山坡及灌丛中。华东、中南各地园林中常见栽培观赏，华北盆栽较多。

【习性】：喜温暖湿润气候，耐阴，不耐严寒暑热，耐旱怕涝；对土壤要求不严，可在酸性、中性至弱碱性土中生长，但以排水良好的酸性沙质壤土为好。

【园林应用】：十大功劳叶形奇特，典雅美观，宜与山石配置，也可用于树坛或墙下栽植布置。盆栽可供室内观赏。

58. 袖珍椰子(矮生椰子)(见图 3-3-58)

Chamaedorea elegans Mart.

【科属】:棕榈科,袖珍椰子属。

【识别要点】:高 1 ~ 3 m。茎细长,绿色,上有不规则环纹。叶羽状全裂,裂片 20 ~ 40 枚;镰刀形,深绿色,有光泽。雌雄异株,肉穗花序直立,有分枝,花小,黄绿色。浆果橙红色。花期 3 ~ 4 月。

【产地及分布】:原产墨西哥北部和危地马拉。我国南部以及台湾均有栽培。

【习性】:喜温暖,不耐寒,忌高温;喜半阴环境,忌阳光直射;喜湿润、肥沃、排水良好的土壤;生长期最适宜的温度为 25 ~ 30 ℃。

【园林应用】:株形优美,为优良的室内观叶植物;用于盆栽,点缀卧室,布置礼堂、会场等,显得格外潇洒而又别有情趣。

图 3-3-57　十大功劳

图 3-3-58　袖珍椰子

59. 软叶刺葵(美丽针葵)(见图 3-3-59)

Phoenix roebelenii O'Brien.

【科属】:棕榈科,刺葵属。

【识别要点】:高 1 ~ 3 m,单干或从生,干上残存老叶叶柄基部。叶长约 1 m,羽状全裂,稍下垂,裂片长条形,柔软,2 列,近对生,下部的叶片退化成细长的刺。花单性异株,肉穗花序腋生。核果椭圆形,具尖头,枣红色。花期 4 月,果期 11 月。

【产地及分布】:原产印度、缅甸、泰国及我国云南西双版纳等地。我国广州等地有栽培,其他各地温室盆栽。

【习性】:喜光,也耐阴,较耐干旱,不耐寒;对土壤的要求不太严格,只要排水良好的酸性沙质壤土即能满足其生长的需要。

【园林应用】:树姿雄健,叶丛圆浑紧密,细密的羽状叶飘洒秀逸,十分优美。华南可露地栽培,适宜庭园及道路绿化,花坛、花带丛植、行植或与景石配植,也可盆栽摆设。

60. 散尾葵(见图 3-3-60)

Chrysalidocarpus lutescens H. Wendl.

【科属】:棕榈科,散尾葵属。

【识别要点】:高达 7 ~ 8 m。干光滑黄绿色,幼时被蜡粉,环状鞘痕明显。叶长 1 m 左右,稍拱形。羽状全裂。裂片条状披针形,背面光滑,主脉隆起,叶柄、叶轴、叶鞘均淡黄绿色,叶鞘圆筒形,抱茎。叶鞘光滑。肉穗花序圆锥状,生于叶鞘下,多分枝,金黄色。花期 3 ~ 4 月。

【产地及分布】:原产马达加斯加。我国华南有栽培,长江流域以北地区温室盆栽。

【习性】:喜温暖湿润、半阴且通风良好的环境,不耐寒,极耐阴,畏烈日,适宜生长在疏松、排水良好、富含腐殖质的土壤。

【园林应用】:株形秀美,可用于庭园草地绿化,配植于草地、树荫、宅旁。北方地区可作盆栽观赏,宜布置厅、堂、会场。

图 3-3-59 软叶刺葵

图 3-3-60 散尾葵

61. 棕竹(矮棕竹)(见图 3-3-61)

Rhapis humilis Blume.

【科属】:棕榈科,棕竹属。

【识别要点】:高 2 ~ 3 m,茎圆柱形,有节,上部覆有褐色、网状纤维质的叶鞘。叶掌状深裂几达基部,叶形似棕榈,但裂片比棕榈少,通常 10 ~ 20 片,条状披针形,顶端渐尖并有数个紧靠的尖齿,边缘有细锯齿,横脉疏而不明显;叶柄细长,无刺,顶端有小鼓突。花单性异株,肉穗花序较长且分枝多,腋生。浆果,单生或成对着生于宿存的花冠管上。花期 4 ~ 5 月,果期 11 ~ 12 月。

【产地及分布】:原产我国南部至西南部。现江苏、湖北等省有栽培,北方温室盆栽。

【习性】:喜温暖湿润的半阴环境,不耐寒;要求肥沃、疏松、排水良好的土壤。

【园林应用】:棕竹其气质若竹,挺拔潇洒,为重要观叶植物。其宜丛植于花坛、廊隅、窗下,列植于路边;也可盆栽室内装饰或制作盆景。

62. 朱蕉(红叶铁树)(见图 3-3-62)

Cordvline fruticosa(L.)A. Cheval.

【科属】:龙舌兰科,朱蕉属。

【识别要点】:主茎挺拔,茎高 1 ~ 3 m,不分枝或少分枝。叶聚生于茎顶,二裂,披针状椭圆形至长圆形,顶端渐尖,基部渐狭,中脉明显,绿色或紫红色。叶柄有槽,基部阔而抱茎。圆锥花序腋生，分枝多数，花淡红色至青紫色，间有淡黄，雄蕊较花被裂片短，着生于花被管上。浆果球形，通常只有1颗种子。花期5～7月。

【产地及分布】：原产大洋洲北部和热带地区。我国华南等地有分布，现我国各地普遍栽培。

【习性】：喜温暖多湿的环境，喜光也耐阴，忌烈日直射，不耐寒；对土壤要求不严，但忌碱性土。越冬温度10 ℃以上。

【园林应用】：朱蕉株形美观，色彩华丽高雅，盆栽适用于室内装饰，端庄整齐，优雅别致。

图3-3-61　棕竹

图3-3-62　朱蕉

63. 凤尾兰（菠萝花）（见图3-3-63）

Yucca gloriosa L.

【科属】：龙舌兰科，丝兰属。

【识别要点】：茎通常不分枝或分枝很少。叶剑形，厚革质，顶端尖硬，螺旋状密生于茎上，有白粉，边缘光滑或老时有少数疏丝。圆锥花序高1 m多，花朵杯状，下垂，花瓣6片，乳白色。蒴果椭圆状卵形，不开裂。花期6～10月。

【产地及分布】：原产北美东部和东南部。温暖地区露地广泛栽培。

【习性】：喜温暖湿润和阳光充足环境，耐寒，耐阴，耐旱也较耐湿，对土壤要求不严。

图3-3-63　凤尾兰

【园林应用】：凤尾兰树态奇特，叶形如剑，开花时花茎高耸挺立，花色洁白，繁多的白花下垂如铃，姿态优美，花期持久，幽香宜人，是良好的庭园观赏树木，也是良好的鲜切花材料。常植于花坛中央、建筑前、草坪、池畔、台坡、建筑物、路旁。

同属丝兰（*Yucca smalliana* Fern.）与凤尾兰的区别是：植株近无茎，叶丛生，较硬直，线状披针形，先端成针刺尖，边缘有卷曲的白丝。圆锥花序宽大直立，白色带黄、下垂。

第四单元　落叶阔叶树木

一、落叶阔叶树木的特点

落叶树木随着一年季节变换，早春抽枝、发芽、展叶，又伴有鲜艳的花朵，装扮着明媚的春光；到了炎热的夏天，树冠葱葱郁郁，正好为人遮阴；秋凉时节，叶色变化或红或黄，使人赏心悦目；及至冬季严寒之时，叶落又使日光通透。所以，落叶树木具有常绿树种所不具备的观赏价值，不仅给人提供观花、观叶、观形的多方位、多视角的观赏景观，而且让人深刻体会到多变的美感，领略到植物生命的丰富多彩，激发人们热爱生活、崇尚大自然的情感。这种节律性变化的季相，又与人的生理、心理状态变化相契合。落叶阔叶树种是温带园林中应用量最大、效果最理想的植物材料，也是行道树、庭荫树及孤植树的主要材料。

二、园林常见落叶阔叶树木

(一)乔木

1. 玉兰(白玉兰)(见图3-4-1)

Magnolia denudate Desr.

【科属】:木兰科，木兰属。

【识别要点】:高达20 m，树冠幼年圆锥形，渐成卵形或近球形。小枝淡灰褐色，枝上有环状托叶痕。冬芽大，密生灰绿色长绒毛。单叶互生，纸质，倒卵形或倒卵状长圆形，先端圆宽，具短突尖，基部楔形。花芽长卵形。花两性，单生于枝顶，花被片9枚，白色，早春于叶前开放。聚合蓇葖果，秋季成熟，熟时开裂，种皮鲜红色。花期3～4月，果期9～10月。

【产地及分布】:产于我国浙江、江西、湖南、安徽。黄河以南各地及京、津一带均有栽培。

【习性】:喜光，稍耐阴，具较强的抗寒性；适生于土层深厚的微酸性或中性土壤，不耐盐碱，土壤贫瘠时生长不良，畏涝忌湿；对二氧化硫等有害气体有较强的抗性。

【园林应用】:玉兰早春先于叶开花，花大而洁白，花被片厚实而清香，为我国珍贵花木。古时常在住宅的厅前院后配置，名为“玉兰堂”，与西府海棠、迎春、牡丹、桂花配植，象征“玉堂春富贵”，也可用深色针叶树作背景，前面用花期相近的花灌木配植，构成春光明媚的景色。

2. 厚朴(见图3-4-2)

Magnolia officinalis Rdhd et Wils.

【科属】:木兰科，木兰属。

【识别要点】:树皮厚，紫褐色，有辛辣味，幼枝淡黄色，有细毛，后脱落。顶芽大，密被淡黄褐色绢状毛。叶革质，倒卵形或倒卵状椭圆形，背有白粉，网状脉上密生有毛，叶柄粗，托叶痕达叶柄中部以上。花单生枝顶，白色，芳香，花被片厚肉质。聚合蓇葖果长椭圆状卵球形或圆柱形，木质，有短尖头。花期5月，果期9～10月。

【产地及分布】:产于长江流域和陕西、甘肃南部。

【习性】:中等喜光,喜凉爽、湿润、多云雾、相对湿度大的气候环境;在土层深厚肥沃、疏松的微酸性或中性土壤上生长较好。根系发达,生长快,萌生力强。

【园林应用】:树姿优美,荫质浓厚,花香色白,是良好的庭荫树、行道树和营造混交林、"四旁"绿化的树种。

图 3-4-1　玉兰

图 3-4-2　厚朴

3. 鹅掌楸(马褂木)(见图 3-4-3)

Liriodendron chinense Sarg.

【科属】:木兰科,鹅掌楸属。

【识别要点】:高达 40 m,树冠圆锥形。小枝灰色或灰褐色。单叶,互生,先端截形,中部每边有一宽裂片,基部每边也常具一裂片,形如"马褂"。花单生于枝顶,杯状,花被片淡绿色,内面近基部淡黄色。雄蕊和心皮多数,覆瓦状排列。聚合果纺锤形,由具翅的小坚果组成,小坚果有翅,顶端钝。每一小坚果内有种子 1 ~2 颗。花期 5 月,果期 9 ~10 月。

【产地及分布】:产于我国长江流域以南地区。

【习性】:喜光,喜温暖湿润气候,可耐 -15 ℃的低温;在湿润深厚肥沃疏松的酸性、微酸性土中生长良好,不耐干旱贫瘠,忌积水。

【园林应用】:鹅掌楸叶形奇特,秋叶金黄,树形端正挺拔,是珍贵的庭荫树、行道树。丛植草坪、列植园路,或与常绿针、阔叶树混交成风景林效果很好,也可在居民区、街头绿地与各种花灌木配植点缀秋景。

同属的北美鹅掌楸(*Liriodendron tulipifera* Linn)与鹅掌楸的区别为:北美鹅掌楸小枝紫褐色,叶两侧各有 1 ~2 裂片,先端"V"形,花被片边缘橘黄色,翅果先端突尖。原产北美,我国有栽培,用途同鹅掌楸。

4. 木瓜(木瓜海棠、光皮木瓜、木瓜花)(见图 3-4-4)

Chaenomeles sinensis(Thouin.)Koehne.

【科属】:蔷薇科,木瓜属。

【识别要点】:高达 10 m,无枝刺,小枝圆柱形,紫红色,幼时被淡黄色绒毛。树皮成不规则薄片状剥落，内皮橙黄色或黄褐色。叶卵状椭圆形或卵圆形，先端急尖，边缘有具腺点的芒状细锯齿。花单生叶腋，花梗粗短，萼裂片三角状披针形，花瓣倒卵形，淡红色。梨果矩圆形，深黄色，具光泽，果肉木质，味微酸、涩，有芳香，具短果梗。花期4月，果期9～10月。

【产地及分布】：我国华东、华中地区习见栽培。

【习性】：喜光而稍耐阴，喜排水良好的肥沃土壤，不耐盐碱和低湿地。

【园林应用】：木瓜树皮斑驳可爱，花色烂漫，树形好、病虫害少，是庭园绿化的良好树种，可丛植于庭园墙隅、林缘等处，春可赏花，秋可观果。

图3-4-3　鹅掌楸

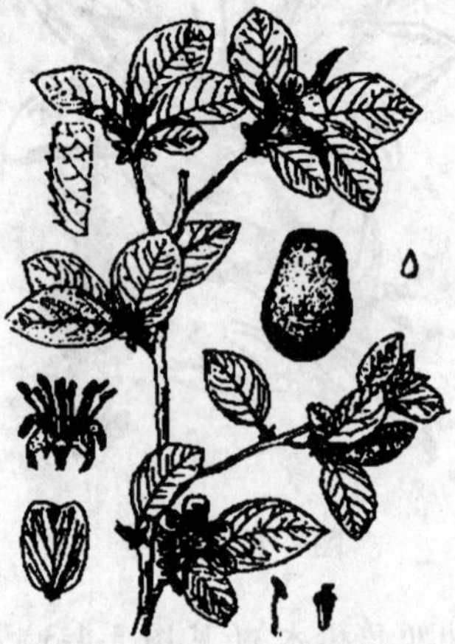

图3-4-4　木瓜

5. 海棠（海棠花）（见图3-4-5）

Malus spectabilis（Ait.）Borkh.

【科属】：蔷薇科，苹果属。

【识别要点】：高达8 m，树皮灰褐色，枝条耸立向上。小枝粗壮，圆柱形，红褐或紫褐色，幼时有短柔毛，后脱落。单叶互生，椭圆形至长椭圆形，先端短尖或钝圆，基部宽楔形或近圆形，叶缘具细锯齿。花两性，排成伞形总状花序，花在蕾期红艳，开放后外面粉红色，内面白色。梨果近球形，黄色。花期4～5月，果期9～10月。

主要品种：

（1）重瓣粉海棠（cv. Riversii.）：叶较宽而大，花重瓣，较大，粉红色。

（2）重瓣白海棠（cv. Albiplena.）：花重瓣，白色。

【产地及分布】：原产我国，是久经栽培的著名观赏树种，华北、华东尤为常见。

【习性】：喜光，耐寒，耐干旱，忌水湿；在北方高燥地带生长良好。

【园林应用】：属于典型的早春观花、秋季观果植物，海棠花色艳丽，秋季果实亦玲珑可观，叶茂花繁，丰盈娇艳。在草坪边缘、水边湖畔成片群植，或在公园道旁两侧列植或丛植，极具特色，也可作盆栽及切花材料。

6. 垂丝海棠（见图3-4-6）

Malus halliana（Voss.）Koehne.

【科属】:蔷薇科,苹果属。

【识别要点】:高达5 m,树冠开展疏散,小枝紫色或紫褐色。顶芽发达,卵形,紫红色。单叶互生,卵形,椭圆形至椭圆状卵形,叶缘锯齿细钝,叶柄和中脉带紫红色。花两性,5~7朵簇生成伞形总状花序,花梗紫红色,细长下垂,萼片5枚,三角状卵形,花未开时红色,开后渐变为粉红色。梨果小,倒卵形,略带紫色。花期3~4月,果期9~10月。

主要品种:

(1)重瓣垂丝海棠(Parkmanii.):花为重瓣。

(2)白花垂丝海棠(Spontanea.):花近白色,小而梗短。

【产地及分布】:产于我国华东、西南等省区,各地广泛栽培。

【习性】:喜光,不耐阴,喜温暖湿润气候;对土壤要求不严,耐寒性差,北方地区需要在良好的小气候条件才能露地栽培。

【园林应用】:垂丝海棠花色艳丽,花姿优美。花朵簇生于顶端,花瓣呈玫瑰红色,弯曲下垂,娇柔红艳,是深受人们喜爱的庭园花木。可在门庭两侧对植,或在亭台周围、丛林边缘、水滨布置。若在草坪边缘、水边湖畔成片群植,或在公园步道两侧列植或丛植,亦具特色。垂丝海棠对二氧化硫有较强的抗性,适用于城市街道绿地和厂矿区绿化,也是制作盆景的材料。

图3-4-5　海棠

图3-4-6　垂丝海棠

7. 西府海棠(小果海棠)(见图3-4-7)

Malus micromalus Makino.

【科属】:蔷薇科,苹果属。

【识别要点】:高达5 m,小枝圆柱形,直立,幼时红褐色,被短柔毛,老时暗褐色,无毛。单叶互生,椭圆形至长椭圆形,先端渐尖或圆钝,基部宽楔形或近圆形,缘有细锯齿,有时部分全缘,幼时两面被柔毛。叶柄长,被短柔毛。伞形总状花序,花淡红色,初开放时色浓如胭脂,花径约4 cm,萼片短,有时脱落。梨果近球形,红色,直径1~2 cm。花期4~5月,果期9~10月。

【产地及分布】:产于辽宁、河北、山西、山东、陕西、甘肃、云南等地。全国各地均有栽培。

【习性】:喜光,耐寒,耐干旱,不耐水涝。

【园林应用】:西府海棠在海棠花类中树态峭立,花朵红粉相间,叶嫩绿可爱,果实鲜美诱人,不论孤植、列植、丛植均极为美观。其宜植于水滨及小庭一隅,若列植为花篱,鲜花怒放,亦蔚为壮观。

8. 杜梨(棠梨)(见图3-4-8)

Pyrus betulaefolia Bunge.

【科属】:蔷薇科,梨属。

【识别要点】:高达10 m,树皮灰黑色,呈小方块状开裂,小枝常具刺。叶菱状卵形或长卵形,先端渐尖,基部宽楔形,稀近圆形,缘有粗锐的尖锯齿,幼叶及叶柄处密生灰白色绒毛。伞形总状花序由6~15花组成,白色,花总梗、花梗及萼片均被密绒毛。梨果近球形,褐色,上有淡色斑点。花期4月,果期8~9月。

【产地及分布】:主产我国北部。华北、西北、长江中下游流域及东北南部均有栽培。

【习性】:喜光,耐寒,耐旱,耐涝,耐瘠薄,在中性土及盐碱土中均能正常生长。

【园林应用】:树形优美,花色洁白,不仅可用做防护林、水土保持林,还可用于街道、庭园及公园的绿化。

图3-4-7 西府海棠

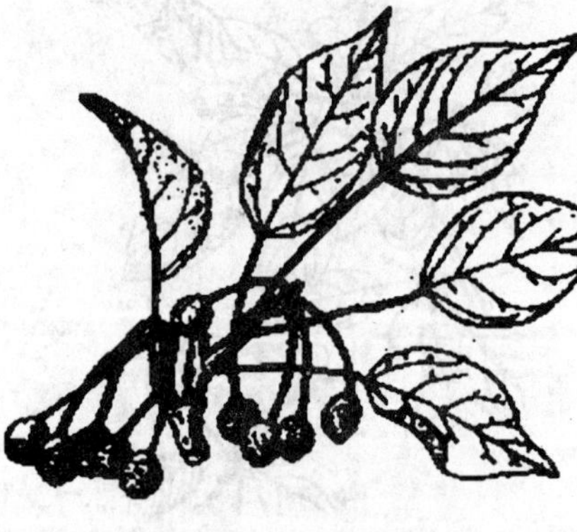

图3-4-8 杜梨

9. 梅(见图3-4-9)

Prunus mume Sieb. et Zucc.

【科属】:蔷薇科,李属。

【识别要点】:落叶乔木,高达10 m。枝常具刺,枝干褐紫色,多纵驳纹,小枝绿色,无毛。叶广卵形至卵形,先端渐长尖或尾尖,基部宽楔形或近圆形,缘具细锯齿,叶柄近顶端有2腺体。花单生或2朵簇生,先叶开放,白色或淡红色(栽培品种则有紫、红、彩斑至淡黄等花色),芳香,花柄短或几无,萼筒钟状,常带紫红色,萼片花后常不反折。核果近球形,两边扁,有纵沟,黄色或黄绿色,密被短柔毛。花期12月至次年3月,果期5~6月。

梅花品种甚多,1998年北京林业大学陈俊愉教授根据品种的演进顺序、品种来源和枝、花的特征不同,将梅花品种分为3系5类18型。

(1)真梅系。具有梅的典型枝、叶、花,散发典型的梅香。包括以下3类15型。

①直枝梅类:为梅花的典型品种。小枝直上斜展,不下垂,也不扭曲。有品字梅型、小细梅型、江梅型、宫粉型、玉碟型、黄香型、绿萼型、洒金型、朱砂型9种。

②垂枝梅类:枝条下垂,开花时花朵自然向下。有粉花垂枝型、五宝垂枝型、残雪垂枝型、白碧垂枝型、骨红垂枝型5种。

③龙游梅类:小枝自然扭曲,呈龙游状。花碟形,复瓣,白色。仅有玉碟龙游型。

(2)杏梅系。由山杏和梅杂交形成的品种,特征介于梅和杏之间。小枝一半红褐色,一半绿色或全为红褐色,枝、叶、花果似梅而不典型,花不香或微香。仅一类。

杏梅类:花呈杏花形,多为复瓣,水红色,瓣细长,花托肿大,几乎无香味。本类品种抗寒性均较强。有单花杏梅型和春后型两种。

(3)樱李梅系。由梅和欧洲紫叶李杂交而成。枝叶似紫叶李,小枝红褐色,花具长梗,重瓣,粉红色。耐寒性强,仅樱李梅类1类美人梅型1型。

【产地及分布】:梅花原产中国,野梅以西南山区尤其是滇、川两省为分布中心。黄河流域以南各地广为栽培。

【习性】:喜光,喜温暖湿润气候,有一定耐寒力,在北方地区须种植于背风向阳处;对土壤要求不严格,耐瘠薄土壤,亦能在轻碱性土中正常生长;不耐涝,忌在风口处栽植;寿命长,可达1 300年。萌芽、萌蘖力较强。

【园林应用】:梅花是我国传统名花之一,其树姿苍劲,花色清丽,花香袭人,“神、姿、形、色、香俱美”,在园林中用途广泛。草坪、庭园、水际、路旁、桥头、石边及风景区都可栽植,孤植、丛植、群植均适宜。如欲以梅、松、竹构成“岁寒三友”的传统景观,应以梅花为前景,苍松为背景,修竹为客景。古代强调“梅花绕屋”、“登楼观梅”等,均是为了获得最佳的观赏效果。梅花冰清玉洁,纯贞高雅,是冬春季观赏的重要花卉,可成片丛植,也可作盆景和切花,以美化庭园等环境。梅花还可根据不同的地形条件,栽植形成梅坞、梅坡、梅岭、梅山、梅洲、梅港、梅溪等,花开时节,云蒸霞蔚,十分壮观。

10. 樱花(见图3-4-10)

Prunus serrulata Lindl.

【科属】:蔷薇科,李属。

【识别要点】:高达25 m,树皮暗紫褐色,平滑具横纹。叶卵形至卵状椭圆形,先端尾尖,缘有芒状重锯齿,叶柄有3~4个腺体,叶两面光滑无毛,有光泽。花两性,3~5朵簇生成伞房总状花序,花白色或淡红色,花梗长。核果小,球形,熟时黑色。花期4~5月,果期7~9月。

樱花变种和品种较多,如毛山樱花、重瓣樱花、垂枝樱花、瑰丽樱花、山樱花等。

【产地及分布】:产于我国长江流域,东北、华北等地。

【习性】:喜光,喜深厚肥沃而排水良好的土壤,不耐盐碱;对烟尘、有害气体和海风的抵抗力弱。

【园林应用】:樱花早春开放,繁花满枝,轻盈娇妍,绚丽动人。其孤植或群植都很适宜,常于山坡、庭园、路旁、建筑物前栽植。

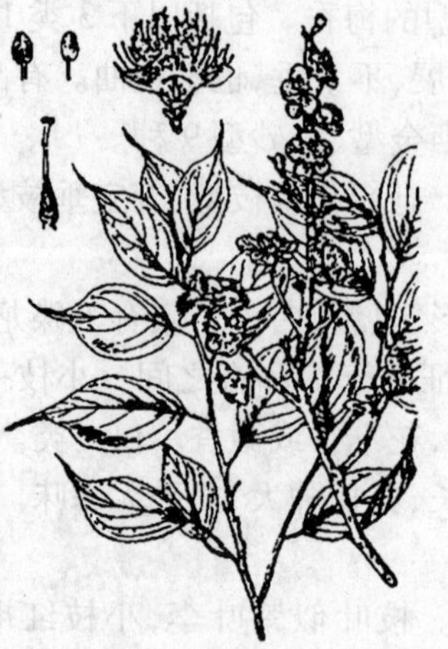

图 3-4-9 梅

图 3-4-10 樱花

11. 日本樱花(东京樱花)(见图 3-4-11)

Prunus yedoensis Matsum.

【科属】:蔷薇科,李属。

【识别要点】:高可达 16 m,树皮暗褐色,平滑,小枝幼时有毛。叶卵状椭圆形至倒卵形,长 5 ~12 cm,先端急渐尖,基部圆形至广楔形,缘有细尖重锯齿,叶背脉上及叶柄有柔毛。花白色至淡粉红色,3 ~6 朵排成短总状花序,常为单瓣,微香,萼筒管状,有毛,花梗长约 2 cm,有短柔毛。核果,近球形,熟时紫褐色。花期 4 月,叶前或与叶同时开放,果期 8 ~9 月。

【产地及分布】:原产日本。我国多有栽培,以华北及长江流域为多。

【习性】:喜光,喜肥沃、深厚而排水良好的微酸性土壤,喜空气湿度大的环境;根系较浅,忌积水与低湿。

【园林应用】:著名观花树种,开花时满株灿烂,甚为壮观,但花期短;宜于山坡、庭园、建筑物前及路旁种植。

12. 桃(见图 3-4-12)

Prunus persica(L.)Batsch.

【科属】:蔷薇科,李属。

【识别要点】:高达 10 m,树皮暗红色,小枝红褐色或绿褐色,芽密生灰白色绒毛。单叶互生,椭圆状披针形,叶缘细钝锯齿,先端渐尖,基部宽楔形,叶柄顶端有腺体。花单生,先叶开放,粉红色,近无柄,花萼密生绒毛。核果近球形,表面密生绒毛,肉质多汁。花期 3 ~4 月,果期 6 ~7 月。

观赏桃的主要品种:

(1)碧桃(Duplex):花重瓣,淡红色。

(2)绯桃(Magnifica):花重瓣,鲜红色。

(3)红花碧桃(Rubro-plena):花半重瓣,红色。

(4)绛桃(Camelliaeflora):花半重瓣,深红色。

(5)千瓣红(Dianthiflora):花半重瓣,淡红色。

(6)单瓣白(Alba Schneid):花单瓣,白色。

(7)千瓣白(Albo-plena Schneid):花半重瓣,白色。

(8)撒金碧桃(Versicolor Voss):花半重瓣,白色,有时一枝上的花兼有红色和白色,或白花而有红色条纹。

(9)紫叶桃(Atropurpurea):叶紫色。

(10)垂枝碧桃(Pendula Dipp):枝下垂。

(11)塔形碧桃(Pyramidlalis Dipp):树冠窄塔形或窄圆锥形。

(12)寿星桃(Densa Makino):树形矮,花重瓣,可供盆栽。

【产地及分布】:我国华北、华中、华东、西南等地区均有野生桃树,全国大部分地区都有栽培。

【习性】:喜光,适应性强,较耐旱,喜排水良好的沙质壤土,不耐水湿,浅根性。寿命短。

【园林应用】:桃为我国早春主要观花树种之一,开花时芳菲烂漫,妩媚可爱。宜于山坡、河畔、石旁、墙际、庭园内或草坪边缘栽植,孤植、丛植、列植、群植均适宜。在园林配植上,常大片栽植,构成"桃花山"、"桃花坞"、"桃花洞"、"桃花峰"、"桃花林"、"桃花园"等景观;也可桃花、垂柳间植水滨,形成桃红柳绿、柳暗花明的春日胜景。

图 3-4-11　日本樱花

图 3-4-12　桃

13. 稠李(见图 3-4-13)

Prunus padus L.

【科属】:蔷薇科,李属。

【识别要点】:高可达 13 m,树干灰褐色或黑褐色,浅纵裂,小枝紫褐色,有棱。单叶互生,叶椭圆、倒卵或长圆状倒卵形,先端突渐尖,基部宽楔形或圆形,缘具尖细锯齿,叶柄近叶片基部有 2 腺点。两性花,腋生总状花序,下垂,花小,白色,有花 10 ~ 20 朵,基部常有叶片。核果近球形,黑紫红色,有光泽。花期 4 ~ 5 月,果期 8 ~ 9 月。

【产地及分布】:我国东北、内蒙古、河北、河南、陕西、甘肃等地有分布。

【习性】:中等喜光,耐寒性较强,怕积水涝洼,不耐干旱瘠薄,在湿润肥沃的沙质壤土上生长良好,萌蘖力强。

【园林应用】:花序长而下垂,花白如雪。入秋叶色黄带微红,衬以紫黑果穗,十分美丽,是良好的观花、观叶、观果的树种,适合庭园栽植。

14. 红叶李(紫叶李)(见图 3-4-14)

Prunus cerasifera Ehrh. var. *atropurpurea* (jacq.) Rehd.

【科属】:蔷薇科,李属。

【识别要点】:高达 8 m,幼枝、叶片、花柄、花萼、雌蕊及果实都呈紫红色。叶片卵形、倒卵形至椭圆形,缘具尖细重锯齿。花两性单生,有时 2 ~ 3 朵聚生,淡粉红色。核果球形,暗红色。花期 3 ~ 4 月,果期 8 ~ 9 月。

【产地及分布】:原产亚洲西南部,现我国各地广为栽培。

【习性】:喜光,喜温暖湿润气候,对土壤要求不严,在肥沃、深厚、排水良好的中性、酸性土壤生长良好;怕盐碱和涝洼;浅根性,萌蘖性强,对有害气体有一定的抗性。

【园林应用】:红叶李以叶色闻名,在其整个生长期满树红叶,尤其春、秋两季叶色更艳。其宜在草坪、广场及建筑物附近栽种;在园林中若与常绿树相配植,则绿树红叶相映成趣。

图 3-4-13　稠李

图 3-4-14　红叶李

15. 山楂(山里红)(见图 3-4-15)

Crateagus pinnatifida Bunge.

【科属】:蔷薇科,山楂属。

【识别要点】:高达 6 m,小枝紫褐色,老枝灰褐色,枝密生,有细刺,幼枝有柔毛。单叶互生,三角状卵形至菱状卵形, 5 ~ 9 羽状深裂,基部截形或宽楔形,边缘有不规则锐锯齿。复伞房花序,白色,花序梗、花柄、萼筒外有长柔毛。梨果深红色,近球形。花期 5 ~ 6 月,果期 9 ~ 10 月。

【产地及分布】:产于东北、华北、西北及长江中下游各地。

【习性】:喜光,稍耐阴,耐寒,耐干燥贫瘠,在湿润肥沃的沙质壤土中生长最好。根系发达,萌芽力强。

【园林应用】:树冠整齐,花繁叶茂,果实鲜红可爱,是观花、观果和园林结合生产的良好绿化树种。其可作庭荫树和园路树。

16. 水榆花楸(见图 3-4-16)

So rbus alnifolia(Sieb. et Zucc.)K. Koch.

【科属】:蔷薇科,花楸属。

【识别要点】:高达 20 m,小枝暗红褐色或暗灰褐色,有灰白色皮孔,幼时微生柔毛。叶卵形至椭圆状卵形,先端锐尖,基部圆形,边缘有不整齐的尖锐重锯齿。复伞房花序,花白色。梨果椭圆形或卵形,红色或黄色。花期 5 月,果期 10 ~ 11 月。

【产地及分布】:分布在我国长江流域、黄河流域及东北中南部。

【习性】:喜光,也耐阴,耐寒;喜湿润、排水良好的微酸性或中性土壤。

【园林应用】:水榆花楸树体高大,叶形美观,秋叶先变黄后转红,果实累累,红黄相间,十分美观。宜群植于山岭形成风景林,也可作公园及庭园的风景树。

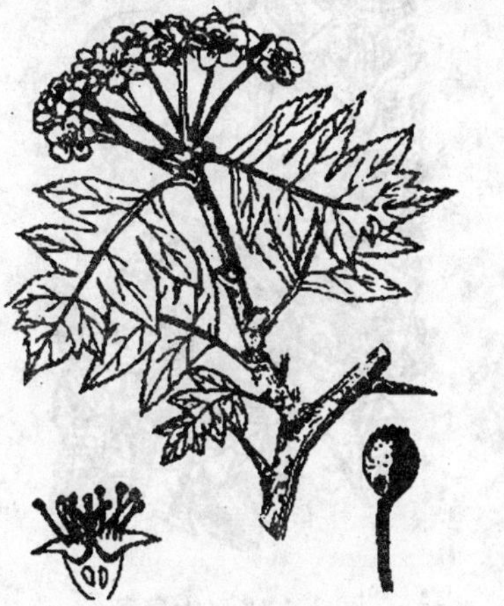

图 3-4-15　山楂

图 3-4-16　水榆花楸

17. 凤凰木(红花楹、楹树)(见图 3-4-17)

Delonix regia(Boj.)Raf.

【科属】:豆科,凤凰木属。

【识别要点】:高达 20 m,树皮灰褐色,小枝常被短绒毛并有明显的皮孔。二回羽状复叶,具羽片 10 ~ 24 对,对生,小叶 20 ~ 40 对,长椭圆形,全缘,顶端钝圆,基部歪斜,表面中脉凹下,侧脉不显,两面均有毛。伞房状总状花序顶生或腋生,花红色。荚果带状或微弯曲呈镰刀形,扁平,下垂,成熟后木质化,深褐色。花期 5 ~ 8 月,果期 11 月。

【产地及分布】:原产非洲马达加斯加,世界各热带、暖亚热带地区广泛引种。台湾、海南、福建、广东、广西、云南等省区有栽培。

【习性】:喜高温多湿和阳光充足环境,生长适温 20 ~ 30 ℃,不耐寒,冬季温度不低于 5 ℃。怕积水,耐干旱瘠薄,以深厚肥沃、富含有机质的沙质壤土为宜。

【园林应用】:凤凰木树冠高大,“叶如飞凰之羽,花若丹凤之冠”,花期花红叶绿,满树如火,富丽堂皇,是著名的热带观赏树种;在华南各地多栽作庭荫树及行道树;若植于水畔,枝叶探向水边,与倒影相衬,更觉婀娜多姿。

18. 山皂荚(日本皂荚)(见图 3-4-18)

Gleditsia japonica Miq.

【科属】:豆科,皂荚属。

【识别要点】:高达 15 m,树冠扁球形,树皮灰色,粗糙不开裂。枝、干上常有分枝刺,枝刺基部两侧扁。一回偶数羽状复叶(幼树和萌芽枝上常有二回羽状复叶),互生,小叶卵形或卵状椭圆形,有不明显细锯齿。雄花为总状花序,雌花为穗状花序。荚果棕褐色,长带状,扭曲。花期 5~6 月,果期 10 月。

【产地及分布】:产于我国山东、江苏、安徽、陕西、河北、辽宁等地。

【习性】:喜光,喜温暖湿润气候及深厚、肥沃、湿润土壤,在干旱瘠薄处生长不良,深根性,寿命长。

【园林应用】:山皂荚树冠宽阔,叶密荫浓,可作"四旁"绿化树种和庭荫树。

图 3-4-17　凤凰木

图 3-4-18　山皂荚

19. 合欢(绒花树)(见图 3-4-19)

Albizia julibrissin Durazz.

【科属】:豆科,合欢属。

【识别要点】:高达 16 m,树冠伞形,树皮灰绿褐色,平滑。二回偶数羽状复叶,互生,小叶 10~30 对,镰刀状,全缘,无柄。头状花序排列成伞房状,腋生或顶生,有短花梗,萼与花冠有短柔毛,花丝上部淡红色,细长如绒缨。荚果条形,扁平,种子扁椭圆形,表面平滑,褐色。花期 6~7 月,果期 9~10 月。

【产地及分布】:产于我国华北至华南、西南各地。

【习性】:喜光,适应性强,对土壤要求不严,能耐干旱瘠薄,但不耐水湿。有一定的耐寒能力。具根瘤菌,有改良土壤的作用。

【园林应用】:合欢树姿优美,叶形雅致,小叶昼展夜合,盛夏绒花满树,适宜作庭荫树、行道树。

20. 刺槐(洋槐)(见图 3-4-20)

Robinia pseudoacacia L.

【科属】:豆科,刺槐属。

【识别要点】:高达 25 m,树皮灰褐色,纵裂。枝条上有托叶刺,小枝灰褐色,无毛或幼时具微柔毛。奇数羽状复叶,互生,小叶卵形至卵状矩圆形,先端钝或微凹,全缘,表面绿色,被微柔毛,背面灰绿色被短毛。花两性,蝶形花排成下垂的总状花序。花瓣白色,清香,荚果扁平。花期5~6月,果期8~9月。

变型有:

(1)无刺刺槐(*f. inermis*(Mirb.)Rehd):枝条硬挺,无刺或近无刺,树冠开阔,树形整齐。

(2)红花刺槐(*f. decaisneana*(Carr.)Voss.):花冠玫瑰红色。

【产地及分布】:原产北美,19世纪末引入我国,现已遍布全国各地,而以黄河中下游和淮河流域为中心。多生于平原及低山丘陵。

【习性】:喜光,喜较干燥而凉爽的气候,耐寒,耐干旱瘠薄,对土壤要求不严,但不耐涝;浅根性,易风倒;生长迅速,萌蘖性强,寿命较短;抗烟尘能力强。

【园林应用】:刺槐树冠高大,叶色鲜绿,开花季节绿白相映,素雅而芳香;是“四旁”绿化、厂矿及居住区绿化的理想树种,也是荒山荒地绿化的先锋树种;还是良好蜜源植物。

图3-4-19　合欢

图3-4-20　刺槐

21. 国槐(槐树、家槐)(见图3-4-21)

Sophora japonica Linn.

【科属】:豆科,槐属。

【识别要点】:高25 m,树冠圆球形,树皮暗灰色,纵裂。小枝绿色,皮孔明显。顶芽缺,侧芽为柄下芽,极小,被褐色粗毛。一回奇数羽状复叶,互生,小叶9~15枚,卵圆形至卵状披针形,全缘,下面灰白色,疏生短柔毛。花两性,圆锥花序顶生,花淡黄绿色,荚果肉质,近圆筒形,种子之间常缢缩呈念珠状。花期5~7月,果期9~10月。

变种:龙爪槐(var. Pendula Loud.)小枝长而扭曲下垂,树冠呈伞状。

【产地及分布】:我国南北各地普遍栽培,以黄河流域和华北平原最为习见。

【习性】:喜光,稍耐阴,喜干冷气候,喜深厚而排水良好的沙质土壤;深根性,萌芽力强,耐修剪,耐烟尘,寿命长。

【园林应用】:国槐枝叶茂密,树冠广阔而匀称,对二氧化硫等有害气体及烟尘抗性较强,是良好的庭荫树和行道树。其变种龙爪槐常在园林中植于出入口处、建筑物前、庭园及草坪边缘,作为装饰性树种观赏。

22. 灯台树(瑞木、女儿木)(见图 3-4-22)

Cornus controversa Hemsl.

【科属】:山茱萸科,灯台树属。

【识别要点】:高达 20 m。树皮暗褐色,老时纵裂。小枝紫红色,有光泽,皮孔明显。单叶互生,常集生枝顶,叶卵状椭圆形至广卵形,叶背疏生贴伏毛。花两性,复聚伞花序,顶生,花小,白色,核果球形,成熟时由紫红色变为紫黑色。花期 5~6 月,果期 9~10 月。

【产地及分布】:原产于我国长江流域及西部各省。其在我国各地广泛栽培。

【习性】:喜光,稍耐阴;耐寒,耐热、耐旱,适应性强,宜在肥沃、湿润及疏松、排水良好的土壤上生长;不耐风吹。

【园林应用】:灯台树树干端直,侧枝平展,分枝层次分明,状若灯台,树姿优美,白花素雅,秋果繁茂,宜用于公园、庭园、街道、风景区等绿化。

图 3-4-21　国槐

图 3-4-22　灯台树

23. 喜树(旱莲、千丈树)(见图 3-4-23)

Camptotheca acuminate Decne.

【科属】:蓝果树科,喜树属。

【识别要点】:高达 30 m,树冠广卵形,树皮灰色或浅灰色,有稀疏圆形或卵形皮孔。单叶互生,椭圆至椭圆状卵形,全缘或微呈波状(幼树或萌蘖枝常有疏锯齿),叶柄带红色。花杂性同株,头状花序,具长柄,雌花序顶生,雄花序腋生。果狭长,香蕉形,有棱状窄翅 2~3 条。花期 5~7 月,果期 9~10 月。

【产地及分布】:产于我国华东、华南及西南各地。

【习性】:喜光,稍耐阴,喜温暖湿润气候;较耐水湿,不耐干旱和瘠薄,在酸性、中性和弱碱性土壤上都能生长;对烟尘和二氧化硫等有毒气体抗性较弱。

【园林应用】:喜树树干通直,树冠宽阔,叶荫浓郁,姿态端直雄伟,是良好的"四旁"绿化树种,也可作庭荫树和行道树。

24. 珙桐(鸽子树)(见图 3-4-24)

Davidia involucrate Baill.

【科属】:珙桐科,珙桐属。

【识别要点】:高 20 m,树冠圆锥形,树皮深灰褐色,呈不规则片状脱落。单叶,互生,宽卵形至近心形,先端渐尖,基部心形,边缘有粗锯齿,幼时上面生长柔毛,下面密生淡黄色粗毛。花杂性同株,头状花序顶生,基部有两片白色叶状大苞片,卵状椭圆形,长 7 ~ 15 cm。核果,椭球形,紫绿色。花期 4 ~5 月,果期 10 月。

【产地及分布】:产于我国湖北、湖南、贵州、四川、云南、陕西等地。

【习性】:喜半阴,喜温凉湿润气候及深厚肥沃、排水良好的酸性或中性土壤,不耐炎热和阳光暴晒。

【园林应用】:珙桐枝叶繁茂,叶大如桑,花形似鸽子展翅。白色的大苞片似鸽子的翅膀,暗红色的头状花序如鸽子的头部,绿黄色的柱头像鸽子的嘴喙,当花盛时,似满树白鸽展翅欲飞,并有象征和平的含意。花盛开之时,似一群白鸽栖落树上,故有中国鸽子树之称。其为世界著名的珍稀观赏树种,其宜植于庭园、宾馆及疗养院所作庭荫树。

图 3-4-23　喜树

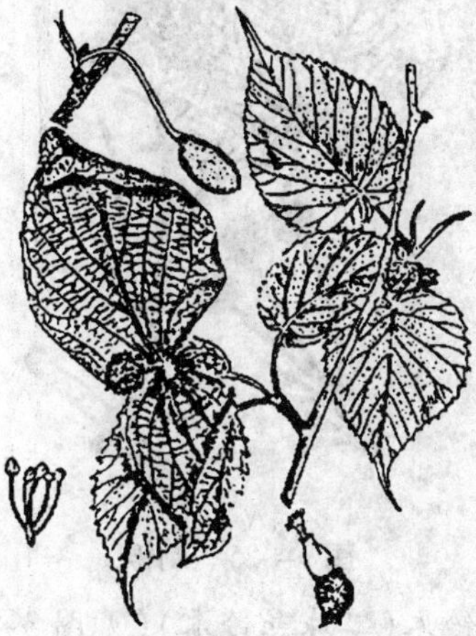

图 3-4-24　珙桐

25. 刺楸(见图 3-4-25)

Kalopanax septemlobus(Thunb. .)Koidz.

【科属】:五加科,刺楸属。

【识别要点】:高达 30 m,树皮深纵裂,枝具粗大皮刺。单叶互生,掌状 5 ~7 裂,裂片三角状卵圆形至椭圆状卵形,顶端渐尖或长尖,边缘有细锯齿。复伞形花序顶生。花小,白色或淡黄绿色。核果球形,蓝黑色,端有细长宿存花柱。花期 7 ~8 月,果期 10 ~11 月。

【产地及分布】:我国从东北经华北、长江流域至华南、西南均有分布。

【习性】:喜光,稍耐阴,对气候适应性较强,耐寒;喜土层深厚、湿润的酸性或中性土。

【园林应用】:叶大干直,树形颇为壮观,并富野趣,加之花色斑斓,逗人喜爱;适宜于风景区绿化,也可作庭荫树栽植。

26. 枫香(见图 3-4-26)

Liquidambar formosana Hance.

【科属】:金缕梅科,枫香属。

【识别要点】:高可达 40 m,树冠广卵形或略扁平。树皮灰色,浅纵裂,老时不规则深裂。单叶互生，掌状3裂，先端渐尖，基部心形，边缘有细锯齿，叶柄长。花单性，雌雄同株，头状花序。聚花果球形，由木质蒴果组成。花期3～4月，果期10月。（雄花排列成柔荑花序，雄蕊多数；雌花排列成头状花序）

【产地及分布】：分布于我国秦岭、淮河以南各省区。

【习性】：性喜光，幼树稍耐阴，喜温暖湿润气候，耐干旱瘠薄土壤，不耐水涝；在湿润、肥沃而深厚的红黄壤土上生长良好；深根性，主根粗长，抗风力强。

【园林应用】：枫香树体高大，树干通直，树冠宽阔，气势雄伟，深秋叶色红艳，美丽壮观，是南方著名的秋色叶树种。适宜在我国南方低山、丘陵地区营造风景林，也可作庭荫树，或在草地、池畔、山坡等地与其他树木混植。

图3-4-25　刺楸

图3-4-26　枫香

27. 悬铃木（二球悬铃木）（见图3-4-27）

Platanus acerifolia（Ait.）Willd.

【科属】：悬铃木科，悬铃木属。

【识别要点】：高可达35 m，树冠圆形或卵圆形；树皮灰绿或灰白色，光滑，呈不规则薄片状剥落，斑痕乳白色。1年生枝条呈之字形曲折，具环状托叶痕。单叶互生，3～5掌状浅裂，基部心形或截形，边缘有不规则尖齿和波状齿，幼时密生星状柔毛，后脱落。花单性，雌雄同株，头状花序球形。聚花果常2个一串悬于总梗上，坚果，基部有长毛。花期4～5月，果期9～10月。

常见还有三球悬铃木（法国梧桐）*Platanus orientalis* Linn、一球悬铃木（美国梧桐）*Platanus occidentalis* Linn。

【产地及分布】：该种为三球悬铃木和一球悬铃木的杂交种，在英国育成，广植于世界各地。我国华东、华中、西南等地均有栽培。

【习性】：喜光，不耐阴；喜温暖湿润气候，在年平均气温13～20 ℃、降水量800～1 200 mm的地区生长良好，北京幼树易受冻害，须防寒；对土壤要求不严，耐干旱、瘠薄，亦耐湿；根系浅，易风倒，萌芽力强，耐修剪；抗烟尘、硫化氢等有害气体，对氯气、氯化氢抗性弱。

【园林应用】：悬铃木树形雄伟端正，冠大荫浓，栽培容易，成荫快，耐污染，抗烟尘，对城市环境适应能力强，是世界著名的庭荫树和行道树，有“行道树之王”的美称。

28. 毛白杨(见图 3-4-28)

Populus tomentosa Carr.

【科属】:杨柳科，杨属。

【识别要点】:高达 40 m，树冠卵圆形或卵形，树皮幼时灰绿色或灰白色，皮孔菱形，老时纵裂，呈黑灰色。枝有长枝和短枝，幼时有毛，顶芽较大，卵状圆锥形，侧芽三角状卵形。单叶互生，长枝叶阔卵形或三角状卵形，先端短渐尖，基部心形或平截，叶缘具缺刻状锯齿，叶背有白色绒毛，渐脱落。叶柄上部侧扁，先端常具 2 ~ 4 腺点。短枝上的叶通常较小，卵形或三角状卵形，具深波状缺刻，叶柄扁，常无腺点。花单性，雌雄异株，柔荑花序下垂，花药红色。蒴果 2 瓣裂。花期 3 ~ 4 月，果期 4 ~ 5 月。

【产地及分布】:原产我国，主要分布于黄河流域；北至辽宁南部，南达江浙，西南至云南等地有栽培。

【习性】:喜光，喜凉爽湿润气候，在暖热多雨的气候下易受病害；在深厚肥沃、排水良好的沙壤土生长较快；抗烟尘和抗污染能力强。

【园林应用】:毛白杨树体高大挺拔，姿态雄伟，叶大荫浓，生长快，适应性强，是城乡及工矿区优良的绿化树种；也常用做行道树和庭荫树。

图 3-4-27　悬铃木

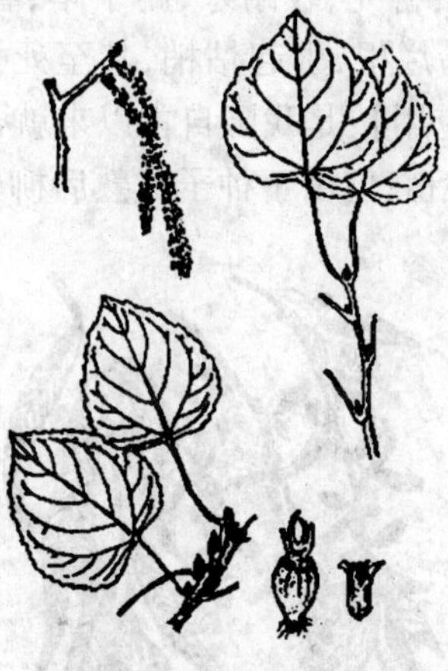

图 3-4-28　毛白杨

29. 垂柳(见图 3-4-29)

Salix babylonica L.

【科属】:杨柳科，柳属。

【识别要点】:高达 18 m。树冠倒广卵形，树皮深灰色，纵裂。小枝细长下垂，1 年生枝条紫褐色或黄色。单叶互生，叶窄披针形，先端长渐尖，叶缘有细锯齿，两面无毛，背面白色。花单性，雌雄异株，柔荑花序直立。蒴果，熟时黄褐色。花期 3 ~ 4 月，果期 4 ~ 5 月。

【产地及分布】:主要分布于我国长江流域及其以南平原地区，华北、东北亦有栽培，是平原地区水边常见的栽培树种。

【习性】:喜光，喜温暖湿润气候及潮湿深厚的酸性或中性土壤，在土层深厚的高燥地区也能生长良好;较耐寒,耐水湿;萌芽力强,生长迅速;对二氧化硫等有毒气体抗性较强。

【园林应用】:垂柳枝条细长,柔软下垂,姿态优美潇洒,植于河岸及湖边池畔最为理想,自古就是我国重要的庭园观赏树;还可用做行道树、庭荫树、固堤护岸树,也是平原造林树种和厂矿区绿化的优良树种。

30. 旱柳(见图 3-4-30)

Salix matsudana Koidz.

【科属】:杨柳科,柳属。

【识别要点】:高达 20 m。树冠卵圆形或倒卵形。枝斜展,树皮灰黑色,纵裂,小枝淡黄色或绿色,无毛,枝顶微垂,无顶芽。叶披针形或条状披针形,先端渐长尖,基部窄圆或楔形,无毛,背面略显白色,叶缘有细锯齿,嫩叶有丝毛后脱落。雌雄异株,柔荑花序,花期 3 ~4 月,果期 4 ~5 月。

常见的变种有龙爪柳 Var. *tortuosa*(Vilm.) Rehd.,又名龙须柳。其特点为枝条扭曲向上,甚为奇特,但生长势较弱,树体较小,易遭虫害,寿命短。

【产地及分布】:我国东北、华北、西北及长江流域各省有分布,黄河流域为其分布中心,是北方平原地区最常见的乡土树种之一。

【习性】:喜光,较耐寒,耐干旱;喜排水、通气良好的沙壤土,在黏土或长期积水的低湿地上,容易烂根,引起枯梢,甚至死亡。

【园林应用】:是我国自古以来就常用的园林和城乡绿化树种;适合于庭前、道旁、河堤、溪畔、草坪栽植;但由于种子成熟后柳絮飘扬,故在工厂、街道路旁等处,最好栽植雄株。

图 3-4-29　垂柳

图 3-4-30　旱柳

31. 白桦(桦树、桦木)(见图 3-4-31)

Betula platyphylla Suk.

【科属】:桦木科,桦木属。

【识别要点】:高达 25 m,树冠卵圆形,树皮白色,纸状分层剥离,皮孔黄色。小枝细,红褐色,外被白色蜡层。单叶互生,三角状卵形或菱状卵形,先端渐尖,基部宽楔形或截形,缘有不规则重锯齿,背面疏生油腺点。花单性,雌雄同株,柔荑花序。果序单生,下垂,圆柱形。坚果小而扁，两侧具宽翅。花期5～6月，果期8～10月。

【产地及分布】：产于东北、华北、西北及西南各地高山区。

【习性】：喜光，不耐阴，耐严寒；对土壤适应性强，喜酸性土，沼泽地、干燥阳坡及湿润阴坡都能生长；深根性，耐瘠薄，萌芽力强。

【园林应用】：树干修直，洁白雅致，十分引人注目。孤植、丛植于庭园、公园的草坪、池畔、湖滨或列植于道旁均颇美观。若在山地或丘陵坡地成片栽植，可组成美丽的风景林。

32. 鹅耳枥（见图3-4-32）

Carpinus turczaninowii Hance.

【科属】：桦木科，鹅耳枥属。

【识别要点】：高达15 m，树冠紧密，不整齐。树皮暗褐灰色，浅纵裂。幼枝密生细绒毛，后渐脱落，小枝细。叶卵形、长卵形或卵圆形，先端渐尖，基部圆或近心形，叶缘有齿牙状重锯齿，脉腋有簇生毛，网脉不明显，叶柄细，有毛。花单性同株，柔荑花序。果穗稀，下垂，果苞扁长圆形，一边全缘，一边有齿；坚果卵圆形，疏生油腺点。花期4～5月，果期8～9月。

【产地及分布】：广布于我国东北南部、华北至西南各地；产于华北、华东及陕西、甘肃、湖北和四川等地，分布于我国华东、华中、华南和西南各省区，印度至喜马拉雅山区、中南半岛北部也有分布。

【习性】：稍耐阴，耐寒，喜肥沃湿润的石灰质土壤，耐干旱瘠薄。阳坡、湿润河谷及林下都能生长。萌芽力强。

【园林应用】：叶形秀丽，果穗奇特，枝叶茂密，宜草坪孤植、路边列植或与其他树种混植成风景林，景色自然优美；亦可作桩景材料。

图3-4-31　白桦

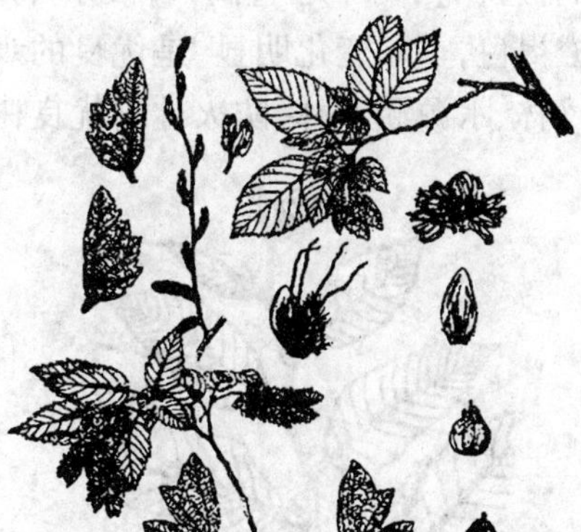

图3-4-32　鹅耳枥

33. 板栗（栗子）（见图3-4-33）

Castanea mollissima Bl.

【科属】：壳斗科，栗属。

【识别要点】:高达 20 m,树冠扁球形,树皮灰褐色,交错深纵裂,幼枝被灰褐色绒毛,无顶芽。单叶互生,排成二列状,叶椭圆状披针形,先端渐尖,基部圆形或楔形,叶缘具尖芒状锯齿,叶背常有灰白色柔毛。花单性,雌雄同株,雄花为柔荑花序,直立,雌花生于枝条上部的雄花序基部,2 ~ 3 朵生于总苞内。总苞发育成壳斗,外密被针刺,有紧贴星状柔毛,成熟后开裂,内有 2 ~ 3 个坚果,褐色。花期 5 ~ 6 月,果期 9 ~ 10 月。

【产地及分布】:为我国特产。栽培历史悠久,几乎遍及全国,以华北和长江流域为中心产区。

【习性】:喜光,对土壤和气候的适应性强,较抗旱,耐寒,以土层深厚湿润、排水良好、富含有机质的沙质壤土为最好;深根性,根系发达,耐修剪,萌芽性强;寿命长。

【园林应用】:板栗树冠宽阔,枝茂叶大,在公园草坪及坡地种植均适宜,亦可作山区绿化造林和水土保持树种。坚果为著名干果,是绿化结合生产的好树种。

34. 麻栎(栎树)(见图 3-4-34)

Quercus acutissima Carruth.

【科属】:壳斗科,栎属。

【识别要点】:高达 30 m,树皮暗灰色,浅纵裂;幼枝密生绒毛,后脱落。单叶,互生,长椭圆状披针形,缘具尖芒状锯齿,背面幼时有短绒毛,后脱落,仅在脉腋有毛。花单性,雌雄同株,雄花排成柔荑花序,下垂,雌花单生于总苞内。壳斗杯状,苞片锥形,粗长刺状,反曲,包围坚果一半左右,坚果卵球形。花期 4 ~ 5 月,果期次年 9 ~ 10 月。

【产地及分布】:北起辽宁、河北,南至广东、广西,东到沿海,西至四川、云南及西藏东部均有分布。

【习性】:阳性树种,喜湿润气候,耐干旱瘠薄;对土壤要求不严,在酸性、中性或钙质土上均能生长,但以深厚、肥沃、湿润、排水良好的中性至微酸性沙壤土生长最好。

【园林应用】:树干通直高大,枝条开展,树冠雄伟,浓荫如盖。早春叶色嫩绿鹅黄,秋季转为橙褐色,季相变化明显,是优良的观赏树种,适宜与其他树种混交营造风景林,也是营造防风林、水源涵养林、防火林的优良树种。

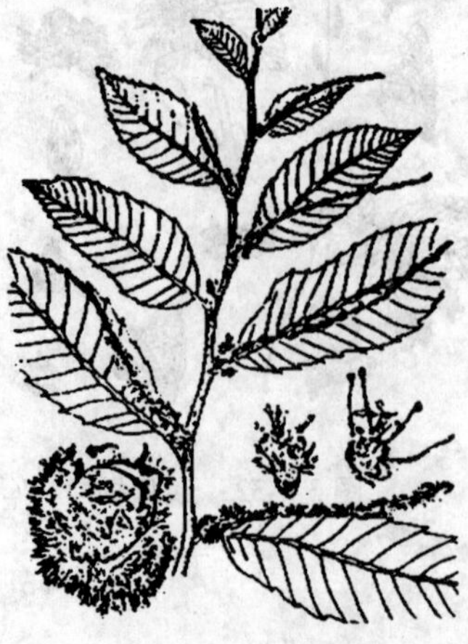

图 3-4-33　板栗

图 3-4-34　麻栎

35. 枫杨(元宝树)(见图 3-4-35)

Pterocarya stenoptera DC.

【科属】:胡桃科,枫杨属。

【识别要点】:高达 30 m,幼树皮红褐色,平滑,老树皮灰色,深纵裂。小枝髓心片状分隔。冬芽裸露有柄,密被锈褐色毛。奇数羽状复叶,常因顶生小叶不发育而呈偶数状,叶轴有窄翅,小叶 5 ~ 8 对,长椭圆形至长椭圆状披针形,具细锯齿。花单性,雌雄同株,雄花柔荑花序状,雌花穗状。果序下垂,小坚果,两端具翅。花期 4 ~ 5 月,果期 8 ~ 9 月。

【产地及分布】:广布于我国华北、华中、华南和西南各省,在长江流域和淮河流域最为常见。

【习性】:喜光,喜温暖湿润气候,也较耐寒,耐湿,但不宜长期积水;对二氧化硫、氯气等抗性强。

【园林应用】:枫杨树冠宽广,枝繁叶茂,为河床两岸低洼湿地的良好绿化树种,既可以作为行道树,也可成片种植或孤植于草坪及坡地。其叶片有毒,鱼池附近不宜栽植。

36. 胡桃(核桃)(见图 3-4-36)

Juglans regia Linn.

【科属】:胡桃科,胡桃属。

【识别要点】:高达 25 m,树冠广卵形至扁球形,树皮灰白色,老时深纵裂。幼枝有密毛,髓心片状分隔。奇数羽状复叶,互生,小叶 5 ~ 9,椭圆形或卵状椭圆形,全缘,幼树或萌芽枝上的叶有锯齿。花单性同株,雄花为柔荑花序下垂,雌花单生或 2 ~ 3 朵集生枝顶,直立。核果大形,内果皮坚硬骨质,有皱纹及纵脊。花期 4 ~ 5 月,果期 9 ~ 10 月。

【产地及分布】:原产欧洲东南部及亚洲西部,我国广为栽培,以西北、华北为主产区。

【习性】:喜光照充足、温暖凉爽环境,耐干冷,不耐湿热;喜深厚、肥沃、湿润而排水良好土壤;深根性,怕积水。

【园林应用】:胡桃树冠庞大雄伟,枝繁叶茂,绿荫覆地,树干灰白洁净,为良好的庭荫树,还可成片栽植于风景区、疗养院。胡桃的花、果、叶的挥发性气味具有杀菌、杀虫的保健功效。

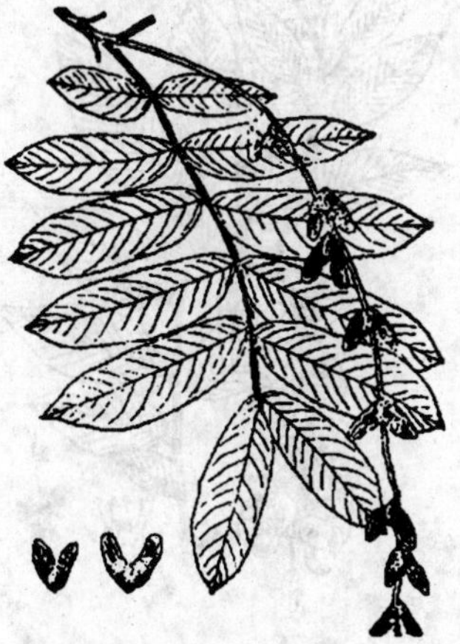

图 3-4-35　枫杨

图 3-4-36　胡桃

37. 胡桃楸(见图 3-4-37)

Juglans mandshurica Maxim.

【科属】:胡桃科,胡桃属。

【识别要点】:高 20 m,树皮灰色,浅纵裂。叶互生,奇数羽状复叶,矩圆形或椭圆状矩圆形,缘有细齿,表面初有稀疏柔毛,后仅中脉有毛,背面有短柔毛或星状毛。花单性同株;雄柔荑花序腋生下垂,雌花序穗状,顶生,直立。核果卵形,外表具棱状皱纹。花期 4~5 月,果期 8~9 月。

【产地及分布】:产于东北,华北、内蒙古有少量分布。

【习性】:强阳性,耐寒性强;喜湿润、深厚肥沃而排水良好的土壤,耐干旱瘠薄;深根性,抗风力强。

【园林应用】:树冠开展,枝叶茂密,浓荫覆地,姿态壮美,宜孤植或丛植庭园、公园、草坪、隙地、池畔、建筑旁,也可作庭荫树、行道树及成片栽植。

38. 榆树(白榆、家榆)(见图 3-4-38)

Ulmus pumila L.

【科属】:榆科,榆属。

【识别要点】:高达 25 m,树皮灰黑色,粗糙,纵裂,小枝灰色。单叶互生,常排成二列状。叶卵状椭圆形,基部略偏斜,边缘具不规则单或重锯齿。花两性,聚伞花序簇生于 1 年生枝上,早春先叶开花或花叶同放,紫褐色。翅果,近圆形,顶端有凹缺,种子位于翅果中部。花期 3 月,果期 4~5 月。

【产地及分布】:产于我国东北、华北、西北、华东等地区,华北及淮北平原地区栽培尤为普遍。

【习性】:喜光,耐寒、耐旱,耐瘠薄,适应性很强,对土壤要求不严;根系发达,抗风力、保土力强;萌芽力强,耐修剪;具抗污染性,叶面滞尘能力强。

【园林应用】:榆树树干通直,树形高大,绿荫较浓,可用做城乡绿化,作行道树、庭荫树,或作为防护林、水土保持林和盐碱地造林树种。

图 3-4-37　胡桃楸

图 3-4-38　榆树

39. 榔榆(秋榆)(见图 3-4-39)

Ulmus parvifolia Jacq.

【科属】:榆科,榆属。

【识别要点】:高达 25 m,树冠扁圆头形,树皮灰褐色,不规则薄片状剥落,内皮红褐色,较光滑。小枝纤细,褐色,有软毛。单叶互生,排成二列状,叶较小,近革质,卵状椭圆形或长椭圆形,基部偏斜,叶缘具单锯齿。花两性,聚伞花序簇生于当年生枝的叶腋。翅果长椭圆形,种子位于翅果中央。花期 8 ~9 月,果期 10 ~11 月。

【产地及分布】:我国长江流域及其以南地区,北至山东、山西、陕西等省有分布。

【习性】:喜光,稍耐阴,喜温暖气候,对二氧化硫等有毒气体及烟尘的抗性较强。

【园林应用】:榔榆树形优美,姿态潇洒,树皮斑驳,小枝婉垂,秋日叶色变红,是良好的观赏树及工厂绿化、"四旁"绿化树种。在庭园中孤植、丛植,或与亭榭、山石配植都很合适,也是制作树桩盆景的优良材料。

40. 榉树(大叶榉)(见图 3-4-40)

Zelkova schneideriana Hand. Mazz.

【科属】:榆科,榉属。

【识别要点】:高达 30 m,树冠倒卵状伞形,树皮深灰色,小枝红褐色,密生灰色柔毛。单叶互生,卵形至椭圆状披针形,先端渐尖,基部宽楔形或圆形,边缘有心形单锯齿,表面粗糙,背面密生淡灰色柔毛。花杂性同株,雌花和两性花单生,雄花簇生于新枝下部叶腋。坚果,卵圆形,顶端偏斜。花期 3 ~4 月,果期 10 ~11 月。

【产地及分布】:产于我国淮河以南,长江中下游至华南、西南各省区。

【习性】:中等喜光,喜温暖湿润气候,适生于肥沃的微酸性及中性土壤;不耐水湿,也不耐干旱瘠薄;耐烟尘,抗病虫害的能力强;深根性,根系发达,抗风力强,寿命较长。

【园林应用】:榉树枝条纤细,树形优美,绿荫浓密,秋叶红艳,是优良的行道树种、景观树种和防护林树种。常种植于绿地中的路旁、墙边,作孤植、丛植配置。

图 3-4-39　榔榆

图 3-4-40　榉树

41. 朴树(见图 3-4-41)

Celtis sinesis Pers.

【科属】:榆科,朴属。

【识别要点】:高达 20 m,树皮灰色,平滑。幼枝密生短柔毛,后脱落。单叶互生,叶质较厚,阔卵形或圆形,中上部边缘有锯齿,三出脉,表面无毛,沿叶脉及脉腋疏生毛。花杂性同株,雄花簇生于当年生枝下部叶腋;雌花单生于枝上部叶腋,1~3 朵聚生。核果近球形,橙红色,果核有网纹或棱脊。花期 4 月,果期 10 月。

【产地及分布】:分布于淮河流域、秦岭以南至华南各省区,散生于平原及低海拔山区,村落附近习见。

【习性】:喜光,稍耐阴;喜温暖气候和深厚、湿润、疏松土壤,耐干旱瘠薄和轻度盐碱;适应性强,深根性,抗风;耐烟尘,抗污染;萌芽力强,生长较快,寿命长。

【园林应用】:朴树树冠宽广,绿荫浓郁,是城乡绿化的重要树种。可孤植作庭荫树,也可作行道树,并可作厂矿区绿化及防风、护堤树种,又是制作盆景的常用树种。

42. 桑树(见图 3-4-42)

Morus alba L.

【科属】:桑科,桑属。

【识别要点】:树冠倒卵圆形,树皮、小枝黄褐色。单叶互生,卵形或宽卵形,先端尖或渐短尖,基部圆或心形,锯齿粗钝,幼树之叶常有浅裂、深裂,上面无毛,背面沿叶脉疏生毛,脉腋簇生毛。雌雄异株,聚花果紫黑色、淡红或白色,多汁味甜。花期 4 月,果期 5~7 月。

【产地及分布】:原产我国中部,现各地广泛栽培,长江中下游及黄河流域较多。

【习性】:喜光,喜温暖,稍耐寒,耐旱,不耐水湿;对土壤要求不严,抗风,耐烟尘及有毒气体;根系发达,生长快,萌芽力强,耐修剪,寿命长。

【园林应用】:桑树树冠丰满,枝叶茂密,秋叶金黄,适宜城市、厂矿区和农村“四旁”绿化。宜孤植作庭荫树,也可与花灌木配置树坛、树丛或与其他树种混植风景林,果能吸引鸟类,宜构成鸟语花香的自然景观。我国古代人民有在房前屋后栽种桑树和梓树的传统,因此常把“桑梓”代表故土、家乡。

图 3-4-41　朴树

图 3-4-42　桑树

43. 构树(见图 3-4-43)

Broussonetia papyrifera(L.) Vent.

【科属】:桑科,构属。

【识别要点】:高达 16 m,树体富含乳汁。树皮光滑,浅灰色,枝条粗壮开展,小枝红褐色,密生白色绒毛。单叶互生,叶宽卵形至矩圆状卵形,不分裂或不规则的 3~5 深裂,边缘有粗锯齿,上面有糙毛,背面密生柔毛,三出脉。花单性,雌雄异株,雄花序为腋生下垂的柔荑花序,雌花排列成紧密的头状花序。聚花果球形,肉质,红色。花期 5 月,果期 9 月。

【产地及分布】:我国华北、华中、华南、西南、西北各省都有分布。

【习性】:喜光,适应性强,耐干冷及湿热气候,对环境要求不严,生长速度快,萌芽力强;对烟尘及二氧化硫等多种有毒气体抗性很强。

【园林应用】:构树外貌虽较粗犷,但枝叶茂密且有抗性、生长快、繁殖容易等许多优点,是城乡绿化的重要树种,尤其适合用做矿区及荒山坡地绿化,亦可选做庭荫树及防护林用。

44. 无花果(见图 3-4-44)

Ficus carica Linn.

【科属】:桑科,榕属。

【识别要点】:高达 10 m,有乳汁,树皮灰褐色,平滑或不规则纵裂。小枝粗壮,托叶包被幼芽,脱落后在枝上留有明显的环状托叶痕。单叶互生,宽卵形或近圆形,3~5 掌状裂,少有不裂,边缘有波状齿,上面粗糙,背面有短毛。肉质花序托有短梗,单生于叶腋。隐花果梨形,绿黄色至黑紫色。花期 4~5 月。

【产地及分布】:原产于欧洲地中海沿岸和中亚地区,西汉时引入中国,以长江流域和华北沿海地带栽植较多,北京以南的内陆地区仅见有零星栽培。

【习性】:喜光,喜温暖湿润气候,不耐寒,不抗涝,较耐干旱;-12 ℃低温新梢易发生冻害,-20 ℃时地上部分死亡;对土壤要求不严;具有抗多种有毒气体的特性,耐烟尘,少病虫害。

【园林应用】:叶片宽大,果实奇特,夏秋果实累累,是优良的庭园绿化和经济树种,也可盆栽观赏。

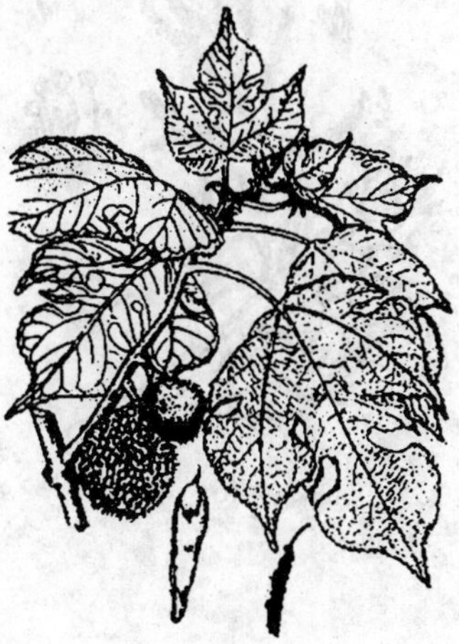

图 3-4-43 构树

图 3-4-44 无花果

45. 杜仲（见图 3-4-45）

Eucommia ulmoides Oliver.

【科属】：杜仲科，杜仲属。

【识别要点】：高达 20 m，树皮灰色，小枝黄褐色，具片状髓，皮、枝及叶均含胶质。单叶互生，椭圆形或椭圆状卵形，先端渐尖，基部楔圆形，边缘有锯齿，老叶表面叶脉下陷，呈皱纹状，叶背有柔毛，脉上尤密。雌雄异株，无花被，常先叶开放，生于小枝基部。翅果长椭圆形，扁平，顶端二裂，深褐色。花期 3～4 月，果期 9～10 月。

【产地及分布】：原产于华东、中南、西北、西南各地，北京以南各地栽培普遍。

【习性】：喜光，不耐庇荫，喜温暖湿润气候，较耐寒；对土壤要求不严，喜深厚、疏松肥沃的土壤；深根性，萌芽力强。

【园林应用】：树形整齐，枝叶茂密，适宜作庭荫树和行道树。

46. 柽柳（三春柳）（见图 3-4-46）

Tamarix chinensis Lour.

【科属】：柽柳科，柽柳属。

【识别要点】：树冠圆球形，枝细长，常下垂，红紫色、暗紫色或淡棕色。单叶互生，叶小，鳞片状，抱茎，先端渐尖。花两性，总状花序集生于当年生枝顶，组成圆锥状花序，多柔弱下垂，花小，粉红色或紫红色。花期春、夏两季，有时一年开三次花。蒴果 10 月成熟。

【产地及分布】：产于我国甘肃、河北、河南、山东、湖北、安徽、江苏、浙江、福建、广东、云南等省区。黄河流域及沿海盐碱地多有栽培。

【习性】：喜光、耐旱、耐寒，亦较耐水湿；极耐盐碱、沙荒地，根系发达，萌生力强，耐修剪。

【园林应用】：柽柳枝条细柔，姿态婆娑，开花如红蓼，颇为美观；适合配植于水滨、池畔、桥头、堤岸。

图 3-4-45　杜仲

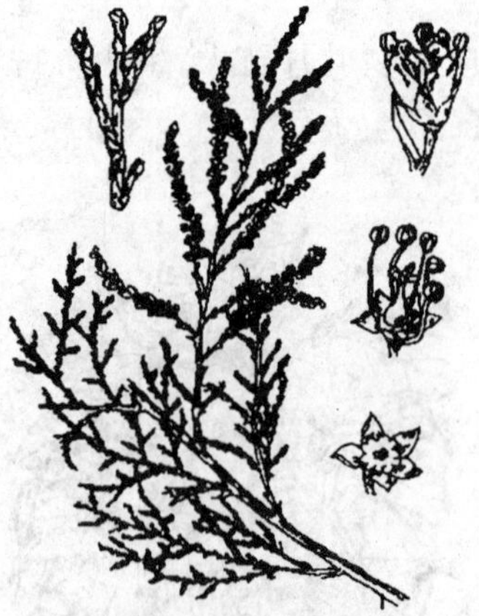

图 3-4-46　柽柳

47. 紫椴（见图 3-4-47）

Tilia amurensis Rupr.

【科属】：椴树科，椴树属。

【识别要点】:高达30 m,树皮暗灰色,浅纵裂,小枝黄褐色或红褐色,呈“之”字形曲折。单叶互生,宽卵形至卵圆形,先端尾状尖,基部心形,缘具粗锯齿,叶背脉腋有黄褐色簇生毛。两性花,聚伞花序,黄白色,苞片舌状或长圆形。核果近球形,密被灰褐色星状毛。花期6~7月,果期8~9月。

【产地及分布】:产于我国东北及华北地区。

【习性】:喜光,稍耐阴,抗寒能力强;不耐干旱、水涝和盐碱,喜深厚肥沃湿润土壤;萌芽力和萌蘖力均强,耐修剪;抗烟尘和有毒气体。

【园林应用】:紫椴树体高大,树姿优美,夏季黄花满树,秋季叶色变黄,花序梗上的舌状苞片奇特美观,是优良的行道树和庭荫树。

48. 糠椴(大叶椴、辽椴)(见图3-4-48)

Tilia mandshurica Rupr et Maxim.

【科属】:椴树科,椴树属。

【识别要点】:高达20 m,树冠广卵形,树皮灰白,小枝、芽、叶背均密被灰白色星状毛。单叶互生,卵圆形,先端短尖,基部浅心形,缘具粗锯齿。聚伞花序下垂,花黄色,苞片倒披针形。果实近球形,密被黄褐色星状毛。花期7~8月,果期9~10月。

【产地及分布】:产于我国东北。

【习性】:喜光也耐阴,耐寒,喜湿润气候,夏季干旱时易落叶;适生于深厚肥沃湿润的土壤,不耐干旱瘠薄,不耐盐碱;萌蘖强,耐烟尘及有毒气体。

【园林应用】:树冠浓荫,树姿清幽,夏日黄花满树,是很好的庭荫树和行道树,也是优良的蜜源树种。

图3-4-47　紫椴

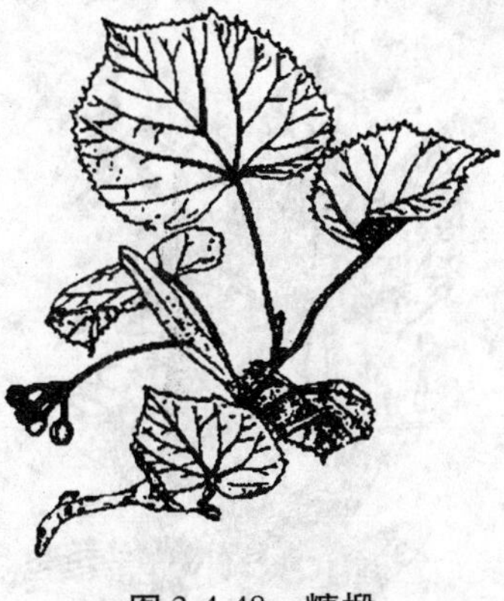

图3-4-48　糠椴

49. 梧桐(青桐)(见图3-4-49)

Firmiana simples(L.)W. F. Wight.

【科属】:梧桐科,梧桐属。

【识别要点】:高达20 m,树冠卵圆形,树干端直,树皮光滑,灰绿色。小枝粗壮,翠绿色。单叶互生,3~5掌状裂,裂片全缘,基部心形,叶背有星状毛。花单性同株,顶生圆锥花序,黄绿色,花瓣缺,萼片5深裂,裂片披针形,向外反卷,外面密生黄色星状毛。蓇葖果，具柄，果皮薄革质，果实成熟之前心皮先行开裂，裂瓣呈舟形。种子棕黄色，形如豌豆，表面皱缩。花期 6 ~ 7 月，果期 9 ~ 10 月。

【产地及分布】：产于我国华东、华中、华南、西南及华北各地。

【习性】：喜光也稍耐阴，不耐盐碱和水涝，耐寒性不强；喜温暖湿润气候和深厚肥沃的沙质壤土；深根性，萌芽力弱，不耐修剪；生长快，寿命长。

【园林应用】：梧桐树干端直，干枝青翠，叶大荫浓，清爽宜人，自古以来即为著名的庭荫树种，栽植于庭前、屋后、草地、池畔等处极显幽雅清静；对各种有毒气体的抗性很强，亦适于厂矿绿化或作行道树。

50. 重阳木（见图 3-4-50）

Bischofia polycarpa（Levl.）Airy Shaw.

【科属】：大戟科，重阳木属。

【识别要点】：高达 15 m，树皮褐色，纵裂。三出复叶，互生，具长叶柄，叶片卵形，先端突尖，基部圆心形，边缘有细锯齿。雌雄异株，总状花序腋生，花小，淡绿色，雄花序多簇生，花梗短细，雌花序疏而长，花梗粗壮。浆果球形，红褐色或蓝黑色。花期 4 ~ 5 月，果期 10 ~ 11 月。

【产地及分布】：产于秦岭、淮河流域以南至广东、广西北部。长江流域中下游地区习见，华北地区有栽培。

【习性】：喜光，稍耐阴，喜温暖湿润的气候和深厚肥沃的沙质土壤，对土壤的酸碱性要求不严；较耐水湿，抗风、抗有毒气体；适应能力强，生长快，耐寒力弱。

【园林应用】：重阳木树姿优美，冠如伞盖，花叶同放，花色淡绿，秋叶转红，艳丽夺目，是良好的庭荫和行道树种。用于堤岸、溪边、湖畔和草坪周围作为点缀树种极有观赏价值。孤植、丛植或与常绿树种配置，秋日分外壮丽。

图 3-4-49　梧桐

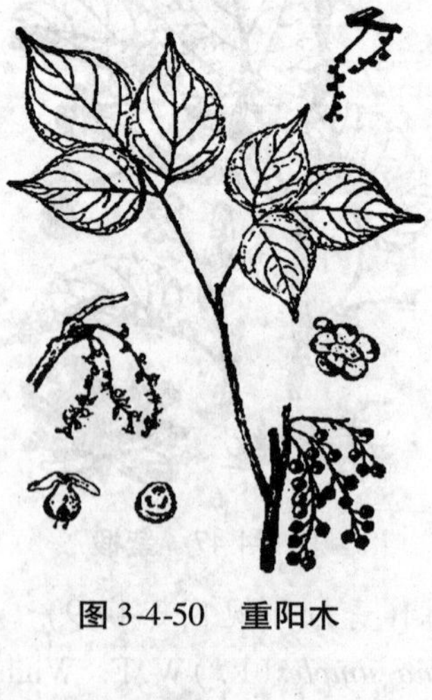

图 3-4-50　重阳木

51. 乌桕（见图 3-4-51）

Sapium sebiferum（Linn.）Roxb.

【科属】：大戟科，乌桕属。

【识别要点】：高达 15 m，树冠近球形，树皮暗灰色，浅纵裂。小枝纤细，枝叶内有乳汁。单叶互生，菱状卵形，先端渐尖或长尖，基部宽楔形，全缘。叶柄细长，顶端有 2 腺体。

花单性,雌雄同株,通常为顶生的穗状花序,花小,黄绿色,最初全为雄花,后有 1 ~ 4 朵雌花生于花序基部。蒴果扁球形,黑褐色,熟时 3 裂。种子黑色,外被白色蜡质假种皮。花期 5 ~ 7 月,果期 10 ~ 11 月。

【产地及分布】:分布于我国秦岭、淮河以南,主要栽培区在长江流域以南浙江、湖北、四川、贵州、安徽、云南、江西、福建等省。

【习性】:喜光,喜温暖湿润气候,耐水湿,稍耐干旱,对土壤适应性较强,以深厚湿润肥沃的冲积土生长最好。

【园林应用】:乌桕树冠整齐,叶形秀丽,秋叶经霜时如火如荼,十分美观,有"乌桕赤于枫,园林二月中"之赞名。冬日白色的乌桕子挂满枝头,经久不凋,也颇美观。其可孤植、丛植于草坪和湖畔、池边,也可作护堤树、庭荫树及行道树。

52. *石榴(安石榴)*(见图 3-4-52)

Punica granatum Linn.

【科属】:石榴科,石榴属。

【识别要点】:高达 5 ~7 m,幼枝近圆形或四棱形,顶端常呈刺状,有短枝。单叶对生,在短枝上簇生,倒卵形或长椭圆形,表面有光泽,背面中脉凸起,先端渐尖或微凹,基部渐狭,全缘。花两性,1 ~ 5 朵聚生,花萼钟形,橘红色,质厚,顶端 5 ~ 7 裂,花瓣红色,有皱折。浆果具革质果皮,卵球形,顶端有宿存花萼。种子多数,有肉质外种皮。花期 5 ~ 6 月,果期 9 ~ 10 月。

花有单瓣、重瓣之分。重瓣品种雌雄蕊多瓣化而不孕,花瓣多达数十枚,花多红色,也有白色和黄、粉红等色。常见变种有白花石榴 var. *albescens* DC.、黄花石榴 var. *flavescens* SW.、复瓣白花石榴 var. *multiplex* SW.、重瓣红花石榴 var. *pleniflora* Hayne. 等。

【产地及分布】:原产伊朗、阿富汗,我国除严寒地区都有栽培。

【习性】:喜光,喜温暖气候,有一定耐寒力;对土壤要求不严,较耐干旱瘠薄,不耐水涝;对二氧化硫等有毒气体抗性较强。

【园林应用】:石榴树姿优美,枝叶秀丽,初春嫩叶抽绿,婀娜多姿;盛夏繁花似锦,色彩鲜艳;秋季硕果累累,华贵端庄,四季皆宜观赏。可孤植或丛植于庭园、亭台,对植于门庭出口,列植于小溪、坡地、建筑物之旁,也宜做矿区绿化和各种桩景的材料。

图 3-4-51 乌桕

图 3-4-52 石榴

53. 柿树(见图 3-4-53)

Diospyros kaki Thunb.

【科属】:柿树科,柿属。

【识别要点】:高达 20 m。树干暗灰色,呈块状开裂。小枝暗褐色,新梢有褐色毛。冬芽肥大,黄褐色,多毛。单叶互生,椭圆形或倒卵形,近革质,先端突尖,基部近圆形,叶面光亮无毛,背面疏生短褐色柔毛。花雌雄异株或杂性同株,雄花聚伞花序,雌花及两性花单生,花冠黄白色。浆果肉质,卵圆形或扁球形、方形等,形状多样,基部有宿存花萼,熟时果皮橙黄或橘红色。花期 5~6 月,果期 9~10 月。

【产地及分布】:原产我国长江和黄河流域,现全国各地广为栽培,黄河至长江流域为主要栽培区。

【习性】:喜光,耐寒,耐旱,耐瘠薄,亦能耐湿;对土壤要求不严,对二氧化硫等有毒气体抗性较强。

【园林应用】:柿树树形优美,枝繁叶大,秋叶色红,叶落果存,是叶果俱美的优良树种,既可孤植于庭园,也可在山区自然风景区配植,背衬常绿树,深秋季节,别有风趣。

54. 黄檗(黄菠萝)(见图 3-4-54)

Phellodendron amurense Rupr.

【科属】:芸香科,黄檗属。

【识别要点】:高达 22 m,树皮灰褐色至黑灰色,深纵裂,木栓层发达,柔软,内皮鲜黄色。小枝橙黄色或淡黄灰色,有明显的心形叶痕。奇数羽状复叶对生,卵状披针形或卵形,先端长渐尖,基部圆楔形,通常歪斜,背面主脉或主脉基部两侧有白色软毛,边缘微波状或具不明显的锯齿,齿间有黄色透明的油腺点。雌雄异株,聚伞状圆锥花序顶生,花小,黄绿色。核果近球形,成熟时黑色,有特殊香气与苦味。花期 5~6 月,果期 9~10 月。

【产地及分布】:产于东北大兴安岭、长白山及华北北部。

【习性】:喜光,稍耐阴,喜冷凉湿润气候,耐寒;喜湿润、肥沃而排水良好土壤,不宜在黏土及低湿地栽培;深根性,抗风及抗烟尘能力强。

【园林应用】:黄檗树冠宽阔,秋叶金黄,可用于风景林、防护林、河岸林以及公园、庭园绿化种植。

图 3-4-53 柿树

图 3-4-54 黄檗

55. 臭椿(见图 3-4-55)

Ailanthus altissima(Mill.) Swingle.

【科属】:苦木科,臭椿属。

【识别要点】:高达 30 m,树皮灰白色或灰黑色,平滑,稍有浅裂纹。奇数羽状复叶,互生,小叶卵状披针形,先端渐尖,基部偏斜,中上部全缘,基部有 1~2 对具腺点的锯齿。圆锥花序顶生,花杂性,白色带绿。翅果,熟时黄褐色或淡红褐色。花期 5~6 月,果期 9~10 月。

【产地及分布】:分布于我国东北南部、华北、西北及长江流域。

【习性】:喜光,适应性强,耐干旱瘠薄,不耐水湿,耐寒;耐盐碱,对烟尘与二氧化硫的抗性较强。

【园林应用】:臭椿树干通直高大,树冠宽阔,叶大荫浓,秋季红果满树,是良好的行道树和庭荫树。

56. 楝树(苦楝)(见图 3-4-56)

Melia azedaeach L.

【科属】:楝科,楝属。

【识别要点】:高达 20 m,树冠宽阔,树皮浅纵裂,小枝粗壮,皮孔多而明显。2~3 回奇数羽状复叶,互生,小叶卵形、椭圆形或披针形,边缘有钝锯齿,深浅不一,基部略偏斜。花两性,聚伞状圆锥花序,腋生,花小,紫色或淡紫色,有香味。核果近球形,熟时黄色,宿存枝头。花期 4~5 月,果期 10~11 月。

【产地及分布】:我国华东、华南、西南、东北南部各地均有分布。

【习性】:极喜光,喜温暖湿润气候,耐寒力不强,对土壤要求不严,稍耐盐碱,较耐干旱,不耐水湿;对二氧化硫等有毒气体及烟尘抗性较强。

【园林应用】:楝树树形优美,枝叶秀丽,花淡雅芳香,又耐烟尘、抗污染;适宜作庭荫树、行道树,也是工厂绿化、"四旁"绿化的好树种。

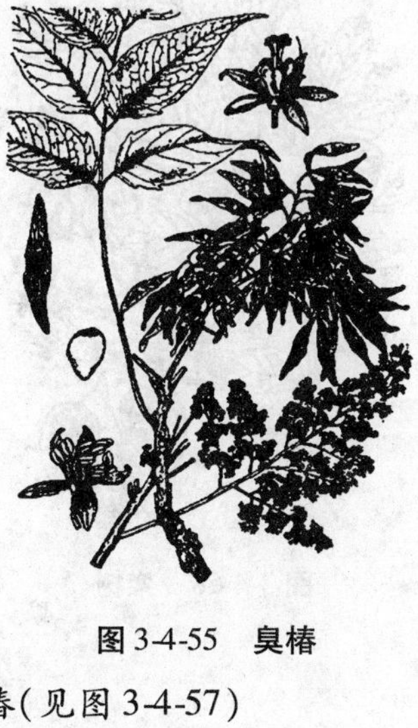

图 3-4-55　臭椿

图 3-4-56　楝树

57. 香椿(见图 3-4-57)

Toona sinensis(A. Juss.) Roem.

【科属】:楝科,香椿属。

【识别要点】:高达 25 m,树冠球形,树皮红褐色,片状剥落。小枝粗壮,幼时被白粉。偶数羽状复叶,互生,小叶长椭圆形或宽披针形,全缘或有不明显的钝锯齿,叶柄红色,基部肥大。花两性,大型圆锥花序顶生,花小,白色。蒴果椭圆形,木质,5 裂,种子一端或两端有翅。花期 5 ~ 6 月,果期 10 ~ 11 月。

【产地及分布】:分布于我国华北、东北、西北、西南及华东等地。

【习性】:喜光,不耐庇荫;适生于深厚、肥沃、湿润的沙质壤土,在中性、酸性及钙质土上均生长良好,较耐水湿,有一定的耐寒力;深根性,萌芽、萌蘖力强,生长速度中等偏快;对有毒气体抗性较强。

【园林应用】:香椿树干通直,树冠开阔,枝叶茂密,嫩叶红艳,常用做庭荫树、行道树,庭前、院落、草坪、坡地、水畔均可配植。

58. 栾树(灯笼花、摇钱树)(见图 3-4-58)

Koelreuteria paniculata Laxm.

【科属】:无患子科,栾树属。

【识别要点】:高达 15 m,树冠近球形,树皮灰褐色,细纵裂。奇数羽状复叶,部分小叶深裂而为不完全的二回羽状复叶,互生,小叶卵形或卵状长椭圆形,边缘有不规则的粗锯齿或裂片。花杂性同株,大型圆锥花序,顶生,花金黄色。蒴果三角状卵形,果皮薄膜质,成熟时橘红色或红褐色。种子圆形,黑色。花期 6 ~ 7 月,果期 9 月。

【产地及分布】:产于我国华东、西南、东北、华北各地,以及陕西和甘肃南部。

【习性】:喜光,耐半阴,耐寒,耐干旱瘠薄;适应性强,喜生于石灰质土壤,耐盐渍及短期水涝;深根性,萌蘖力强,有较强抗烟尘能力。

【园林应用】:树形端正,枝叶茂密而秀丽,夏季开花满树金黄,秋季果实红色,状似灯笼,为理想的观赏树种。其宜作庭荫树、风景树及行道树。

图 3-4-57　香椿

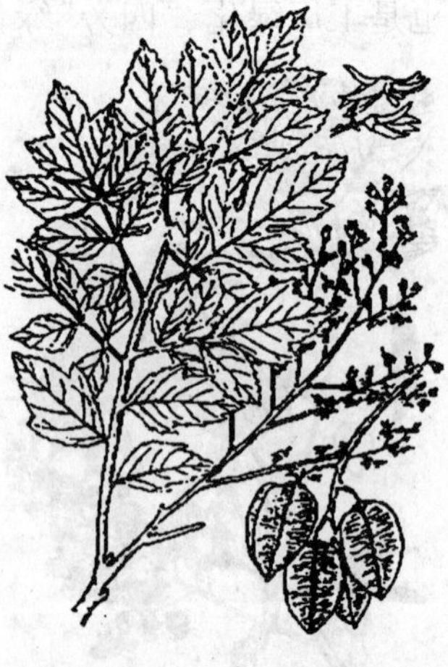

图 3-4-58　栾树

59. 文冠果(见图 3-4-59)

Xanthoceras sorbifolia Bunge.

【科属】:无患子科,文冠果属。

【识别要点】:高达 8 m,树皮灰褐色,小枝有短茸毛。奇数羽状复叶,互生,狭椭圆形至披针形,边缘有锯齿,背面疏生星状毛。花杂性,圆锥花序,花白色,花瓣基部有黄红色斑晕。蒴果椭球形,有三棱角,室背开裂。花期 4 ~ 5 月,果期 8 ~ 9 月。

【产地及分布】:产于我国内蒙古、东北、华北北部地区及甘肃、河南等地。

【习性】:喜光,耐半阴,耐严寒和干旱,不耐涝;对土壤要求不严,深根性,萌蘖力强。

【园林应用】:文冠果树姿秀丽,花序大,花朵密,春天白花满树,是优良的观赏树。在园林中配植于草坪、路边、山坡、假山和建筑物前都很合适。

60. 黄连木(楷树)(见图 3-4-60)

Pistacia chinensis Bunge.

【科属】:漆树科,黄连木属。

【识别要点】:高达 30 m,树冠近圆球形,树皮薄片状剥落。偶数羽状复叶,互生,小叶披针形或卵状披针形,先端渐尖,基部偏斜,全缘,枝叶揉之有特殊气味。雌雄异株,雄花总状花序,淡绿色,雌花圆锥花序,紫红色。核果小,扁球形,红色或蓝紫色。花期 3 ~ 4 月,果期 9 ~ 10 月。

【产地及分布】:我国北自黄河流域,南至两广及西南各省区均有分布。

【习性】:喜光,幼时稍耐阴,耐干旱瘠薄,对土壤要求不严;深根性,主根发达,抗风力强,对二氧化硫、氯化氢和煤烟的抗性较强。

【园林应用】:黄连木枝叶繁茂而秀丽,早春嫩叶红色,入秋叶成深红或橙黄色,红色的雌花序也极美观。宜作庭荫树、行道树及风景林树种,也常作"四旁"绿化及山区造林树种。其与槭类、枫香等混植,构成大片秋色红叶林,蔚为壮观。

图 3-4-59　文冠果

图 3-4-60　黄连木

61. 黄栌(见图 3-4-61)

Cotinus coggygria Scop.

【科属】:漆树科,黄栌属。

【识别要点】:高 8 m,树冠圆形,树皮暗灰褐色,小枝紫褐色,被蜡粉。单叶互生,卵形至倒卵形,先端圆或微凹。花小杂性,黄绿色,圆锥花序顶生,花后多数不孕,花梗伸长成淡紫色羽状,宿存在树梢上。核果小,肾形。花期 4 ~ 5 月,果期 6 ~ 7 月。

【产地及分布】:原产于中国西南、华北和浙江。欧洲东南部也有分布。

【习性】:喜光,也耐半阴,耐寒,耐干旱瘠薄和碱性土壤,以深厚、肥沃而排水良好的沙壤土生长最好,忌水湿及黏重;根系发达;萌蘖性强;对二氧化硫有较强抗性。

【园林应用】:黄栌叶秋季变红,色泽鲜艳,著名的北京香山红叶即为本种。花后淡紫色羽毛状的花梗能在树梢宿存,成片栽植时远望宛如万缕罗纱缭绕林间,故有“烟树”的美誉。可大面积栽植成风景林,也可丛植、片植在庭园、林缘、山坡、河岸或配置于大型山石旁。

62. 枸橘(枸桔)(见图 3-4-62)

Poncirus trifoliate(L.)Raf.

【科属】:芸香科,枸橘属。

【识别要点】:高达 7 m,具枝刺,小枝绿色,稍扁有棱。三出复叶,小叶椭圆形或倒卵形,先端圆或凹缺,基部楔形,具钝齿或近全缘。花单生或成对腋生,黄白色,芳香。柑果球形,橙黄色。花期 4 ~5 月,果期 9 ~ 10 月。

【产地及分布】:原产我国长江流域,现黄河流域以南有栽培。

【习性】:喜光,耐阴,喜温暖气候,较耐寒,略耐盐碱,在干旱瘠薄、低洼积水处生长不良。深根性,发枝力强,耐修剪,对有害气体抗性强。

【园林应用】:枸橘是观花观果的良好树种。宜作刺篱及屏障树,公园、庭园、居民区、工厂、街头绿地都可应用,也是嫁接柑橘类的砧木。

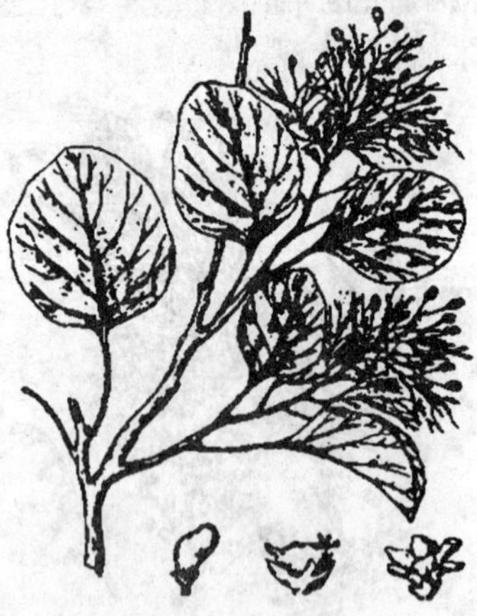

图 3-4-61　黄栌

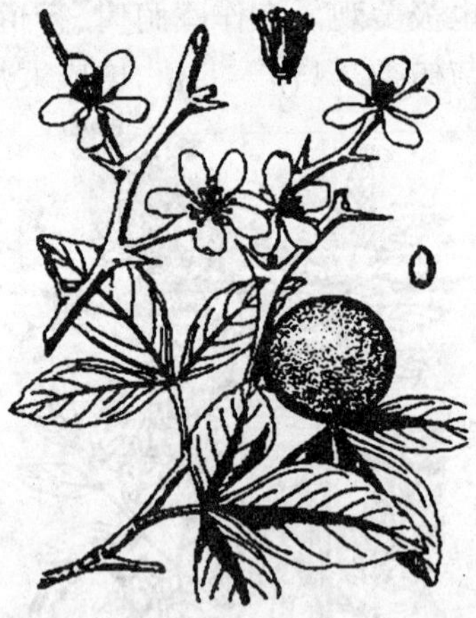

图 3-4-62　枸橘

63. 鸡爪槭(鸡爪枫)(见图 3-4-63)

Acer palmatum Thunb.

【科属】:槭树科,槭树属。

【识别要点】:高可达 7 ~8 m,树冠伞形,树皮平滑,深灰色。小枝纤细,紫色或灰紫色。单叶对生,5 ~9 掌状深裂,基部心形,裂片长卵形或披针形,边缘有重锯齿。花杂性同株,花小,伞房花序,顶生,紫红色。翅果,两翅张开成直角至钝角,幼时紫红色,成熟后棕黄色。花期 5 月,果期 9 月。

鸡爪槭的常见变种:

(1)红枫(cv. Atropurpureum.):又名红槭,紫红鸡爪槭。叶深裂几达叶片基部,裂片长圆状披针形,叶红色或紫红色。枝条紫红色,叶掌状裂,终年呈紫红色。

(2)细叶鸡爪槭(cv. Dissectum.):又名羽毛枫。树冠开展,枝略下垂。叶掌状深裂达基部,裂片又羽状分裂,具细尖齿。

(3)深红细叶鸡爪槭(cv. Ornatum.):又名红羽毛枫。外形同细叶鸡爪槭,但叶片呈紫红色。

(4)线裂鸡爪槭(cv. Linearilobum.):叶掌状深裂几达基部,裂片线形,缘有疏齿或近全缘。有叶色终年绿色者,也有终年紫红色者。

【产地及分布】:主要分布于华东、华中各地。

【习性】:喜温暖、湿润气候及半阴环境,适生于肥沃、疏松的土壤,不耐涝、较耐旱,夏季在阳光暴晒或潮风影响的地方生长不良。

【园林应用】:鸡爪槭树姿优美,叶形秀丽,园林品种多,甚为美观。宜植于庭园、草坪、建筑物前,或与常绿针叶及阔叶树类混植。

64. 三角枫(见图 3-4-64)

Acer buergerianum Miq.

【科属】:槭树科,槭树属。

【识别要点】:树皮暗灰色,薄条片状剥落。单叶对生,叶倒卵状三角形或椭圆形,通常3裂,先端短渐尖,全缘或上部具疏锯齿。花杂性同株,伞房花序顶生,花黄绿色。翅果棕黄色,两翅呈镰刀状,中部最宽,基部缩窄,两翅开展成锐角,小坚果突起,有脉纹。花期4月,果期8~9月。

【产地及分布】:产于我国长江流域各地,北自山东,南至湖南、广东各地有栽培。

【习性】:喜光,稍耐阴;喜温暖湿润气候及中性或酸性土壤;较耐水湿,具有一定的耐寒能力;耐修剪,萌芽力强。

【园林应用】:三角枫枝叶浓密,夏季浓荫,入秋叶色红色。宜孤植、丛植作庭荫树,也可作行道树及护岸树,在湖岸、溪边、谷地、草坪配植,或点缀于亭廊、山石间。

图 3-4-63　鸡爪槭

图 3-4-64　三角枫

65. 元宝枫(华北五角枫)(见图 3-4-65)

Acer truncatum Bunge.

【科属】:槭树科,槭树属。

【识别要点】:高达 13 m,树皮浅灰黄色,浅纵裂。单叶对生,掌状五裂,裂片全缘或中间裂片上部出现 3 小裂,裂片先端渐尖,叶基通常截形。花杂性同株,伞房花序顶生,黄绿色。翅果,果核扁平,两翅展开成钝角,翅长与果体近相等。花期 4 ~ 5 月,果期 9 ~ 10 月。

【产地及分布】:我国原产,华北地区广为分布。北至辽宁西部、南至江苏北部均见栽培。

【习性】:耐阴性较强,喜侧方庇荫。喜深厚肥沃疏松土壤,较耐干旱瘠薄。不耐涝,抗烟尘。

【园林应用】:元宝枫树姿优美,叶形秀丽,秋季叶变成红色,为著名秋季观叶树种。可作庭荫树和行道树,也可在堤岸、湖边、草坪及建筑物附近配植。

66. 五角枫(色木、地锦槭)(见图 3-4-66)

Acer mono Maxim.

【科属】:槭树科,槭树属。

【识别要点】:高达 20 m,叶掌状 5 裂,裂深达叶片中部,有时 3 或 7 裂,叶基部常心形。果翅较长,为果核的 1.5 ~ 2 倍。

【产地及分布】:产于我国东北、华北及长江流域各地,是我国槭树属中分布最广的一种。

【习性】:喜光,稍耐阴,喜温凉湿润气候,对土壤要求不严,在中性、酸性及石灰性土上均能生长,但以土层深厚、肥沃及湿润之地生长最好。

【园林应用】:著名秋色叶树种,宜作风景林及庭园绿化,与其他色叶树种或常绿树种混植,增加秋景色彩;还可作庭荫树和行道树。

图 3-4-65 元宝枫

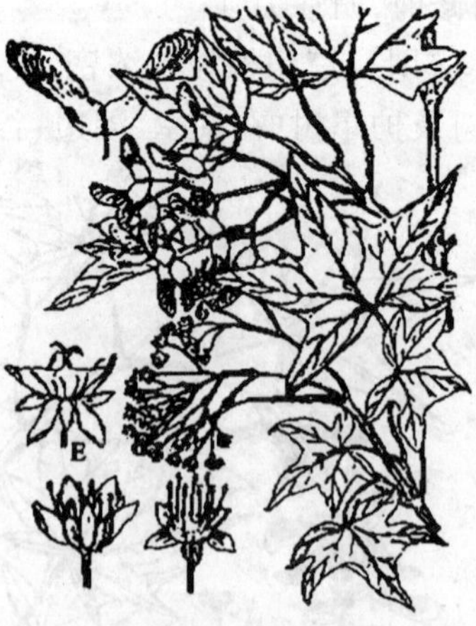

图 3-4-66 五角枫

67. 七叶树(桫椤树)(见图 3-4-67)

Aesculus chinensis Bunge.

【科属】:七叶树科,七叶树属。

【识别要点】:高达 25 m,树冠庞大,圆球形,树皮灰褐色,片状剥落,小枝粗壮,栗褐色,光滑。掌状复叶,对生,小叶 5 ~7,长椭圆形或倒卵状长椭圆形,先端渐尖,基部楔形,缘具细锯齿。花杂性同株,顶生圆锥花序,长而直立,近圆柱形,花白色,芳香。蒴果球形或倒卵形,密生疣点,黄褐色,粗糙。种子大,形如板栗。花期 5 月,果期 9 ~10 月。

【产地及分布】:我国黄河流域及东部各地均有分布。

【习性】:较喜光,稍耐阴;喜温暖湿润气候,较耐寒,畏干热;喜深厚、湿润、肥沃而排水良好的土壤;深根性,萌芽力不强;寿命长。

【园林应用】:七叶树材干耸直,树冠开阔,叶大形美,花时花序竖立似烛台,蔚为奇观,是世界著名的观赏树种之一;宜作庭荫树和行道树;可配植于公园、庭园、机关、学校周围。

68. 白蜡树(蜡条)(见图 3-4-68)

Fraxinus chinensis Roxb.

【科属】:木犀科,白蜡树属。

【识别要点】:高达 15 m,树冠卵圆形,树皮黄褐色,小枝光滑无毛。奇数羽状复叶,对生,小叶 5 ~9 枚对生,椭圆形或椭圆状卵形,基部狭,不对称,缘有齿及波状齿。花杂性或单性异株,圆锥花序侧生或顶生于当年生枝上,大而疏松,花萼钟状,无花瓣。翅果扁平,倒披针形。花期 3 ~5 月,果期 9 ~10 月。

【产地及分布】:我国北自东北中南部,南达两广,东至沿海,西至甘肃等地均有分布。

【习性】:喜光,稍耐阴,适宜温暖湿润气候,喜湿耐涝,耐寒,耐旱,耐盐碱,对土壤要求不严;深根性,萌芽、萌蘖性都强,耐修剪;抗烟尘和二氧化硫等有毒气体。

【园林应用】:白蜡树树干端正挺秀,叶绿荫浓,秋叶橙黄色,是工厂、城镇绿化美化的良好树种,可作庭荫树和行道树。

图 3-4-67　七叶树

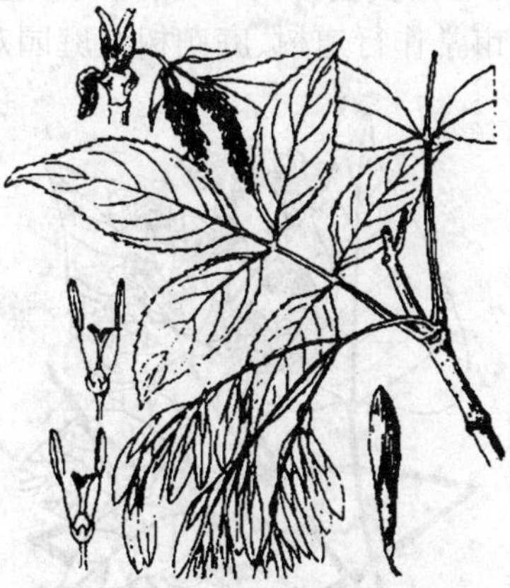

图 3-4-68　白蜡树

69. 楸树(见图 3-4-69)

Catalpa bungei C. A. Mey.

【科属】:紫葳科,梓树属。

【识别要点】:树干耸直,枝条上伸,树皮灰褐色,浅纵裂。单叶对生或三叶轮生,叶三角状卵形至宽卵状椭圆形，顶端尾尖，全缘，有时近基部略有尖齿，叶基三出脉，基部脉腋有紫色块状腺斑。花两性，顶生总状花序。花冠淡粉色至白色，内有紫红色斑点。蒴果细长，似豆荚状。种子扁平，狭长椭圆形，两端具长毛。花期4～5月，果期9～10月。

【产地及分布】：产于我国黄河流域和长江流域，华北和内蒙古南部也有栽培。

【习性】：喜光，喜温暖湿润气候，不耐严寒；喜深厚肥沃、湿润疏松壤土，不耐干旱和水湿。萌蘖力和萌芽力强。

【园林应用】：楸树树姿挺拔，干直荫浓，花紫白相间，艳丽悦目，宜作庭荫树和行道树。

同属的梓树（*C. ovata* G. Don），在中国有悠久的栽培历史。嫩枝和叶柄被毛并有黏质；叶宽卵形或卵圆形，有毛，顶端急尖，基部心形或圆形；花为淡黄色，内侧有紫色斑点及橘红色条纹；花后每年正常结果。

70. 木棉（英雄树、攀枝花）（见图3-4-70）

Gossampinus malabarica（DC.）Merr.

【科属】：木棉科，木棉属。

【识别要点】：高达40 m，枝轮生，平展。树干有短粗的圆锥形皮针。掌状复叶互生，小叶5～7枚，椭圆状倒卵形至长椭圆形，先端渐尖，全缘。两性花，红色或橙红色，杯形，簇生枝端。蒴果椭圆形，大，木质，内有棉毛。种子多数，倒卵形，黑色，光滑。花期2～3月，果期6～7月。

【产地及分布】：原产南亚、东南亚直至澳大利亚东北部，我国四川南部、云南、贵州、广西、广东、海南等地有分布。

【习性】：喜温暖干燥和阳光充足环境，不耐寒；耐旱，忌积水，喜深厚、肥沃、排水良好的沙质土壤；抗污染、抗风力强；深根性，萌芽力强。

【园林应用】：树形高大雄伟，树冠整齐，早春先叶开花，如火如荼，十分红艳美丽。在华南各城市常作行道树、庭荫树及庭园观赏树。

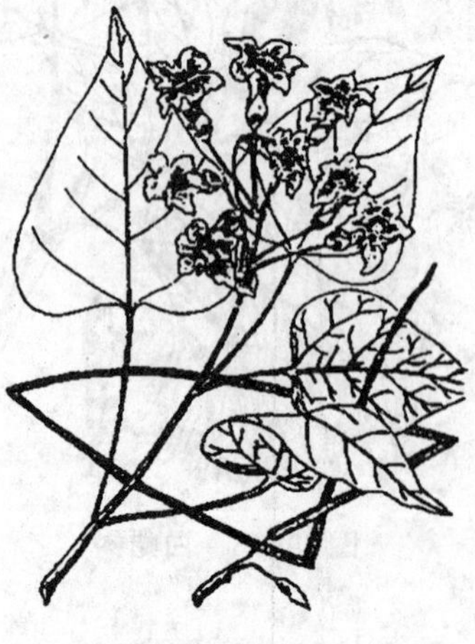

图3-4-69　楸树

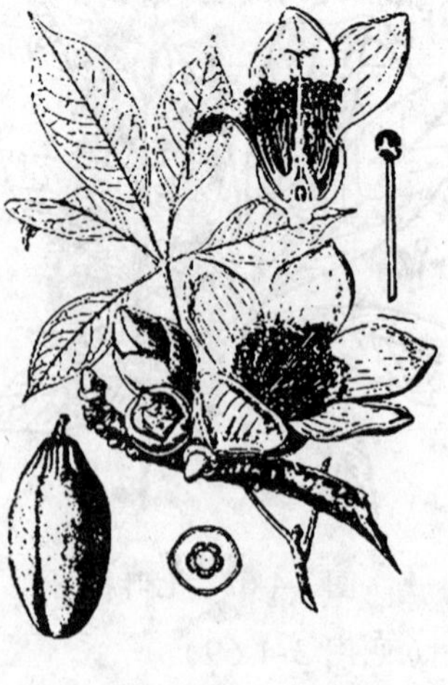

图3-4-70　木棉

71. 泡桐（白花泡桐）（见图3-4-71）

Paulownia fortunei（Seem.）Hemsl.

【科属】:玄参科,泡桐属。

【识别要点】:树冠宽阔,广卵形或圆形。树皮灰褐色,平滑,有突起的皮孔,老时纵裂。小枝粗壮,中空,幼时密生白色绒毛,后渐脱落。单叶对生,叶大,卵形或长椭圆形,基部心脏形,叶背密生灰白色绒毛,全缘或微呈波状锯齿。顶生圆锥状聚伞花序,花冠漏斗状,乳白色,内有紫斑,有香气。蒴果椭圆形,种子多数为长圆形,小而轻,两侧具有条纹的翅。花期3~4月,果期9~10月。

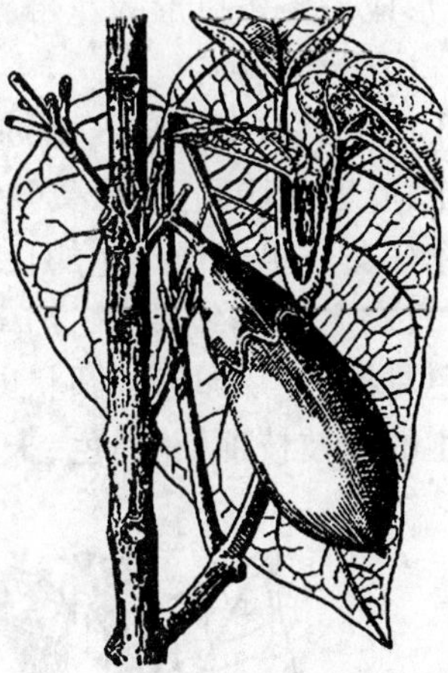
图3-4-71　泡桐

【产地及分布】:产于我国长江流域各省,东起江苏、浙江、台湾,西南至四川、云南,南至广东、广西,向北引种至东北南部和华北。

【习性】:喜光,稍耐庇荫,喜温暖气候,耐寒性稍差;对土壤适应性强,肉质根,不宜在黏重土壤上生长,喜湿畏涝;能吸附烟尘,抗二氧化硫等有毒气体能力强。

【园林应用】:泡桐树大荫浓,先叶而放的花朵色彩绚丽,宜作庭荫树和行道树,也是工厂绿化的良好树种。

(二)灌木类

72. 紫玉兰(辛夷、木笔)(见图3-4-72)

Magnolia liliflora Desr.

【科属】:木兰科,木兰属。

【识别要点】:小枝紫褐色,有环状托叶痕,芽有灰褐色细毛。单叶互生,倒卵形或椭圆状卵形,顶端急尖或渐尖,基部楔形,背面沿脉有柔毛。花单生枝顶,先叶开放或很少与叶同时开放,大型,钟状,外面紫色或紫红色,内面白色。聚合果长圆形,淡褐色。花期3~4月,果期9~10月。

【产地及分布】:原产我国河南、湖北、四川及云南等地,现各地广为栽植。

【习性】:喜光,不耐阴,较耐寒,喜肥沃、湿润、排水良好的土壤,忌黏质土壤,不耐盐碱。肉质根,忌水湿。根系发达,萌蘖力强。

【园林应用】:紫玉兰早春开花,花大,味香,色美,宜配植于庭前或丛植于草坪边缘。栽培历史较久,为庭园珍贵花木之一。花蕾形大如笔头,故有"木笔"之称。

73. 绣线菊(柳叶绣线菊)

Spiraea salicifolia L.

【科属】:蔷薇科,绣线菊属。

【识别要点】:高达2 m,枝条密集,小枝有棱及短毛。单叶互生,叶片长圆状披针形,缘具细密锐锯齿,两面无毛,叶柄短。花两性,伞房或圆锥花序,白色、粉红色或红色。蓇葖果直立,沿腹缝线有毛并具反折萼片。花期6~7月,果期8~10月。

【产地及分布】:我国辽宁、内蒙古、河北、山东、山西等地均有栽培分布。

【习性】:喜光也稍耐阴,抗寒,抗旱,喜温暖湿润的气候和深厚肥沃的土壤;萌蘖力和萌芽力强,耐修剪。

【园林应用】:绣线菊枝叶纤细,花繁茂,洁白秀丽,盛开时枝条全为细巧的白花所覆盖,形成一条条拱形的花带,宛如积雪,可在花坛、花境、草坪等处丛植、孤植或列植。

同属常见种:

(1)日本绣线菊(*S. japonica* L.)(见图3-4-73):又名粉花绣线菊。枝条圆而细长,被短毛,叶卵状椭圆形,缘具缺刻状重锯齿,叶表暗绿,脉上有毛,叶背略有白粉并沿脉有毛,复伞房花序生于当年生的长枝枝顶,花粉红色。

(2)华北绣线菊(*S. fritschiana* Schneid.):又名桦叶绣线菊。落叶灌木,枝条粗壮,紫褐色具棱,叶片卵形或圆状卵形,缘具不整齐重锯齿或单齿,叶背具毛,复伞房花序生于当年生的长枝枝顶,花白色,未开前略带粉红。

图3-4-72　紫玉兰

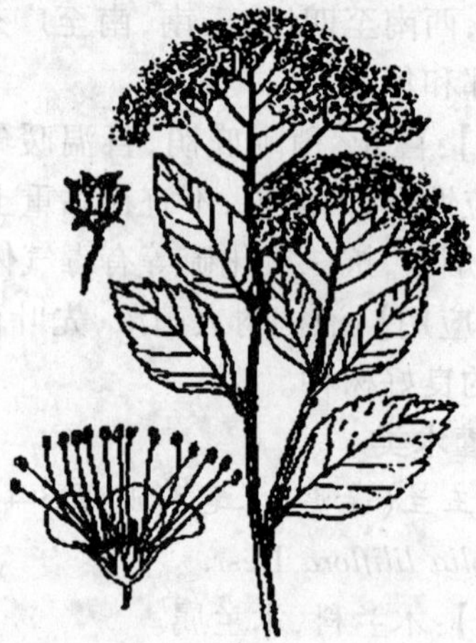

图3-4-73　日本绣线菊

74. 黄刺玫(见图3-4-74)

Rosa xanthina Lindl.

【科属】:蔷薇科,蔷薇属。

【识别要点】:高达3 m,茎直立,枝开展,小枝细长,褐红色,具扁平而硬直的皮刺。奇数羽状复叶互生,小叶7~13枚,宽卵形,叶缘有钝锯齿,背面幼时有长柔毛。托叶小,下部与叶柄连生,先端分裂成披针形裂片。花单生,黄色,单瓣或重瓣。果球形,褐红色。花期4~6月,果期7~9月。

【产地及分布】:原产东北、华北至西北,现各地广为栽培。

【习性】:喜光,稍耐阴,耐寒,耐干旱瘠薄,对土壤要求不严,不耐水涝,根系强大,萌芽力强。

【园林应用】:花期长,花色金黄,绚丽多姿,为庭园观赏植物。宜孤植、丛植于草坪、林缘、路边,片植效果更好,亦可作花篱。

75. 玫瑰(徘徊花)(见图3-4-75)

Rosa rugosa Thunb.

【科属】:蔷薇科,蔷薇属。

【识别要点】:高达2 m,枝条灰褐色,密生刚毛与皮刺。侧芽扁卵形,先端尖。奇数羽状复叶互生,小叶5~9枚,椭圆或椭圆状倒卵形,先端急尖或圆钝,基部圆形或宽楔形,缘具尖锐锯齿，叶背有柔毛及刺毛，多皱纹，托叶大部与叶柄连生，边缘有腺点。花单生或3～6朵聚生当年新枝顶端，花朵有单瓣、重瓣或半重瓣，花色有紫红、粉红、白等色，具有浓郁的芳香。果扁球形，红色。花期5～6月，果期9～10月。

常见栽培品种：

(1)"重瓣"紫玫瑰：花重瓣，玫瑰紫色，香气浓。

(2)"重瓣"白玫瑰：花重瓣，白色。

【产地及分布】：原产亚洲中部和东部干燥地区，我国华北、西北和西南有分布，现各地广泛栽培。

【习性】：喜光，耐旱，不耐涝，也能耐寒冷；适应性较强，对土壤要求不严，在排水良好、肥沃的中性或微酸性沙质壤土中生长最好。

【园林应用】：园林中可成片栽植或丛植，也可布置花坛、花境、绿篱。玫瑰花除作观赏外，可用于芳香油生产和制作玫瑰酱、玫瑰酒等。

图3-4-74　黄刺玫

图3-4-75　玫瑰

76. 月季(月季花)(见图3-4-76)

Rosa chinensis Jacq.

【科属】：蔷薇科，蔷薇属。

【识别要点】：高达2 m，小枝具倒钩皮刺，无毛。奇数羽状复叶互生，小叶3～5枚，宽卵形或卵状长圆形，叶缘有粗锯齿，托叶大部分和叶柄连生。两性花，单生或几朵集成伞房状，花色甚多，多为重瓣，也有单瓣者。果卵球形或梨形，红黄色。花期4～10月。

【产地及分布】：原产我国中部，南至广东，西至云南、贵州、四川。国内外普遍栽培。

图3-4-76　月季

【习性】：喜光，但强光直射又对花蕾发育不利，花瓣易焦枯；喜温暖，较耐寒，夏季高温进入半休眠状态，耐旱，对土壤要求不严，以富含有机质、疏松肥沃、排水良好的微酸性沙壤土最好。

【园林应用】:世界四大切花之一,花色艳丽,花期长,有“花中皇后”之称,是美化庭园的优良花木。适宜作花坛、花境、花篱及基础种植,也可在草坪、园路转角、庭园、假山等地配植,可配植成专类园,也可制作月季盆景。

月季原产我国,早在汉代就有广泛的栽培,在18世纪左右传入欧洲后,经园艺学家与玫瑰、蔷薇反复杂交,逐渐培育出现代月季。现代月季品种繁多,花色各异,大致分为杂种香水月季、丰花月季、壮花月季、微型月季、藤本月季和灌木月季六大类。

(1)杂种香水月季:植株强健,枝条挺拔。花梗直立,多数单朵着花,花大,花型优美,花色艳丽,连续开花。

(2)壮花月季:植株高大,枝条粗壮直立,花大,一茎多花,生长强健,抗性强。

(3)微型月季:植株矮小,分枝多,花朵小巧玲珑,枝、叶、刺均比其他月季小。

(4)丰花月季:植株健壮,稍矮,分枝多。花中型,花密、量大,多花群生,色彩丰富。

(5)藤本月季:生长势旺盛,枝条粗壮,枝条可达4~6 m,有蔓生型和藤本型两种,可装饰花柱、花架等。

(6)灌木月季:非常耐寒,生长繁茂,花有单瓣、重瓣,色彩丰富,有的还能结出美丽的果实。

77. 珍珠梅(华北珍珠梅)(见图3-4-77)

Sorbaria kirilowii(Reqel.)Maxim.

【科属】:蔷薇科,珍珠梅属。

【识别要点】:高达3 m,小枝弯曲,无毛或微被短柔毛,幼时绿色,老时暗黄褐色或暗红褐色。奇数羽状复叶,互生,小叶13~17枚,披针形至矩圆状披针形,先端渐尖,边缘有重锯齿,下面稍有星状毛。圆锥花序顶生,白色,总花梗和花梗微有星状柔毛。蓇葖果圆柱形,下垂,果梗弯曲。花期6~8月,果期9~10月。

【产地及分布】:产于我国北部,河北、山西、山东、河南、陕西、甘肃、内蒙古均有分布,华北各地习见栽培。

【习性】:喜光又耐阴,耐寒,不择土壤,萌蘖性强,耐修剪,生长迅速。

【园林应用】:珍珠梅株丛丰满,花叶秀丽,花期长,为优良庭园花灌木。宜孤植、丛植于草地、林缘、水边,也可作自然式花篱,配植建筑物背阴处。

78. 多花栒子(栒子木、灰栒子)(见图3-4-78)

Cotoneaster multiflorus Bunge.

【科属】:蔷薇科,栒子属。

【识别要点】:高达4 m,小枝紫色,细长,常拱形下垂。单叶互生,卵形或宽卵形,先端圆钝,基部广楔形或近圆形,全缘,幼时背面有柔毛。花白色,花瓣开展,近圆形。花萼无毛;6~21朵成聚伞花序。梨果近球形或倒卵形,红色。花期5~6月,果期8~9月。

【产地及分布】:产于我国东北、华北、西北及西南,各地园林有栽培。

【习性】:喜光,稍耐阴,耐寒;对土壤要求不严,耐干旱瘠薄,耐修剪。

【园林应用】:枝条婀娜,夏季白花满树,秋季红果累累,艳丽可爱,是优美的观花、观果树种。宜丛植于草坪边缘、园路转角等处,也是点缀岩石园和保护堤岸的良好植物。

图 3-4-77 珍珠梅

图 3-4-78 多花栒子

79. 棣棠(棣棠花)(见图 3-4-79)

Kerria japonica(L.)DC.

【科属】:蔷薇科,棣棠属。

【识别要点】:高 1 ~2 m,嫩枝绿色,有棱,髓白色。单叶互生,叶片三角状卵形或卵圆形,先端长渐尖,基部截形或近圆形,边缘有尖锐重锯齿,表面无毛或有稀疏柔毛,背面沿脉或脉腋有柔毛。两性花,着生在当年生枝顶端,金黄色。瘦果倒卵形至半球形,褐色或黑褐色,表面无毛,有皱褶。花期 4 ~6 月,果期 6 ~8 月。

栽培品种:

(1)"重瓣"棣棠:花重瓣,栽培较普遍。

(2)"银边"棣棠:叶边缘白色。

(3)"金边"棣棠:叶边缘黄色。

【产地及分布】:我国黄河流域至华南、西南均有分布。辽宁南部有栽培。

【习性】:喜光,耐半阴,喜温暖湿润气候及排水良好的酸性及中性土壤;不甚耐寒,耐旱力较差。

【园林应用】:棣棠花色金黄,枝叶鲜绿,花期从春末到初夏,是冬赏枝夏赏花的上品;适宜作花境、花篱或建筑物周围基础种植材料,在墙际、水边、坡地、路隅、草坪、山石旁丛植或成片配置,与深色的背景相衬托,更使鲜黄色花显得鲜艳。

80. 贴梗海棠(皱皮木瓜)(见图 3-4-80)

Chaenomeles speciosa(Sweet.)Nakai.

【科属】:蔷薇科,木瓜属。

【识别要点】:高达 2 m,树皮嫩时紫褐色,老时暗褐色,具枝刺。叶片卵形至椭圆形,稀长椭圆形,先端急尖,稀圆钝,基部楔形至宽楔形,边缘具尖锐细锯齿。花柄极短,3 ~5 朵簇贴附在二年生枝上,红色或淡红色,叶前或与叶同时开放。梨果球形至卵形,黄色或黄绿色,有芳香。花期 3 ~4 月,果期 9 ~10 月。

【产地及分布】:原产我国东部、中部至西南地区,现在南北各地多有栽培。

【习性】:喜光,稍耐阴,较耐寒,耐瘠薄;喜排水良好的深厚土壤,不耐积水。

【园林应用】:花簇生枝间,色彩艳丽,秋日果熟,黄色芳香,为良好的观花、观果树种。宜孤植、丛植于庭园、池畔、草坪及林缘,也可作花篱及基础种植。

图 3-4-79　棣棠

图 3-4-80　贴梗海棠

81. 榆叶梅(小桃红)(见图 3-4-81)

Amygdalus triloba(Lindl.)Ricker.

【科属】:蔷薇科,李属。

【识别要点】:高达 3 m,小枝紫褐色,微被毛。单叶互生,倒卵状椭圆形,叶缘具粗锯齿。花单生或 2 朵并生,花梗短,紧贴在枝条上,初开多为深红,最后变为粉白色,花有单瓣、重瓣和半重瓣,重瓣或半重瓣的一般不结果。核果球形,红色,密被柔毛。花期 3~4 月,果期 6~7 月。

变种及栽培品种:

(1)单瓣榆叶梅:花粉红色或粉白色,单瓣,花朵小,花萼、花瓣均为 5 片,与野生榆叶梅相似,小枝红褐色。

(2)重瓣榆叶梅:花红褐色,花朵大,重瓣,花朵多而密集,花萼 10 片以上,花萼和花梗均带有红晕。但开花时间要比其他品种晚。

(3)半重瓣榆叶梅:花粉红色,半重瓣,花萼、花瓣均在 10 片以上。小枝红褐色,栽培比较广泛。

(4)鸾枝榆叶梅:花朵小,密集生于枝上,花色呈玫瑰紫红,半重瓣或重瓣,花萼 10 片。小枝紫红色,光滑,开花时间较其他品种早。

(5)截叶榆叶梅:花粉色,叶的前端呈阔截形,近似三角形,耐寒力强,我国东北地区多见栽培。

【产地及分布】:原产我国,河北、山东、山西及浙江等地有野生分布,现南北各地都有栽培。

【习性】:喜光,稍耐阴,耐寒,耐旱,不耐水涝;对土壤要求不严,以中性至微碱性的疏松肥沃沙质土壤为好。

【园林应用】:榆叶梅是早春优秀的观花灌木,花形、花色美观,花繁色艳,可孤植、丛植,适宜在各类园林绿地中栽植。

82. 火棘(火把果)(见图 3-4-82)

Pyracantha fortuneana(Maxim.)Li(*P. crenatoserrata* Hance).

【科属】:蔷薇科,火棘属。

【识别要点】:高达 3 m,小枝暗褐色,幼时被锈色短柔毛,侧枝短,先端呈刺状。单叶互生,倒卵形或倒卵状长圆形,先端钝圆或微凹,边缘有钝锯齿。花白色,由多花集成复伞房花序。梨果近球形,深红色。花期 4～5 月,果期 9～11 月。

【产地及分布】:主产于我国黄河以南及广大西南地区。

【习性】:喜光,稍耐阴,耐寒性差,黄河以南露地种植,华北需盆栽;对土壤要求不严,耐干旱贫瘠,山地平地都能适应。萌芽力强,耐修剪。

【园林应用】:火棘枝叶茂盛,初夏白花繁密,入秋红果累累,极富观赏价值。在园林中可丛植、孤植于草地边缘与园路转角处;也可修成球形或作绿篱;果枝还是瓶插的好材料,红果可经久不落。

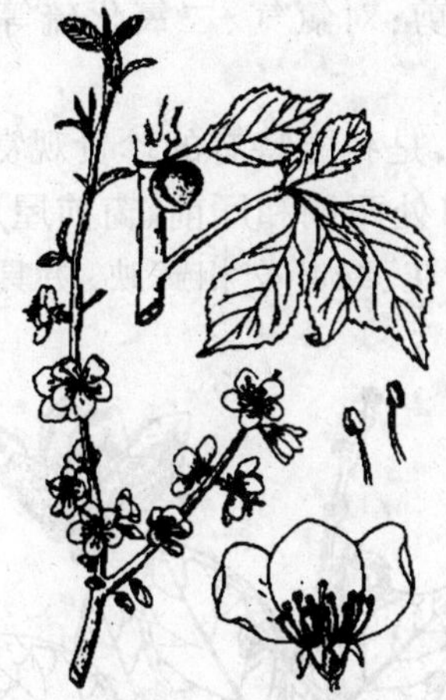

图 3-4-81　榆叶梅

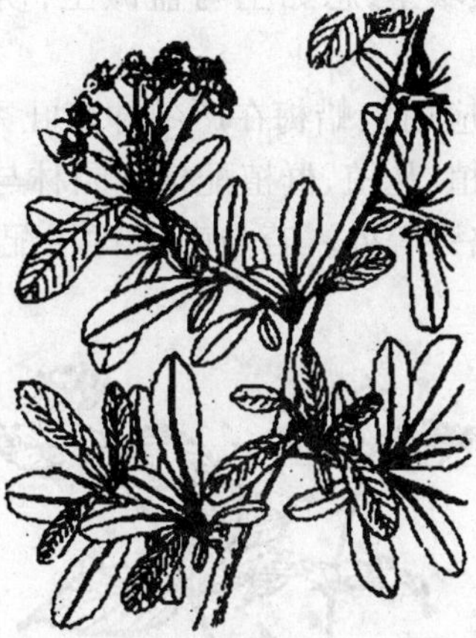

图 3-4-82　火棘

83. 鸡麻(见图 3-4-83)

Rhodotypcs scandens(Thunb.)Mak.

【科属】:蔷薇科,鸡麻属。

【识别要点】:高达 3 m,小枝紫褐色,嫩枝绿色,光滑。单叶对生,卵形或卵状椭圆形,叶面皱折,叶脉下凹,先端渐尖,基部圆形至微心形,边缘有尖锐重锯齿,表面幼时被疏柔毛,后脱落几无毛,背面绢状柔毛,老时沿脉被疏柔毛。两性花,单花顶生于新梢,白色。核果倒卵形,亮黑色。花期 4～5 月,果期 7～9 月。

【产地及分布】:产于我国东北南部、华北、西北、华中、华东等地。

【习性】:喜光,耐半阴,耐寒,怕涝,适生于疏松肥沃排水良好的土壤;耐修剪,萌蘖力强。

【园林应用】:鸡麻花叶清秀美丽,适宜丛植草地、路缘、角隅或池边,也可作花境、花篱栽培。

84. 蜡梅(腊梅、黄梅花)(见图 3-4-84)

Chimonanthus praecox(L.)Link.

【科属】:蜡梅科,蜡梅属。

【识别要点】:小枝近四棱形。单叶对生,叶半革质,卵形或椭圆状披针形,顶端渐尖,基部圆形或阔楔形,全缘,叶表面粗糙,有硬毛,背面光滑无毛。花单生,花被片蜡黄色,内层花被片有紫色条纹,浓香。花期 11 月至次年 2 月,果期 8 月。

常见栽培变种:

(1)素心蜡梅:花被片纯黄色,内层花被不具紫色条纹,香味稍淡。

(2)磬口蜡梅:叶大,花瓣圆形,深黄色,内有红紫色边缘和条纹,盛开时如磬口状,香气较浓。

(3)红心蜡梅:花小,花瓣狭长,红心,香味淡。

【产地及分布】:原产我国中部,在鄂西及秦岭地区常见野生。现黄河流域至长江流域普遍栽培。河南省鄢陵姚家花园为蜡梅苗木生产传统中心。

【习性】:喜光,略耐侧荫,较耐寒,耐干旱,不耐水湿;喜深厚肥沃、排水良好的中性或微酸性沙质壤土,忌黏土与盐碱土;萌芽力强,耐修剪;对氯气、二氧化硫等有毒气体抗性强。

【园林应用】:蜡梅在严冬冲寒吐秀,且芬芳远溢,是我国特有的珍贵观赏花木。一般以孤植、对植、丛植、群植配植于园林与建筑物的入口处两侧和厅前、窗前屋后、墙隅及草坪、水畔、路旁等处。若与南天竹相配,冬时红果、黄花、绿叶交相辉映,更具中国园林的特色。

图 3-4-83 鸡麻

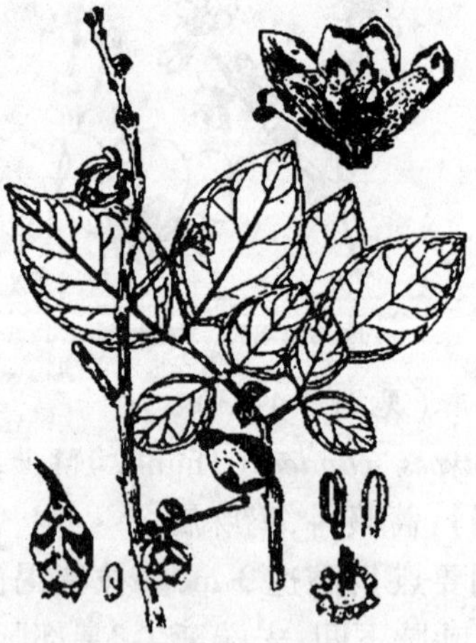

图 3-4-84 蜡梅

85. 紫荆(满条红)(见图 3-4-85)

Cercis chinensis Bunge.

【科属】:豆科,紫荆属。

【识别要点】:高达 15 m,经栽培后呈灌木状,树皮幼时暗灰色、光滑,老时粗糙呈片裂。单叶互生,近圆形,全缘,基部心形。花 4 ~ 10 朵簇生于老枝上,紫红色。荚果扁平,沿腹缝线具窄翅。花期 4 月,先叶开放,果期 8 ~ 9 月。

【产地及分布】:紫荆原产于我国,在湖北西部、辽宁南部、河北、陕西、河南、甘肃、广东、云南、四川等省都有分布。

【习性】:喜光,稍耐阴,耐旱,不耐水湿,耐寒;喜湿润、肥沃、排水良好的土壤;深根性,萌蘖性强,耐修剪;对氯气有一定抗性,滞尘能力强。

【园林应用】:早春满树红花,艳丽可爱。宜丛植于庭园、窗前、墙角、建筑物周围及草坪边缘,亦可作花篱。

86. 紫穗槐(棉槐)(见图 3-4-86)

Amorpha fruticosa L.

【科属】:豆科,紫穗槐属。

【识别要点】:高 1 ~4 m,小枝灰褐色,有凸起锈色皮孔,幼时密被柔毛。奇数羽状复叶,互生,小叶 11 ~25 枚,卵形至狭椭圆形,先端圆形,全缘,叶内有透明油腺点。总状花序密集顶生,花轴密生短柔毛,萼钟形,常具油腺点,旗瓣蓝紫色,翼瓣、龙骨瓣均退化。荚果短而弯曲,棕褐色,密被瘤状腺点。花果期 5 ~10 月。

【产地及分布】:原产北美,我国东北、华北、河南、华东、湖北、四川等省广泛栽培,是黄河和长江流域很好的水土保持植物。

【习性】:喜光,耐寒;对土壤要求不严,耐干旱瘠薄,耐涝,耐盐碱,抗风沙,在荒山坡地、道路旁、河岸、盐碱地均可生长;具有固沙和一定的抗烟抗污染能力;萌芽性强,耐刈割。

【园林应用】:枝叶茂盛,外型美观,广泛用于道路护坡、厂矿绿化、水土保持,常植作绿篱用,也是重要的绿肥植物、蜜源植物、编织植物。

图 3-4-85　紫荆

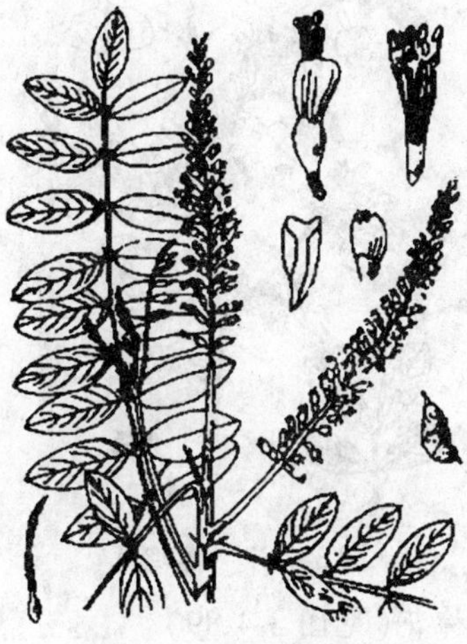

图 3-4-86　紫穗槐

87. 锦鸡儿(见图 3-4-87)

Caragana sinica Rehd.

【科属】:豆科,锦鸡儿属。

【识别要点】:高达 2 m,小枝细长有棱。偶数羽状复叶,小叶倒卵形,顶端微凹有短尖头,在长枝上互生,短枝上簇生,叶轴宿存,顶端硬化呈针刺状,托叶针刺状。单性花,红黄色,单生或簇生于短枝叶丛中。荚果圆筒形稍扁,无毛。花期 4 ~5 月,果期 8 ~9 月。

【产地及分布】:主要产于中国北部及中部,西南也有分布。

【习性】:喜光,耐寒,耐干旱瘠薄,忌湿涝;萌芽、萌蘖力强。

【园林应用】:锦鸡儿枝繁叶茂,花冠蝶形,黄色带红,展开时似金雀。在园林中可丛植于草地或配植于林缘、路边、坡地、山石边或建筑物旁,或作绿篱用,亦可作盆景材料,也是良好的蜜源植物及水土保持植物。

88. 胡枝子(随军茶、二色胡枝子)(见图 3-4-88)

Lespedeza bicolor Turcz.

【科属】:豆科,胡枝子属。

【识别要点】:高 0.5 ~2 m,分枝繁密,老枝灰褐色,嫩枝黄褐色,疏生短柔毛。三出复叶,小叶卵形或卵状椭圆形,基部渐狭或圆形,先端圆钝,稍具短尖,全缘。总状花序腋生,紫红色或白色,花梗、花萼密被柔毛。荚果斜倒卵形,被柔毛。花期 7 ~8 月,果期 9 ~10 月。

【产地及分布】:原产中国北部、日本、朝鲜半岛,分布于中国东北、内蒙古、河北、山东、山西、河南、陕西、浙江、江西、福建等地。

【习性】:喜光,稍耐阴,喜湿润气候及肥沃土壤,耐寒,耐干旱瘠薄,也耐水湿。根系发达,萌芽力强。

【园林应用】:胡枝子枝条披垂,淡雅秀丽,姿态优美。宜丛植于草坪边缘、水边及假山旁,也是优良的防护林树种,可作水土保持树种及绿肥改良土壤栽植。

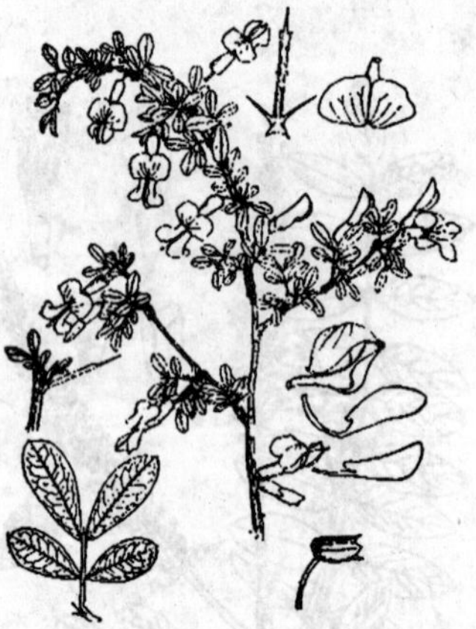

图 3-4-87　锦鸡儿

图 3-4-88　胡枝子

89. 山梅花(见图 3-4-89)

Philadelphus incanus Koehne.

【科属】:虎耳草科,山梅花属。

【识别要点】:高达 5 m。树皮褐色,薄片状剥落,小枝幼时密生柔毛,后渐脱落。单叶对生,卵形至卵状长椭圆形,基生 3 出脉,缘具细尖齿,表面疏生短毛,背面及脉上密生柔毛。两性花,总状花序 5 ~7 朵顶生,白色。蒴果倒卵形。花期 5 ~6 月,果期 9 ~10 月。

【产地及分布】:产于我国湖北、四川、甘肃、青海、河南等地。

【习性】:喜光,稍耐阴,较耐寒耐热,怕水涝;对土壤要求不严,喜肥沃、湿润、排水良好的土壤;不耐强光直射,萌芽力强。

【园林应用】:山梅花枝叶稠密,花白清香,宜丛植、片植于草坪、山坡、林缘地带,若与建筑、山石等配植效果良好。

90. 太平花(见图3-4-90)

Philadelphus pekinensis Rupr.

【科属】:虎耳草科,山梅花属。

【识别要点】:高达2 m。树皮栗褐色,薄片状剥落。小枝光滑无毛,常带紫褐色。单叶对生,卵状椭圆形,基部广楔形或近圆形,离基3出脉,先端渐尖,边缘疏生细锯齿。花两性,总状花序顶生,小花5~9朵,乳黄色,微有香气。蒴果陀螺形。花期6月,果期9~10月。

【产地及分布】:产于中国北部及西部,多生于肥沃、湿润之山谷或溪沟两侧排水良好处。各地均有栽培。

【习性】:喜光,稍耐阴,耐寒,不耐积水;喜湿润、肥沃、排水良好的土壤。

【园林应用】:太平花枝叶茂密,花乳黄而清香,多朵聚集,颇为美丽。宜丛植于草坪、林缘、园路拐角和建筑物前,也可作自然式花篱或大型花坛中心栽植材料。在古典园林中植于假山石旁,尤为得体。

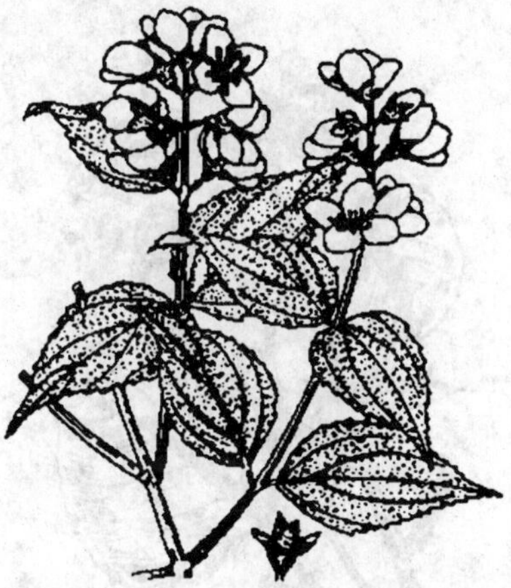

图3-4-89 山梅花

图3-4-90 太平花

91. 八仙花(绣球花、紫阳花、阴绣球)(见图3-4-91)

Hydrangea macrophylla(Thunb.)Seringe.

【科属】:虎耳草科,八仙花属。

【识别要点】:高达4 m,小枝粗壮,有明显皮孔。单叶对生,倒卵形或椭圆形,大而有光泽,叶缘具粗锯齿。伞房花序顶生,球形,花色多变,中央为可孕的两性花,呈扁平状,外缘为不孕花,每朵具有扩大的萼片四枚,呈花瓣状。花期6~7月。

【产地及分布】:原产我国和日本,分布于长江流域至华南各地。各地庭园习见栽培。

【习性】:喜温暖、湿润和半阴环境,耐寒性不强,华北地区只能盆栽;喜肥沃湿润排水良好的酸性土;花色因土壤酸碱度的变化而变化,一般pH值为4~6时为蓝色,pH值7以上为红色。

【园林应用】:八仙花花大且花期长,花色美艳,又有许多园艺品种,既适宜庭园栽培,又适合盆栽观赏。在温暖地区可配植于林下、路缘、棚架边及建筑物的北面。盆栽常作室内布置用，是窗台绿化和家庭养花的好材料。

92. 山麻杆(桂圆树)(见图3-4-92)

Alchornea davidii Franch.

【科属】：大戟科，山麻杆属。

【识别要点】：高1～2 m，茎紫红色，直立而分枝少，幼枝有绒毛。单叶互生，阔卵形或扁圆形，先端短尖，基部心形，三出脉，缘具浅疏锯齿，表面绿色，疏生短毛，背面紫色，密生绒毛。花单性同株，无瓣，雄花密生成短穗状花序，紫色，雌花疏生排成总状花序，位于雄花序的下面。蒴果扁球形，密生短柔毛。花期4～5月，果期7～8月。

【产地及分布】：主要分布于我国的秦岭以南地区，庭园内常见有栽培。华北地区有少量栽培。

【习性】：喜光，稍耐阴，喜温暖湿润的气候，不耐旱，抗寒力较弱；对土壤的要求不严，在深厚肥沃的沙质壤土上生长最佳。萌蘖性强。

【园林应用】：春叶及秋叶均紫红色，醒目美观，是良好的观茎、观叶树种。可孤植、丛植于庭前、路边、水滨或山石之旁，若与其他花木成丛成片配植，能起到增加层次、丰富色彩的效果，也可盆栽观赏。

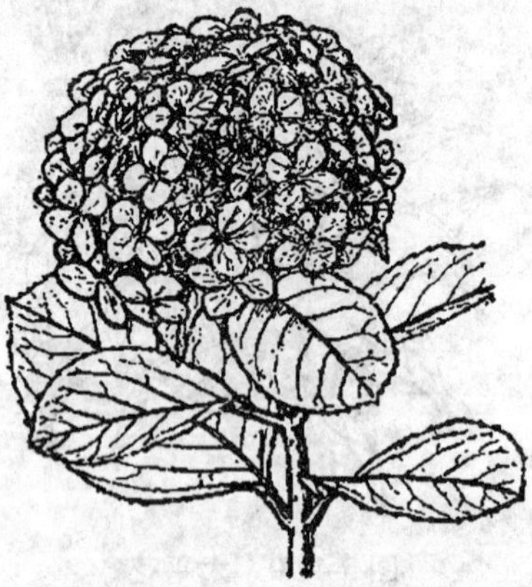

图3-4-91　八仙花

图3-4-92　山麻杆

93. 卫矛(鬼箭羽、四棱树)(见图3-4-93)

Euonymus alatus (Thunb.) Sieb.

【科属】：卫矛科，卫矛属。

【识别要点】：高达3 m，小枝常四棱形，具2～4纵裂的宽阔木栓翅。单叶对生，倒卵状椭圆形或长椭圆形，缘具细锯齿，叶柄短或近无柄。聚伞花序腋生，花小，黄绿色或浅绿色。蒴果紫色，4深裂，假种皮橙红色。花期5～6月，果期7～10月。

【产地及分布】：产于我国东北、华北、西北至长江流域各地，常生于湿润的山谷疏林中。

【习性】：喜光，稍耐阴，耐寒，耐干旱瘠薄；对土壤要求不严，萌芽力强，耐修剪，易整形；对二氧化硫有较强的抗性。

【园林应用】：枝翅奇异，早春初发嫩叶及秋叶均为紫红色，十分艳丽，在落叶后又有紫色小果悬垂枝间，颇为美观，是优良的观枝、观叶、赏果树种。园林中可孤植或丛植于草坪、斜坡、水边，或于山石间、亭廊边配植均合适，也是绿篱、盆栽及制作盆景的材料。

94. 木槿（见图3-4-94）

Hibiscus syriacus Linn.

【科属】：锦葵科，木槿属。

【识别要点】：高3~6 m，树皮灰棕色，小枝幼时密被绒毛，后脱落。单叶互生，叶菱状卵圆形，基部楔形，端部常3裂，边缘具粗齿或缺刻，有明显的三出脉。花单生枝梢叶腋，花萼、冠钟形，单瓣或重瓣，淡紫、白、红等色。蒴果卵圆形，密生黄色绒毛。花期6~9月，果期9~11月。

【产地及分布】：原产东亚，我国东北南部至华南各地有栽培。

【习性】：喜光，耐半阴，喜温暖湿润气候，耐寒；对土壤要求不严，能在黏重或碱性土壤中生长，耐瘠薄，不耐积水；萌蘖性强，耐修剪；对二氧化硫、氯气等抗性较强。

【园林应用】：夏秋开花，花期长，花色丰富，娇艳夺目。南方常作花篱或编织槿篱作围墙，在北方常在公路两旁成片成排种植。丛植、群植于庭园、墙边、水滨、林缘、路旁、草坪边缘也很适宜，也是厂矿绿化的好树种。

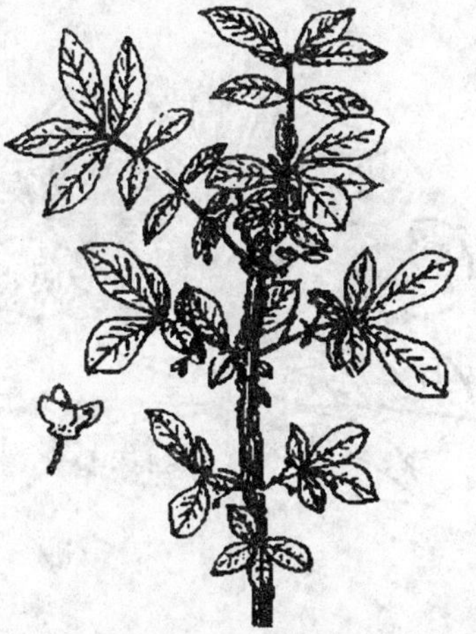

图3-4-93 卫矛

图3-4-94 木槿

95. 木芙蓉（芙蓉花）（见图3-4-95）

Hibiscus mutabilis Linn.

【科属】：锦葵科，木槿属。

【识别要点】：高2~5 m，全株被星状短柔毛。单叶互生，广卵形，掌状3~5(7)裂，基部心形，边缘有钝锯齿。花单生枝端、叶腋，通常重瓣或半重瓣，白色或淡红色。蒴果扁球形。花期9~10月，果期10~11月。

【产地及分布】：原产我国西南部，华南至黄河流域以南广泛栽培，尤以四川、湖南为多。

【习性】：喜光，稍耐阴，喜温暖湿润气候，不耐寒，在长江流域及其以北地区露地栽培时，冬季地上部分常冻死；不耐干旱，耐水湿，对土壤要求不严，在肥沃临水地生长最好；对二氧化硫抗性特强，对氯气、氯化氢有一定抗性。

【园林应用】:著名的观赏花木,晚秋开花,花大色艳。宜植于池边、湖畔、水滨,“芙蓉照水”,波光花影,景色妩媚;也可植于庭园、路边、河道及建筑前,或作花篱。

96. 杜鹃(映山红)(见图 3-4-96)

Rhododendron simsii Planch.

【科属】:杜鹃花科,杜鹃属。

【识别要点】:高约 2 m,全株具棕褐色扁平糙毛。单叶互生,卵形、椭圆状卵形或倒卵形,顶端尖,基部楔形。花 2 ~ 6 朵簇生枝顶,花冠鲜红色或深红色,宽漏斗状,裂片 5,上方 1 ~ 3 裂片里面有深红色斑点。蒴果卵圆形。花期 4 ~ 5 月,果期 10 月。

【产地及分布】:产于我国长江流域以南各地,东至台湾,西南达四川、云南,北至河南、山东南部。北京、天津、河北、山西有引种栽培。

【习性】:喜凉爽、湿润、通风的半阴环境,既怕酷热又怕严寒,忌烈日暴晒;喜酸性土壤,在钙质土中生长不良,耐干燥瘠薄。

【园林应用】:著名的园林花木。最适于群植湿润而有庇荫的林下、溪边、池畔以及草坪边缘,在建筑物背阴面作花篱、丛植配植;也可设置杜鹃专类园,上层可配植松类、槭类等观叶树种,组成群落景观。北方多盆栽观赏。

图 3-4-95　木芙蓉

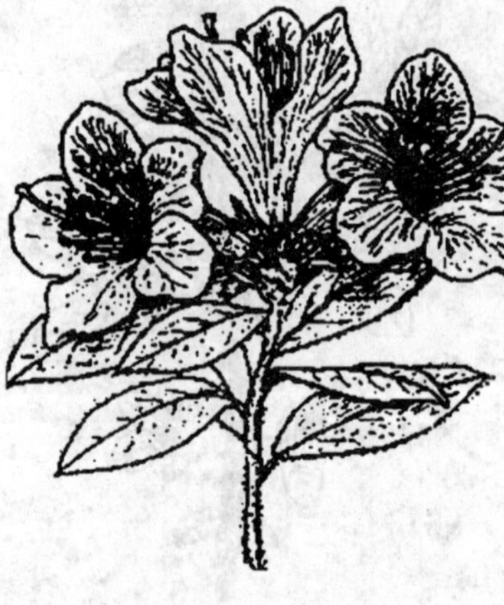

图 3-4-96　杜鹃

97. 红瑞木(红梗木)(见图 3-4-97)

Cornus alba L.

【科属】:山茱萸科, 梾木属。

【识别要点】:高达 3 m,干直立丛生,暗红色,嫩枝橙黄色,入冬后转血红色。单叶对生,卵形至椭圆形,先端尖,基部圆形或楔形,全缘。聚伞花序顶生。花小,黄白色。核果斜卵圆形,乳白或蓝白色。花期 5 ~ 6 月,果期 8 ~ 10 月。

【产地及分布】:产于我国东北、华北、西北、华东等地。朝鲜半岛及俄罗斯也有分布。

【习性】:喜光,稍耐阴,耐寒、耐干旱。喜深厚肥沃、湿润疏松的土壤。萌芽力强,耐修剪。

【园林应用】:红瑞木茎干入冬后成鲜红色,为著名的冬季观茎树种,宜丛植于庭园草坪、建筑物或常绿树前,也可植于河边、湖畔、堤岸等处。

98. 糯米条(见图 3-4-98)

Abelia chinensis R. Br.

【科属】:忍冬科,六道木属。

【识别要点】:高达 2 m,幼枝红褐色,有柔毛。单叶对生,卵形,顶端尖,基部宽钝形至圆形,缘具浅锯齿,叶背中脉基部密被柔毛。聚伞圆锥花序顶生或腋生,上部叶片常变小与多数花序集合成簇,花萼宿存,绿色或粉红色,花冠漏斗状,5 裂,白色至粉红色。核果。花期 7 ~9 月,果期 10 月。

【产地及分布】:产于我国长江流域以南各地,江西、湖北、湖南、广西及云南东北部有分布。

【习性】:喜光,稍耐阴,喜温暖湿润气候,较耐寒;对土壤条件要求不严,酸性土、中性土均能适应,耐干旱瘠薄;根系发达,萌蘖、萌芽力强,耐修剪。

【园林应用】:花繁密而芳香,花期长,且花后宿存的萼片变红,在深秋颇似盛开的红花,是美丽的观花灌木。宜丛植于庭园、路边、池畔、墙隅、篱边及草坪观赏。

图 3-4-97　红瑞木

图 3-4-98　糯米条

99. 木绣球(绣球荚蒾)(见图 3-4-99)

Viburnum macrocephalum Fort.

【科属】:忍冬科,荚蒾属。

【识别要点】:高达 4 m,幼枝及叶背密生星状毛。单叶对生,卵形至卵状椭圆形,缘具细锯齿。大型聚伞花序球状,全部为不孕花,初开时浅绿色,逐渐变为白色。花期 4 ~5 月。

【产地及分布】:产于我国长江流域。江南园林常见栽培。

【习性】:喜阴湿,不耐寒,怕旱又怕涝,喜肥沃湿润、排水良好的轻质壤土。萌蘖性强。

【园林应用】:繁花满树,洁白如雪球,极为美观;且花期较长,是优良的观赏花木。宜孤植草坪及空旷地,在园路两侧、庭前、窗前栽植作配景,十分美观。

100. 锦带花(见图 3-4-100)

Weigela florida(Bunge.)A. DC.

【科属】:忍冬科,锦带花属。

【识别要点】:高 3 m,小枝细弱,幼时具 2 列柔毛。叶椭圆形或卵状椭圆形,端锐尖,基部圆形至楔形,缘有锯齿,表面脉上有毛,背面尤密。花 1 ~ 4 朵组成聚伞花序,顶生或腋生,花冠 5 裂,漏斗状钟形,玫瑰红色。蒴果柱形,种子无翅。花期 4 ~ 6 月,果期 10 月。

【产地及分布】:原产于华北、东北及华北北部。各地均有栽培。

【习性】:喜光,耐阴,耐寒;对土壤要求不严,耐干旱瘠薄,但以深厚、湿润而腐殖质丰富的土壤生长最好,怕水涝;萌芽力强,生长迅速。

【园林应用】:锦带花枝条柔长,花团锦簇,花期长,是东北、华北地区主要的花灌木。适宜庭园角隅、公园湖畔、山坡、建筑物前丛植群植,也可作花篱。

图 3-4-99 木绣球

图 3-4-100 锦带花

101. 金银木(金银忍冬)(见图 3-4-101)

Lonicera maackii Maxim.

【科属】:忍冬科,忍冬属。

【识别要点】:高达 6 m,树皮灰白色或暗灰色,细纵裂,幼枝有短柔毛,小枝中空。单叶对生,卵状椭圆形至卵状披针形,先端渐尖,全缘,两面疏生柔毛。花成对腋生,花冠唇形,花开之初为白色,后变为黄色。浆果球形,红色或暗红色。花期 5 ~ 6 月,果期 8 ~ 10 月。

【产地及分布】:产于我国华东、华中、西南北部、西北东部、华北、东北,各地园林普遍栽培。

【习性】:喜光,耐半阴,耐寒、耐旱、耐水湿,喜湿润肥沃土壤。萌芽、萌蘖力强。

【园林应用】:春夏开花,清雅芳香,秋季红果累累,晶莹可爱,是优良的观花、观果树种,可孤植、丛植于草坪、路边、水池、林缘、建筑物周围。

102. 猬实(见图 3-4-102)

Kolkwitzia amabilis Graebn.

【科属】:忍冬科,猬实属。

【识别要点】:高达 3 m,小枝幼时疏生柔毛。单叶对生,卵形至卵状椭圆形,先端渐尖,基部近圆形,全缘或边缘疏具浅齿,两面疏生柔毛。圆锥聚伞花序生于侧枝顶端,花冠钟状,粉红色至紫色。核果 2 个合生,连同果梗密被刺状刚毛,顶端具宿存花萼。花期

5～6月,果期8～9月。

【产地及分布】:产于河南、陕西、湖北、四川等省,北京可露地栽培。

【习性】:喜温暖湿润和光照充足的环境,有一定的耐寒性;耐干旱,在肥沃而湿润的沙壤土中生长良好。

【园林应用】:猬实花密色艳,花期正值初夏,宜露地丛植,也可盆栽或作切花。

图3-4-101　金银木

图3-4-102　猬实

103. 金缕梅(见图3-4-103)

Hamamelis mollis Oliver.

【科属】:金缕梅科,金缕梅属。

【识别要点】:细枝密生星状绒毛。单叶互生,倒卵圆形,先端急尖,基部歪心形,缘有波状齿,表面略粗糙,背面密生绒毛。两性花,穗状花序腋生,狭长如带,淡黄色,基部带红色,芳香。蒴果卵球形。花期2～3月,果期10月。

【产地及分布】:产于我国江西、湖南、湖北、安徽、浙江、广西等地。

【习性】:喜光,耐半阴,喜温暖湿润气候,畏炎热,较耐寒;对土壤要求不严,在酸性、中性土壤均能适应。

【园林应用】:金缕梅于早春叶前开花,花瓣如缕。适于孤植于庭园角隅以及树丛边缘,也是制作盆景的良好材料。

104. 连翘(见图3-4-104)

Forsythia suspensa (thunb.) Vahl.

【科属】:木犀科,连翘属。

【识别要点】:高达3 m,枝展开,拱形下垂,小枝黄褐色,呈四棱形,有凸起的皮孔,中空。单叶或三出复叶,对生,叶卵形至长椭圆状卵形,先端锐尖,基部宽楔形,缘有粗锯齿。花先叶开放,1～3朵腋生,花冠深裂,鲜黄色。蒴果卵圆形。花期3～4月,果期8～9月。

【产地及分布】:产于东北、华北至西南等地,各地均有栽培。

【习性】:喜光,稍耐阴,耐寒;对土壤要求不严,耐干旱瘠薄;萌蘖性强。

【园林应用】:早春先叶开花,满枝金黄,艳丽可爱,是早春优良观花灌木。适宜于宅旁、亭阶、墙隅、篱下与路边配置,也宜于溪边、池畔、岩石、假山下栽植,也可作花篱或护堤树。

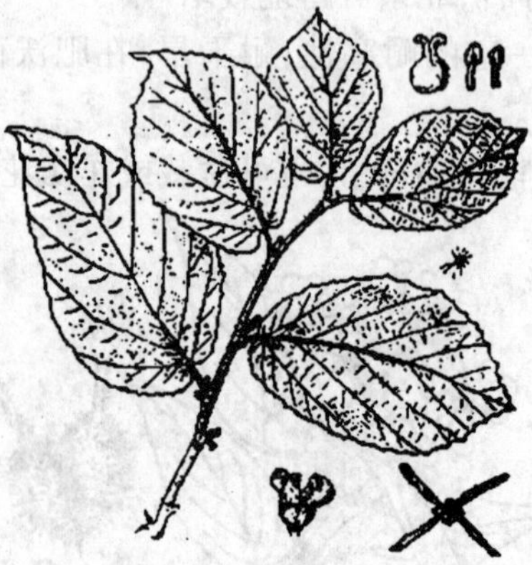

图 3-4-103　金缕梅

图 3-4-104　连翘

105. 迎春(金腰带)(见图 3-4-105)

Jassminum nudiflorum Lindl.

【科属】:木犀科,茉莉属。

【识别要点】:高 2 ~ 3 m,小枝细长拱形,绿色,四棱形。三出复叶对生,小叶卵状椭圆形,表面光滑,全缘。花单生叶腋,花冠高脚杯状,鲜黄色,顶端 6 裂,或成复瓣。花期 2 ~ 4 月,一般不结果。

【产地及分布】:产于我国中部、北部及西南等地。主要分布在华北,辽宁、陕西、山东等省,各地广泛栽培。

【习性】:喜光,稍耐阴,要求温暖而湿润的气候,较耐寒,在华北地区可露地越冬;在疏松肥沃和排水良好的中性和微酸性沙质土中生长旺盛,碱性土中生长不良,怕涝;根部萌发力强,枝条着地部分极易生根。

【园林应用】:冬季绿枝婆娑,早春黄花可爱。宜植于路边、山坡、岸边、草坪边缘及岩石园,或作花篱及地被植物,护坡固堤。南方可与蜡梅、山茶、水仙同植一处,构成新春佳境。

106. 紫丁香(华北紫丁香、丁香)(见图 3-4-106)

Syringa oblate Lindl.

【科属】:木犀科,丁香属。

【识别要点】:树皮暗灰褐色,有沟裂。单叶对生,椭圆形或圆卵形,通常宽大于长,端锐尖,基部心形,全缘。两性花,圆锥花序,紫色或暗紫色,有芳香。蒴果长圆形。花期 4 ~ 5 月,果期 9 ~ 10 月。

【产地及分布】:分布于我国东北、华北和西北各地,各地园林普遍栽培。

【习性】:喜光,稍耐阴,耐寒性较强;对土壤要求不严,耐干旱瘠薄,喜湿润肥沃、排水良好的土壤,忌在低洼地种植。

【园林应用】:紫丁香枝叶茂密,花美而香,为著名的观赏花木。广泛栽植于路边、草坪角隅、庭园、厂矿、居民区等地。

图 3-4-105　迎春

图 3-4-106　紫丁香

107. 紫薇(百日红、痒痒树)(见图 3-4-107)

Lagerstroemia indica Linn.

【科属】:千屈菜科,紫薇属。

【识别要点】:老树皮呈长薄片状剥落,脱落后内皮平滑细腻。小枝略呈四棱形,常有狭翅。单叶对生或互生,椭圆形或长椭形,光滑。花两性,顶生圆锥花序,花色丰富,有淡红色、紫色、白色等,花瓣近圆形,皱缩,边缘有不规则的缺刻,基部具长爪。蒴果球形。花期 6~9 月,果期 9~10 月。

【产地及分布】:产于我国华东、华中、华南、西南各省区。

【习性】:喜光,稍耐阴。喜温暖湿润气候,耐寒,耐旱,喜肥沃、湿润而排水良好的土壤,不耐水湿;生长较慢,寿命长,对烟尘和有毒气体抗性较强。

【园林应用】:紫薇树姿优美,树皮光滑洁净,花朵繁密,花期长,在少花的夏秋季节开花,为园林常用树种。常植于建筑物前、庭园、池畔、河边、草坪旁及公园小径两旁,孤植、丛植、群植均适宜,还常用于专类园栽植,也是树桩盆景的好材料。

108. 海州常山(臭梧桐)(见图 3-4-108)

Clerodendrum trichotomum Thunb.

【科属】:马鞭草科,赪桐属。

【识别要点】:高达 4 m,枝、叶被黄褐色短柔毛,枝内髓部有淡黄色薄片横隔。单叶对生,阔卵形,顶端渐尖,基部截形或宽楔形,两面疏生短柔毛。聚伞花序顶生或腋生,花萼紫红色 5 裂,几达基部,花冠细长筒状,白色或带粉红色。核果近球形,成熟时蓝紫色。花期 7~9 月,果期 9~10 月。

【产地及分布】:分布于我国华北、华东、中南、西南各省区。

【习性】:喜光,较耐阴,喜凉爽湿润气候,有一定耐寒性;喜湿润肥沃壤土,较耐旱和耐盐碱,忌低洼积水。

【园林应用】:花形奇特美丽,花期长,果实色彩鲜艳,是优良的秋季观花、观果树种。宜丛植于庭园、山坡、路旁、溪边。

图 3-4-107　紫薇

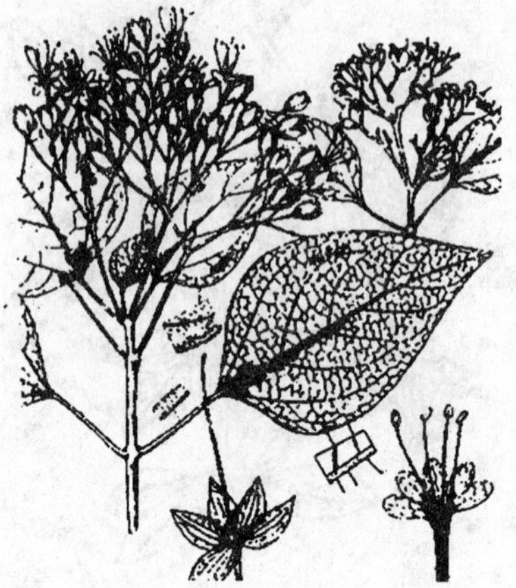

图 3-4-108　海州常山

109. 牡丹(见图 3-4-109)

Paeonia suffruticosa Andr.

【科属】:芍药科,芍药属。

【识别要点】:高达 2 m。枝粗壮。叶互生,通常为 2 回 3 出复叶,小叶广卵形至卵状椭圆形,先端 3 ~ 5 裂,基部全缘,背面有白粉,光滑。花单生枝顶,大型,有单瓣和重瓣,花色丰富,有紫、深红、粉红、白、黄、绿等色,极为美丽。花期 4 ~ 5 月,果期 8 ~ 9 月。

牡丹品种繁多,一般可按花色分为白、黄、粉、红、紫、黑(暗紫色)、雪青(莲青)、绿色等品种;按花期分为早花、中花、晚花品种;按其株型分为直立型、疏散型、开张型、矮生型、独干型;根据花型分为:

(1)单瓣型,花瓣 2 ~ 3 轮,10 ~ 15 片,宽大平展,雄、雌蕊发育正常,结实能力强。此类花型以“鸦片紫”、“石榴红”、“赛珠盘”、“凤丹白”等品种为代表。

图 3-4-109　牡丹

(2)荷花型,花瓣 4 ~ 5 轮,20 ~ 25 片,花瓣宽大,形状大小近似,排列清晰,雌蕊发育基本正常,结实能力较强,但个别品种偶有雄蕊或雌蕊柱头瓣化现象。此类花型以“似荷莲”、“锦云红”、“雪莲”、“玉板白”等品种为代表。

(3)菊花型,花瓣 6 轮以上,花瓣形状相似,排列整齐,层次分明,自外向内逐渐变小,雄蕊正常或减少变小,并偶有瓣化,雌蕊 5 ~ 11 枚,正常生长或退化变小。有些品种柱头有瓣化现象,结实力较差。此类花型以“玫瑰红”、“丛中笑”、“银红巧对”、“锦袍红”等品种为代表。

(4)蔷薇型,花瓣多轮,花瓣由外向内逐渐变小,雄蕊部分瓣化成正常花瓣,雌蕊退化变小或瓣化,结实力差。此类花型以“紫二乔”、“乌花耀辉”、“红霞争辉”等品种为代表。

(5)托桂型,外花瓣 2 ~ 5 轮,宽大整齐,部分雄蕊瓣化成细长花瓣,瓣端常残留有花药痕迹，瓣间杂有正常雄蕊，排列不规则而稀疏，雌蕊正常或稍有瓣化，具有结实力。此类花型以"淑女装"、"娇红"、"仙娥"、"三变赛玉"等品种为代表。

(6)金环型，外花瓣2～3轮，宽大平展，花朵中心有部分雄蕊瓣化成狭长直立大花瓣，中心花瓣与外轮花瓣之间有一圈正常雄蕊呈金环状，雌蕊正常或稍有瓣化，结实力差。此类花型极少，以"白天鹅"、"俊颜红"品种为代表。

(7)皇冠型，外花瓣2～5轮，宽大平展，排列规则，雄蕊大部或全部瓣化成细碎或曲皱花瓣，瓣群稠密耸起，形似皇冠。内花瓣排列不规则，瓣间常杂有正常雄蕊或退化的雄蕊，瓣端也常残留有花药；雌蕊退化或瓣化，偶有结实。此类花型以"蓝田玉"、"胡红"、"姚黄"、"首案红"等品种为代表。

(8)绣球型，雄蕊充分瓣化，内外瓣形状大小近似，拥挤隆起呈球形或椭圆形；雌蕊基本或全部退化或瓣化，无结实能力。此类花型似"豆绿"、"绿香球"、"雪映朝霞"等品种为代表。

(9)千层台阁型，下方花瓣4轮以上，花瓣排列较整齐，形状近似。雄蕊正常而量小，或偶有瓣化，雌蕊退化变小或瓣化；上方花瓣量少，平展或直立，雄蕊量少而变小，雌蕊退化变小或瓣化。此类花型以"菱花湛露"、"脂红"、"寿星红"等品种为代表。

(10)楼子台阁型，下方花雄蕊瓣化较充分，与正常花瓣形状相似，雌蕊瓣化成正常花瓣；上方花花瓣略大，数量较大，雄蕊基本全部瓣化或退化。此类花型以"赤龙焕彩"、"盛丹炉"、"玉楼点翠"、"紫重楼"等品种为代表。

【产地及分布】：原产于中国西部秦岭和大巴山一带山区，在秦岭伏牛山、中条山等地有野生。现各地有栽培。目前以河南洛阳、山东菏泽为栽培中心。

【习性】：喜光，稍耐侧方遮阴，喜凉爽，畏湿热，喜深厚肥沃而排水良好的沙质壤土，在黏重、积水或排水不良处易烂根以至死亡，忌黏重土壤或低湿处栽植。

【园林应用】：牡丹花大而美丽，色香俱佳，被誉为"国色天香"、"花中之王"，牡丹为中国特产名花，在中国有1 500多年的栽培历史。在园林中常用作专类园，供重点美化区应用，又可植于花台、花池观赏。亦可孤植或丛植于岩石旁、草坪边缘或配植于庭园。此外，还可盆栽作室内观赏和切花瓶插等用。

110. 小檗(日本小檗)(见图3-4-110)

Berberis thunbergii DC.

【科属】：小檗科，小檗属。

【识别要点】：高1.5～2 m，小枝多红褐色，有沟槽，具短小针刺。单叶互生，叶片小型，倒卵形或匙形，先端钝，基部急狭，全缘，叶表暗绿，光滑无毛，背面灰绿，有白粉，两面叶脉不显，入秋叶色变红。花两性，伞形花序或2～5朵簇生，淡黄色。浆果椭圆形，熟时亮红色。花期4～5月，果期9～10月。

图3-4-110　小檗

【产地及分布】：原产于日本，现我国南北均有栽培。

【习性】：喜光也耐阴，喜温凉湿润的气候环境，耐寒性强，也较耐干旱瘠薄，忌积水涝洼，对土壤要求不严，但以肥沃而排水良好的沙质壤土生长最好，萌芽力强，耐修剪。

【园林应用】:叶小浓密,入秋变红,春日黄花,秋季果红,是观叶、观花、观果树种,适于在草坪、花坛、假山、池畔用做点缀,并可用做绿篱。

第五单元　藤本植物

一、藤本植物的特点

藤本植物是指那些地上部分不能直立生长,常借助攀缘茎或缠绕茎攀附其他物体向上生长的木本植物。藤本植物在一生中都需要借助其他物体生长或匍匐于地面,但有时也随环境而变,如果有支撑物,会成为藤本;如果无支撑物,会长成灌木,可以在地面上迅速蔓延,占据较大的地区。

藤本植物依照茎的攀爬方式,可分为“缠绕藤本”(如紫藤)、“吸附藤本”(如常春藤、爬山虎)、“卷须藤本”(如葡萄)和“攀缘藤本(如藤棕)等。

藤本植物在园林中具有多方面用途。可用于多种形式的棚架供休息或装饰用,可用于建筑及设施的垂直绿化,可攀附灯杆、廊柱,也可使之攀缘于高大枯树上形成独赏树的效果,还可悬垂于屋顶、阳台,也是良好的地被植物。

二、园林常见藤本植物

1. 木香(木香藤、马兜铃、仙藤)(见图 3-5-1)

Rosa banksiae Aition.

【科属】:蔷薇科,蔷薇属。

【识别要点】:落叶或半常绿藤本。树皮褐色,呈条状剥落。枝细长而光滑,少刺。奇数羽状复叶互生,小叶 3 ~ 7 枚,椭圆状卵形或长圆状披针形,先端急尖或微钝,基部楔形,边缘有细锯齿;托叶线形,与叶柄离生,早落;花两性,伞形花序,花冠白色或淡黄色,单瓣或重瓣,芳香,萼片全缘,花后反卷。梨果近球形,红色。花期 5 ~ 8 月,果期 9 ~ 10 月。

主要栽培种:

(1)“白”木香,花单瓣白色。

(2)“重瓣”白木香,花重瓣,白色,有芳香。小叶通常 5 枚。

(3)“黄”木香,花乳黄色,重瓣,香味浓。

【产地及分布】:原产于云南、湖北、四川等地,陕西、甘肃、青海、华北、福建、四川、贵州、云南等地普遍分布。

【习性】:喜光,喜温暖湿润的气候,较耐寒,耐热,抗风,在排水良好的酸性沙壤土上生长良好。

【园林应用】:园林中广泛用做花架、花篱材料或盆栽编扎造型供观赏,也可作隔墙、篱垣和崖壁的垂直绿化。

2. 紫藤(藤萝)(见图 3-5-2)

Wisteria sinensis Sweet.

【科属】:豆科,紫藤属。

【识别要点】:落叶藤本。干皮深灰色,不裂。嫩枝暗黄绿色,冬芽扁卵形,均密被柔毛。奇数羽状复叶互生,小叶 7～13 枚,卵状椭圆形,先端长渐尖或突尖,叶表无毛或稍有毛,叶背具疏毛或近无毛。侧生总状花序,长达 30～35 cm,下垂,花紫色或深紫色,花瓣基部有爪。荚果扁圆条形,长达 10～20 cm,密被白色绒毛,种子扁球形,黑色。花期 4～5 月,果实 8～9 月成熟。

【产地及分布】:紫藤原产我国,分布于我国东北南部至广东、四川、云南等地。朝鲜、日本亦有分布。

【习性】:喜光,耐阴,较耐寒;喜深厚、肥沃排水良好的土壤,较耐干旱瘠薄和水湿。深根性,不耐移植。

【园林应用】:一般应用于园林棚架,适栽于湖畔、池边、假山、石坊、门廊等处,也可作盆景。

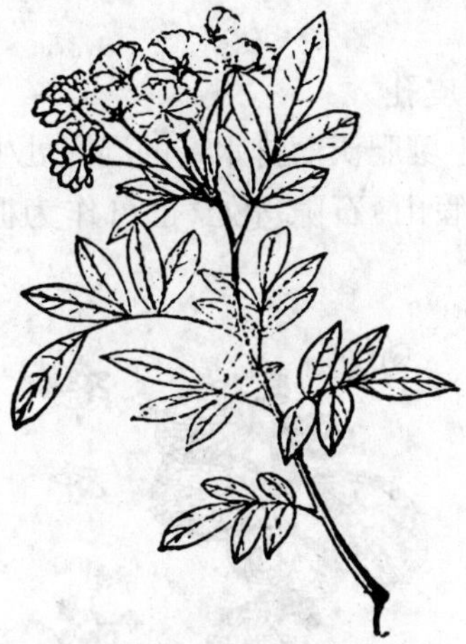

图 3-5-1　木香

图 3-5-2　紫藤

3. 金银花(忍冬、二花)(见图 3-5-3)

Lonicern japonica Thunb.

【科属】:忍冬科,忍冬属。

【识别要点】:半常绿缠绕藤本。枝细长中空,皮棕褐色,条状剥落,幼时密被短柔毛。单叶对生,卵形至卵状椭圆形,先端渐尖,基部圆形或近心形,全缘。花两性,成对腋生,苞片叶状,花冠初开白色,后转黄色,唇形,芳香;浆果球形,黑色。花期 5～7 月,8～10 月果实成熟。

【产地及分布】:中国南北各省均有分布,北起辽宁、西至陕西、南到湖南,西南至云南、贵州等地。

主要变种:

(1)红金银花(var. *chinensis* Baker):小枝、叶柄、嫩叶带紫红色,花冠淡紫红色。

(2)黄脉金银花(cv. *Aureo-reticulata* Nichols):叶较小,网脉黄色。

【习性】:喜光,稍耐阴,耐寒、耐旱、耐水湿,对土壤要求不严,在深厚肥沃壤土上生长良好。

【园林应用】:适宜于作篱垣、阳台、花廊、花架、凉棚等垂直绿化的材料,还可以盆栽。

4. 南蛇藤(南蛇风、黄果藤)(见图 3-5-4)

Celastrus orbiculatus Thunb.

【科属】:卫矛科,南蛇藤属。

【识别要点】:落叶藤本。长达 12 m。小枝圆,有皮孔,髓坚实白色。单叶互生,近圆形或椭圆状倒卵形,长 3 ~ 10 cm,先端尖或突尖,基部楔形至近圆形,缘有细钝锯齿。短总状花序腋生或在枝端成圆锥花序与叶对生;花黄绿色,雌雄异株。蒴果近球形,棕黄色,种子包有红色肉质假种皮。入秋后叶变红色。花期 5 ~ 6 月,果实 9 ~ 10 月成熟。

【产地及分布】:分布于东北、华北、华东、西北、西南、湖北、湖南等地,常生于山沟灌木丛中。

主要栽培品种:

(1)"刺叶"南蛇藤:小枝有向下弯曲的短钩状托叶刺,单叶互生,椭圆形。边缘有细锯齿,齿尖为刺头状。

(2)"短梗"南蛇藤 :小枝有较大而突起的密集皮孔。

【习性】:适应性强,喜光,也耐半阴,耐寒冷;在土壤肥沃而排水好的湿润处生长良好。

【园林应用】:宜植于湖畔、溪边、坡地、林缘及假山、石隙等处,也可作为棚架绿化及地被植物材料,果枝还可作切花材料。

图 3-5-3　金银花

图 3-5-4　南蛇藤

5. 雀梅藤(雀梅、对节刺)(见图 3-5-5)

Sageretia thea(Osbeck) Johnst.

【科属】:鼠李科,雀梅藤属。

【识别要点】:攀缘灌木。小枝灰色或灰褐色,密生短柔毛,有刺状短枝。叶对生,革质,卵形或卵状椭圆形,顶端有小尖头,基部近圆形或心形,缘有细锯齿,表面无毛,背面稍有毛或两面有柔毛,后脱落;穗状圆锥花序密生短柔毛;花小,绿白色,无柄。核果近球形,熟时紫黑色。花期 9 ~ 10 月,果实成熟期为第二年 4 ~ 5 月。

【产地及分布】:产于我国长江流域及以南地区,多生于山坡、路旁。

【习性】:适应性强,生长旺盛;喜光,稍耐阴,喜温暖湿润气候,耐寒性不强;耐水湿,耐修剪。

【园林应用】:各地常作盆景材料,也可作绿篱。

6. 爬山虎(爬墙虎、地锦、假葡萄藤)(见图3-5-6)

Parthenocissus tricuspidata(S. Et Z.) Planch

【科属】:葡萄科,爬山虎属。

【识别要点】:落叶藤本。卷须顶端扩大成吸盘。叶互生,广卵形,常3裂,基部心形,缘有锯齿。聚伞花序常着生于两叶间的短枝上,花淡黄绿色。浆果球形,熟时蓝黑色,被白粉。花期6月,果实10月成熟。

【产地及分布】:原产我国,北起吉林、南至广东多有栽培。

【习性】:爬山虎适应性强,性喜阴湿环境,但不耐强光,耐寒、耐旱、耐贫瘠,在暖温带以南冬季也可保持半常绿或常绿状态;对土壤要求不严,对二氧化硫等有害气体有较强的抗性。

【园林应用】:爬山虎枝繁叶茂,层层密布,入秋叶色变红,格外美观。常作垂直绿化材料,适合配植于宅院墙壁、围墙、庭园入口处、假山石、池畔、桥头等处。夏季对墙面的降温效果显著。

图3-5-5　雀梅藤

图3-5-6　爬山虎

7. 五叶地锦(美国地锦、五叶爬山虎)

Parthenocissus quinquefolia Planch.

【科属】:葡萄科,爬山虎属。

【识别要点】:落叶藤本。老枝灰褐色,幼枝带紫红色,髓白色。卷须与叶对生,顶端吸盘大。掌状复叶,小叶5枚,长椭圆至倒长卵形,先端尖,基部楔形,缘具大齿牙,叶面暗绿色,叶背稍具白粉并有毛。聚伞花序集成圆锥状。浆果近球形,熟时蓝黑色、具白粉。花期7~8月,果实9~10月成熟,

【产地及分布】:原产北美洲,我国各地均有栽培,以北部栽培较早较多,在成都亦生长良好。

【习性】:喜温暖气候,有一定耐寒能力;耐暑热,较耐庇荫;生长势旺盛,但攀缘力较差。

【园林应用】:本种秋季叶色红艳,甚为美观,常用作垂直绿化建筑墙面、山石及老树干,也可作地被植物。

8. 葡萄(见图 3-5-7)

Vitis vinifera Linn.

【科属】:葡萄科,葡萄属。

【识别要点】:落叶藤本。茎粗壮,红褐色,老树皮片状剥落。卷须间歇性与叶对生。叶大,互生,卵圆形,3～5 掌状裂。圆锥花序与叶对生,花小,淡黄色。浆果球形或椭圆形,成串下垂,绿色、红色、紫色等。花期 5～6 月,8～9 月果熟。

【产地及分布】:原产于欧洲和亚洲西部,我国已有 2 000 多年栽培历史,分布广,尤以长江流域及其以北栽培较多。

【习性】:喜光照充足、气候干燥环境,较耐寒,要求通风和排水良好;对土壤要求不严格,在疏松肥沃的沙壤土中生长最好。

【园林应用】:园林常用作长廊绿化,在公园或机关大院的通道上方,用作走廊式葡萄大棚架。

9. 薜荔(木瓜藤、木莲)(见图 3-5-8)

Ficus pumila L.

【科属】:桑科,榕属。

【识别要点】:常绿藤本。有攀缘气生根,含乳汁。小枝有棕色绒毛。叶互生,心状卵形,基部斜,全缘,革质,表面光滑,背面网脉隆起并构成显著小凹眼,同株上常有异形小叶。隐花果单生于叶腋,梨形或倒卵形,径约 3 cm。花期 6 月,果熟期 9～10 月。

【产地及分布】:产于我国中部、南部及台湾,分布于我国长江以南至广东、海南各省。

主要栽培种:

(1)"雪荔":常绿蔓生,单叶卵心形,叶缘常呈不规则的圆弧形缺刻,并镶有乳白色斑块或斑条。

(2)"小"薜荔:叶片较小。

【习性】:喜温暖湿润气候,耐阴,耐暑热、干旱,不耐寒,较耐水湿,对土壤要求不严格。

【园林应用】:可用于垂直绿化,美化山石、岩坡、墙垣和老树干,郁郁葱葱,增强自然情趣。

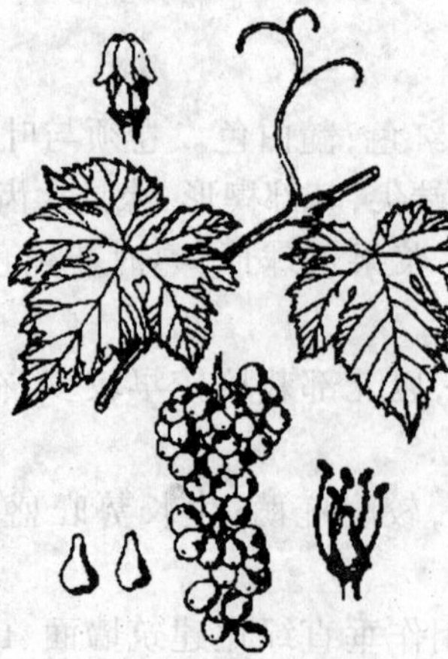

图 3-5-7 葡萄

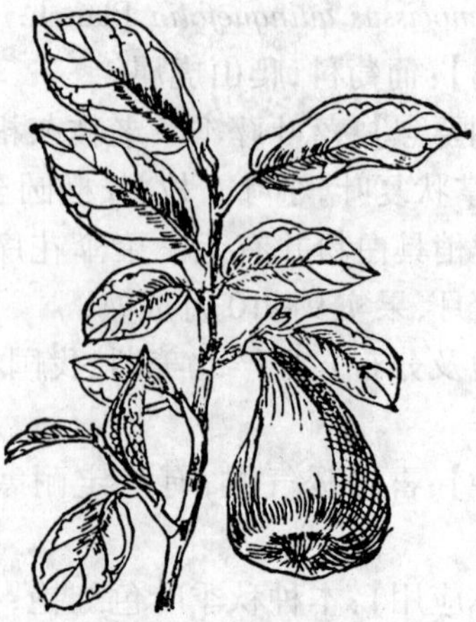

图 3-5-8 薜荔

10. 猕猴桃(藤梨、阳桃、白毛桃)

Actinidia chinensis Planch.

【科属】:猕猴桃科,猕猴桃属。

【识别要点】:落叶藤本。枝褐色,有柔毛,髓白色,层片状。单叶互生,圆形或宽倒卵形,顶端钝圆或微凹,基部圆形至心形,缘有芒状小齿,表面有疏毛,背面密生灰白色星状绒毛。花单生或数朵生于叶腋,初开时乳白色,后变黄色。浆果卵状长圆形,密被黄棕色有分枝的长柔毛。花期5~6月,果熟期8~10月。

【产地及分布】:原产我国,广布于长江流域及其以南各省区,河南、陕西也有分布。

【习性】:喜光,稍耐阴,喜温暖,也有一定耐寒力,对土壤要求不严格。

【园林应用】:花大,美丽而又有芳香,是良好的棚架材料。适合在自然式园林中配植应用,可作花廊,也可攀附在树上或山石陡壁上。

11. 凌霄(紫葳、凌霄花)(见图3-5-9)

Campsis grandiflora L.

【科属】:紫葳科,凌霄属。

【识别要点】:落叶藤本。茎上有攀缘的气生根,树皮灰褐色,小枝紫色。叶对生,奇数羽状复叶,小叶7~9枚,卵形,缘有锯齿,无毛。顶生聚伞花序或圆锥花序,花冠漏斗状,唇形五裂,鲜红色或橘红色。蒴果长如豆荚,种子多数扁平。花期7~8月,果实10月成熟。

【产地及分布】:原产我国中部和东部,分布于我国华东、华中、华南等地;日本也有。

【习性】:喜光照充足、温暖湿润的环境,稍耐阴。喜欢排水良好土壤,较耐水湿,有一定的耐盐碱能力。

【园林应用】:猕猴桃是垂直绿化、美化的良好材料,可用于棚架、假山、花廊、墙垣绿化。

12. 常春藤(见图3-5-10)

Hedera helix L.

【科属】:五加科,常春藤属。

【识别要点】:常绿攀缘灌木。单叶互生,革质,营养枝的叶3裂或5裂,叶面暗绿色,叶背黄绿色,叶脉微白色;老枝之叶卵形或菱形,全缘,叶基圆形或截形。花两性,伞形花序,花冠黄白色。浆果球形,黑色。花期10月,翌年5月果实成熟。

【产地及分布】:原产欧洲、亚洲和北非,在我国分布于华中、华东、西南、甘肃和陕西。

主要栽培种:

(1)"洋"常春藤:有银边、金边、银心、金心及各种不同形状的斑纹。

(2)"切那利"常春藤:叶密,也有一些变种。

【习性】:喜温暖湿润气候,稍耐寒,对土壤要求不严格,但以中性或酸性土壤为好。

【园林应用】:垂直绿化树种,常用于攀附假山、岩石、房屋阴面、围墙或老树干的垂直绿化。

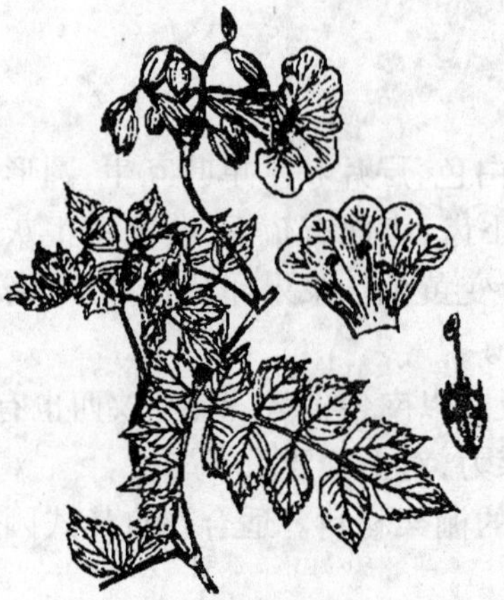

图 3-5-9 凌霄

图 3-5-10 常春藤

13. 三角梅(叶子花)

Bougainvillea spectabilis Willd.

【科属】:紫茉莉科,叶子花属。

【识别要点】:常绿藤本。老枝褐色,小枝青绿,有针状枝刺,枝、叶密被毛。单叶互生,卵状或卵圆形,全缘。花小,3 朵聚生一处,一般有 3 枚大型叶状苞片呈三角状排列,小花聚生其中,花色多样,有淡红、大红、紫红、淡黄、乳白等。花期可从 11 月至翌年 6 月。瘦果五棱形,常被宿存的苞片包围。

【产地及分布】:原产巴西,中国各地均有栽培。

【习性】:喜温暖湿润气候,不耐寒;喜充足光照;对土壤要求不严,耐贫瘠、耐干旱、忌积水,耐修剪。

【园林应用】:宜庭园种植或盆栽观赏,还可作盆景、绿篱及修剪造型。

14. 扶芳藤(爬行卫矛)(见图 3-5-11)

Euonymus fortunei(Turcz.)Hand. Mazz.

【科属】:卫矛科,卫矛属。

【识别要点】:常绿匍匐藤本。枝条可通过不定根攀附,小枝微起棱,有小瘤状突起皮孔,可随地生根。叶对生,薄革质,倒卵形至椭圆形,缘有锯齿。花小,绿白色,5~15 朵组成聚伞花序。蒴果粉红色,假种皮红色。花期 5~6 月。

【产地及分布】:原产日本南部,分布于我国黄河流域中下游及长江流域各省。

主要栽培品种:

(1)"小叶"扶芳藤:叶革质,较小而厚,冬季叶片变为鲜红色。

(2)"金边"扶芳藤:小枝近四棱形,叶小似舌状,较密实,有光泽,镶有宽的金黄色边。

【习性】:喜温暖湿润,耐阴性强,抗污染,较抗寒。

【园林应用】:可点缀墙角、山石、老树等,植株加以整形可成为盆景,置于书桌、几架上,增加居室绿意。

15. 胶东卫矛(攀缘卫矛)(见图3-5-12)

Euonymus kiautschovicus L.

【科属】:卫矛科,卫矛属。

【识别要点】:常绿藤本。小枝圆形。叶片近革质,长圆形、宽倒卵形或椭圆形,顶端渐尖,基部楔形,缘有粗锯齿,叶柄长。2歧聚伞花序,花淡绿色。蒴果扁球形,粉红色,直径约1 cm,4纵裂,有浅沟;种子包有黄红色假种皮。花期8~9月,果期9~10月。

【产地及分布】:分布于旅顺、大连及山东半岛地区,宜兴、南京、云台山区有生长,多生于山谷、林中岩石处。

【习性】:较耐寒,喜阴湿环境,适应性强,对土壤要求不严格,最适生于含腐殖质丰富的微酸性土壤。

【园林应用】:可丛状、带状栽植,广泛用于平面绿化、垂直绿化,是绿篱、绿球、绿色模块、模纹造型等的首选常绿树种。

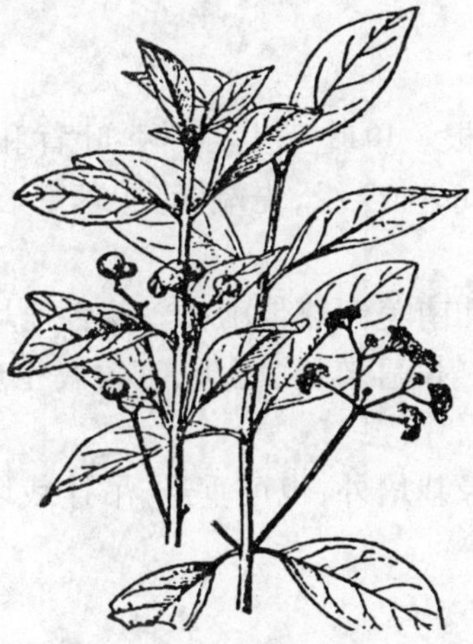

图3-5-11　扶芳藤

图3-5-12　胶东卫矛

16. 龟背竹(蓬莱蕉、电线莲)

Monstera deliciosa L.

【科属】:天南星科,龟背竹属。

【识别要点】:常绿藤本。茎粗壮,茎上生有褐色气生根。单叶互生,厚革质,幼时心脏形,没有穿孔,长大后呈矩圆形,具不规则羽状深裂,自叶缘至叶脉附近孔裂,如龟甲图案;叶柄长30~50 cm,有叶痕。花状如佛焰,淡黄色。

【产地及分布】:原产于墨西哥热带雨林中,我国广泛引种栽培。

【习性】:喜温暖湿润环境,忌阳光直射和干燥,喜半阴,耐寒性较强;对土壤要求不甚严格,在肥沃、富含腐殖质的沙质壤土中生长良好。

【园林应用】:一般盆栽观赏。中小盆栽植,置于室内客厅、卧室和书房的一隅;而大盆栽培,置于宾馆、饭店大厅及室内花园的水池边和大树下烘托气氛。

17. 绿萝(黄金葛、石柑子)

Scindapsus aureum L.

【科属】:天南星科,绿萝属。

【识别要点】:常绿藤本。茎叶均肉质,茎节具气生根。叶互生,卵状长椭圆形至心形,蜡质,深绿色,光亮。

主要栽培品种:

(1)"银葛":叶上具乳白色斑纹,较原种粗壮。

(2)"金葛":叶上具不规则黄色条斑。

(3)"三色葛":叶面具绿色、黄乳白色斑纹。

【产地及分布】:原产中美、南美的热带雨林地区。现各地均用于盆栽,室内观赏。

【习性】:喜温暖湿润;喜光亦耐半阴,喜疏松肥沃、通透性良好土壤。

【园林应用】:可作柱式或挂壁式栽培,家庭可陈设于几架、台案等处,也可作插花衬材或吊盆栽植观赏。

18. 红宝石喜林芋(红宝石)

Philodendron erubescens Red Emerald.

【科属】:天南星科,喜林芋属。

【识别要点】:常绿藤本。茎粗壮,节部有气生根。单叶互生,叶柄、叶背和幼叶常为暗红色,叶片呈长心形,长 20 ~ 30 cm,宽 15 ~ 20 cm,叶全缘,先端渐尖,基部心形。叶片有光泽。

【产地及分布】:原产哥伦比亚,分布在中美洲和南美洲热带雨林。现各地均有栽培。

【习性】:喜温暖、湿润和半阴的环境,怕强光直射;喜疏松、肥沃、富含腐殖质的土壤,不耐干旱。

【园林应用】:可用来布置厅堂、会议室。除攀缘栽培外,也可垂悬、吊挂栽培观赏。

19. 络石(石龙藤、白花藤)(见图 3-5-13)

Trachelospermum jasminoides Lem.

【科属】:夹竹桃科,络石属。

【识别要点】:常绿藤本。枝具有乳汁。老枝光滑,具气生根,幼枝上有茸毛。单叶对生,椭圆形至阔披针形,先端尖,革质,叶面光滑,叶背有毛,叶柄短。聚伞花序腋生,具长总梗,有花 9 ~ 15 朵,花白色,有芳香。蓇葖果筒状双生。花期 6 ~ 7 月,果期 8 ~ 12 月。

主要栽培品种:

(1)"小叶"络石:叶片较小,椭圆状披针形,花序腋生,花期 4 ~ 5 月。

(2)"大叶"络石:叶片较大,叶脉突起,叶缘向下略翻卷,花期较晚。

(3)"紫花"络石:为粗大藤本,叶革质,倒披针形,花紫色。

【产地及分布】:主产于长江流域,在我国分布极广,黄河流域以南各省区均有分布。

【习性】:喜温暖湿润、疏荫环境,怕北方狂风烈日;具有一定的耐寒力,在华北南部可露地越冬;对土壤要求不严,但在疏松、肥沃、湿润的壤土上生长良好。

【园林应用】:可点缀山石、岩壁,作垂直绿化,也可盆栽观赏。

20. 云实(倒钩刺、药王子)(见图 3-5-14)

Caesalpinia decapetala L.

【科属】:豆科,云实属。

【识别要点】:落叶藤本。干皮密生倒钩刺。裸芽叠生,枝、叶轴及花序密生灰色或褐色柔毛。羽状复叶,小叶 7～15 对,长圆形,两端圆钝,两面有柔毛,后脱落。总状花序顶生,花黄色,最内一片有红色条纹。花期 4～5 月,果期 9～10 月。

【产地及分布】:产于我国长江流域及以南各地,生于平原、丘陵、溪边、山地岩石缝中。

【习性】:喜光,略耐阴;不耐寒,在上海生长小枝先端冬天常枯,对土壤要求不严,耐瘠薄,生长快,萌蘖性强。

【园林应用】:可攀缘花架、花廊,也可修成刺篱作屏障,或修剪造型后孤植于山坡或草坪一角。

图 3-5-13　络石

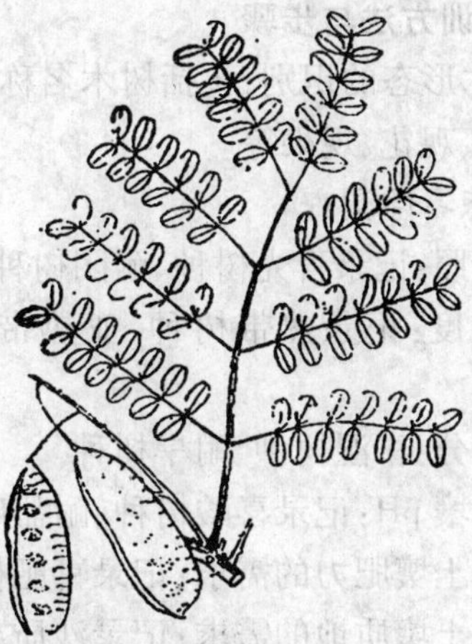

图 3-5-14　云实

实训一　针叶树种的识别与调查

一、实训目的

通过调查识别,加强对本地区常见针叶树的形态、习性、园林用途的了解与掌握。

二、实训材料

照相机、测高器、皮尺、本地区各园林常见的常绿针叶树种。

三、实训步骤

1. 树木观赏特性调查,包括树种名、科属、类型、高度、观赏特性。
2. 树木的生态习性调查,包括树种对温度、光照、水分、土壤等环境条件的适应性。
3. 树木的园林用途调查,调查树种在园林中的应用方式。

针叶树种的识别与调查表

树种名	科属	类型	识别要点	习性	园林应用

实训二　阔叶树种的识别与园林应用调查

一、实训目的

通过实地调查，进一步掌握本地区常见阔叶树种的识别要点，在充分了解其生态习性、观赏价值、园林应用的基础上，学会园林布置方法，并编制检索表。

二、实训材料

仪器、用品：枝剪、测高器、皮尺、围尺、铁锹、pH 试纸、海拔仪、放大镜、记录夹、记录笔及记录纸等。本地区常见常绿阔叶植物 20～30 种。

三、实训方法与步骤

1. 树木形态的识别，包括树木名称、俗名、科属、乔灌类型、生长状况，观赏特性：观形、观枝、观叶、观花、观果等。

2. 生态习性调查。

(1) 光照：记录喜光树种、耐阴树种。

(2) 温度：记录热带树种、亚热带树种、温带树种、寒温带树种；耐高温树种、耐寒树种。

(3) 水分：喜湿树种、耐旱树种。

(4) 土壤 pH：记录喜酸树种、耐盐碱树种。

(5) 对土壤肥力的需求：记录喜肥树种、耐贫瘠树种，

(6) 对土壤质地的需求：记录沙质土、壤土、黏质土。

3. 园林应用调查。调查内容有行道树、庭荫树、绿篱、花灌木、地被等；主要用途功能包括风景观赏树种、防尘抗污染树种、水土保持树种、造型及树桩盆景等；配植类型有对植、列植、中心植、孤植、丛植、群植、片植等。

4. 完成园林植物应用调查表。

阔叶树种的识别与调查表

名称	生长特性	观赏部位	生态习性	花期	果期	园林应用	备注

调查者：　　　　　　记录者：　　　　　　调查时间：　　年　　月　　日

实训三　藤本植物识别

一、实训目的

通过外部形态特征的观察，准确识别出当地常见藤本植物，熟悉它们的科属，主要栽培品种、习性及园林应用。

二、实训材料

材料：选择常见藤本植物；用具：钢卷尺、笔记本等。

三、实训方法步骤

教师现场讲解每种藤本植物的名称、科属、识别要点，当地主要栽培品种，产地分布、习性、园林应用。学生认真做好记录和观察。

四、完成调查表

藤本植物的识别与调查表

植物名	科属	类型	识别要点	习性	园林应用

第四章　园林草本植物

第一单元　一二年生园林植物

一、一二年生园林植物及特点

一年生植物是指在一个生长季内完成生活史的植物。即从播种到开花、结实、枯死均在一个生长季内完成。一般春天播种,夏秋生长、开花结实,秋后枯死。

一年生园林植物以观花为主,花色绚丽,花朵繁密,因此又称一年生花卉。如凤仙花、鸡冠花、百日草、半支莲、万寿菊等。一年生园林植物喜温暖,不耐寒,遇霜枯死,因此只能在无霜期内完成其生活史。其生长期短,但生长速度快;根系分布较浅,耐旱能力弱;植株生长低矮,整齐,花期一致,观赏价值高;管理方便,且整个夏季都能开花,如同一品种成片密植,效果更佳,能使庭园增色不少。因此,一年生园林植物是园林中盛花花坛的主体材料。

二年生园林植物也称二年生花卉,是指在两个生长季内完成生活史的花卉。当年只生长营养器官,越年后开花、结实、死亡。这类花卉,一般秋天播种,次年春季开花。因此,这类花卉常称为秋播花卉。如五彩石竹、紫罗兰、羽衣甘蓝、瓜叶菊等。

二年生园林植物喜欢凉爽的环境条件,不耐炎热,在炎热夏季枯死;并且二年生园林植物还必须要求有一段低温条件才能完成花芽分化,然后开花,否则只进行营养生长。其他特点与一年生园林植物相同。

由于一年生园林植物、二年生园林植物在形态、观赏应用、养护管理等诸方面有很多类似之处,在园林上一般称为一二年生园林植物。它们寿命短促,生长快,多以观花为主,花色绚丽,花期一致,通常用播种方法繁殖,在园林中广泛应用于花坛、花镜、花丛、花台以及花钵等布置。

二、常见一二年生园林植物

1. 鸡冠花(见图 4-1-1)

Celosia civistata L.

【科属】:苋科,青葙属。

【识别要点】:一年生草本。株高 20 ~ 150 cm,茎直立粗壮,红色或青白色,少分枝。叶互生有柄,长卵形或卵状披针形,全缘。肉穗状花序顶生,扁平鸡冠状,自然花期夏、秋至霜降。花色白、黄、红、橙等色。胞果卵形,内含种子多数,成熟时环裂,种子黑色有光泽。

【产地及分布】:原产非洲、美洲热带和印度,世界各地广为栽培,为一年生草本植物。

【习性】:喜温暖干燥气候,不耐寒,喜阳光,不耐涝,不耐空气湿润;对土壤要求不严,一般土壤都能生长,但在疏松肥沃和排水良好的土壤中生长最好。

品种类型:

凤尾鸡冠(var. Pyramidalis):茎直立多分枝,株高 80 ~ 120 cm。穗状花序聚生成圆锥状,顶生,具红、黄、紫红等色。自然花期 7 月至霜降。

【园林应用】:鸡冠花因其花序红艳、扁平,形似鸡冠而得名,享有"花中之禽"的美誉。鸡冠花对二氧化硫、氯化氢具有良好的抗性,可起到绿化、美化和净化环境的多重作用,适宜作厂矿绿化用。花序顶生,形状色彩多样,鲜艳明快,是重要的花坛花卉。高型品种还是很好的切花材料,也可制干花,经久不凋。矮型品种盆栽或做边缘种植。

2. 千日红(千日草、火球花)(见图 4-1-2)

Gomphrena globosa L.

【科属】:苋科,千日红属。

【识别要点】:一年生草本。株高 30 ~ 60 cm。全株密被细毛。叶对生,椭圆形至倒卵形,全缘。头状花序球形至长圆形,单生或 2 ~ 3 个花序簇生于长总梗的顶端;花冠筒状,具 2 枚小苞片,膜质有光泽,紫红色,干后不落,且色泽久而不褪,仍保持鲜艳。千日红花色实为小苞片的颜色。其变种苞片颜色有深红、堇紫、金黄、白等色;另有矮型的株高仅 20 cm。胞果不开裂。种子小,坚硬,外被纤毛。

图 4-1-1　鸡冠花

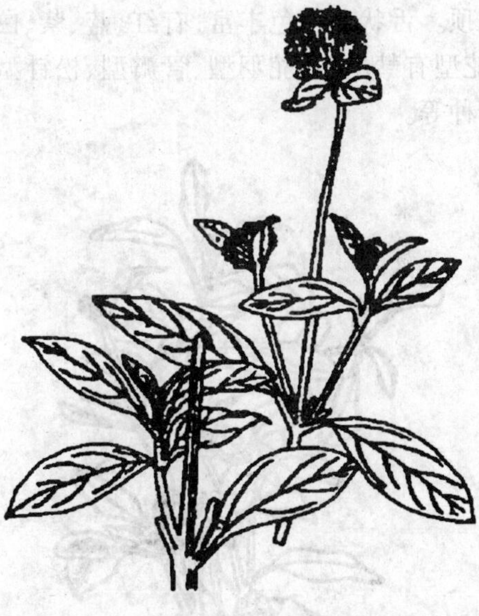

图 4-1-2　千日红

【产地与分布】:原产热带美洲的巴西、巴拿马和危地马拉,我国各地普遍种植,长江以南亦有逸为半野生。

【习性】:性喜充足阳光和炎热干燥气候,不耐阴冷,怕霜冻;在肥沃和湿润的土壤中生长良好。千日红为长日照植物,花期很长,自初夏至中秋,为夏秋主要露地花卉之一。

【园林应用】:千日红颜色鲜艳,品种繁多,高型品种可以布置花坛、花境,矮型品种可盆栽观赏,还可作切花。

3. 五色苋(红绿草、锦绣苋)(见图 4-1-3)

Altemanthera bettzichiana Nichols.

【科属】:苋科,虾钳草属。

【识别要点】:多年生草本常作一年生栽培。株高 15 ~ 40 cm,多分枝。叶对生,全缘,椭圆形或卵形。叶面绿色或具各色彩纹。头状花序腋生,花小,白色,无花瓣。

常见栽培变种:

黄叶五色苋(cv. Aurea):叶黄色而有光泽。

花叶五色苋(cv. Tricolor):叶具各色斑纹。

【产地与分布】:原产南美巴西一带,我国南北各地有栽培。

【习性】:喜温暖而不耐寒,宜在 15 ℃以上越冬,要求阳光充足、土壤沙质湿润及排水条件良好,夏季生长很快。萌芽力强,耐修剪。

【园林应用】:五色苋是著名的观叶植物,最适用于毛毡花坛、立体花坛和模纹花坛,供夏秋季节观赏,也可用于花坛、花镜边缘以及岩石园点缀。

4. 翠菊(江西腊、七月菊、蓝菊)(见图 4-1-4)

Callistephus chinensis (Linn.) Nees

【科属】:菊科,翠菊属。

【识别要点】:一年生草本。茎直立,全株疏生短毛。叶互生,长椭圆形。头状花序单生枝顶。舌状花花色丰富,有红、蓝、紫、白、黄等深浅各色。栽培品种繁多,有重瓣、半重瓣,花型有彗星型、驼羽型、管瓣型、松针型、菊花型等;按植株高度又分为高秆种、中秆种、矮秆种等。

图 4-1-3　五色苋

图 4-1-4　翠菊

【产地与分布】:翠菊原产我国北部,1728 年传入法国,以后世界各国相继引入。现世界各地均有栽培。

【习性】:喜温暖、湿润和阳光充足环境。怕高温多湿和通风不良。浅根性植物,土壤要求保持湿润。长日照植物,对日照反应比较敏感。

【园林应用】:翠菊品种类型很多,花型多变,花色丰富,花期长,在园林中广泛应用。矮型品种适用于毛毡花坛和花坛的边缘,也宜盆栽。中型和高型品种可用于各种园林布置。高型品种还常作背景材料,也是良好的切花材料。

5. 百日草(百日菊、步步高、对叶菊)(见图 4-1-5)

Zinnia elegans L.

【科属】:菊科,百日草属。

【识别要点】:一年生草本。茎直立粗壮,上被短毛,表面粗糙,株高 40~120 cm。叶对生无柄,基部抱茎,卵圆形至长椭圆形,全缘,上被短刚毛。头状花序单生枝端,梗甚长。花径 4~10 cm,舌状花多轮,花瓣呈倒卵形,有白、绿、黄、粉、红、橙等色,管状花集中在花盘中央,黄橙色,边缘分裂。瘦果广卵形,扁小。花期 6~9 月,果熟期 8~10 月。

品种类型很多,一般分为:

大花高茎类型:株高 90~120 cm,分枝少。

中花中茎类型:株高 50~ 60 cm,分枝较多。

小花丛生类型:株高仅 40 cm,分枝多。

按花型常分为大花重瓣型、纽扣型、鸵羽型、大丽花型、斑纹型、低矮型。

【产地与分布】:百日草原产墨西哥,我国各地均有栽培。

【习性】:性强健,耐干旱、喜阳光,喜肥沃深厚的土壤;忌酷暑;在夏季阴雨、排水不良的情况下生长不良;短日照植物。

【园林应用】:高型种可用于切花。因花期长,可按高矮分别用于花坛、花境,也可用于盆栽。叶片、花序可以入药。

6. 万寿菊(臭芙蓉、臭菊花)(见图 4-1-6)

Tagetes erecta L.

【科属】:菊科,万寿菊属。

【识别要点】:一年生草本。株高 60~100 cm,全株具异味,茎粗壮,绿色,直立。单叶羽状全裂,对生,裂片披针形,具锯齿,上部叶时有互生,裂片边缘有油腺点,锯齿有芒。头状花序着生枝顶,径可达 10 cm,黄或橙色,总花梗肿大。瘦果黑色,冠毛淡黄色。花期 8~9 月。

【产地与分布】:原产墨西哥,现世界各地广泛栽培。

【习性】:喜阳光充足的环境,耐寒、耐干旱,在多湿气候下生长不良;对土壤要求不严,但以肥沃疏松排水良好的土壤为好。

【园林应用】:庭园栽培观赏,或布置花坛、花境,也可用于切花。花、叶可入药;花可用来提取叶黄色素作为食品添加剂的生产原料。

同属常见栽培种:

孔雀草(*Tagetes patula*):株高 30~40 cm。叶对生,羽状深裂。花梗自叶腋抽出,头状花序顶生,单瓣或重瓣。外轮为暗红色,内部为黄色,故又名红黄草。花色有红褐、黄褐、淡黄、红色带斑点等。花形与万寿菊相似,但花朵较小而繁多。花期 5~10 月。

图 4-1-5　百日草

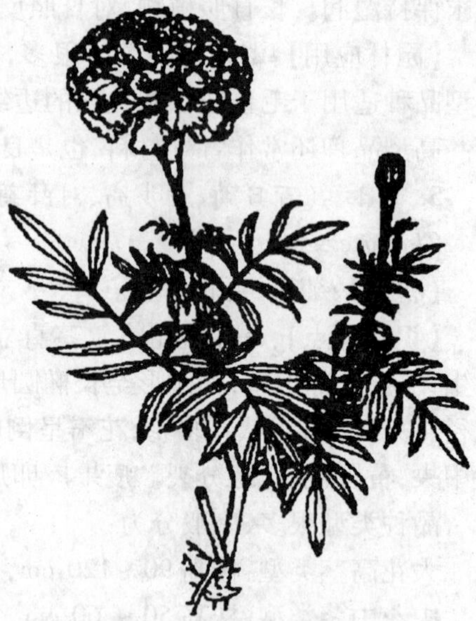

图 4-1-6　万寿菊

7. 蛇目菊(小波斯菊、金钱菊)(见图 4-1-7)

Coreopsis tinctoria Nutt.

【科属】:菊科,金鸡菊属。

【识别要点】:一年生草本。株高 60 ~ 80 cm。单叶对生,2 ~ 3 回羽状深裂,裂片呈披针形,上部叶片无叶柄而有翅,基生叶有长柄。头状花序着生于枝顶,有总梗,常数个花序组成聚伞状,舌状花单轮,花瓣 6 ~ 8 枚,黄色,基部或中下部红褐色,管状花紫褐色,花序径 2 ~ 4 cm。总苞片 2 层,内层长于外层。瘦果纺锤形,种子寿命 3 ~ 4 年。花期 6 ~ 8 月。

【产地与分布】:原产美国中西部地区,我国部分地区广为栽培。

【习性】:喜阳光充足,耐寒力强,耐干旱瘠薄,不择土壤,肥沃土壤易徒长倒伏。凉爽季节生长较佳。

【园林应用】:高型蛇目菊可在园林隙地中作地被植物任其繁衍,也可作切花。入药有清热解毒的功效。

8. 波斯菊(秋英、大波斯菊)(见图 4-1-8)

Cosmos bipinnatus Cav.

【科属】:菊科,秋英属。

【识别要点】:一年生草本。植株高度 30 ~ 120 cm,细茎直立,分枝较多,茎光滑或具微毛。单叶对生,二回羽状全裂,裂片狭线形,全缘。头状花序着生于细长的花梗上,顶生或腋生,花径 5 ~ 8 cm。总苞片 2 层,内层边缘膜质。舌状花 1 轮,花瓣尖端呈齿状,花瓣 8 枚,有白、粉、深红等色;筒状花均为黄色。瘦果,种子寿命 3 ~ 4 年。花期夏、秋季。

园艺变种有白花波斯菊、大花波斯菊、红花波斯菊,园艺品种分早花型和晚花型两大系统,还有单、重瓣之分。

【产地与分布】:原产墨西哥,现世界各地均有栽培。

【习性】:喜光,耐贫瘠土壤,忌肥,忌土壤过分肥沃,不耐炎热与积水,对夏季高温不适应,不耐寒;需疏松肥沃和排水良好的壤土。

【园林应用】:波斯菊株形高大,叶形雅致,花色丰富,有红、白、粉、紫等色,适于布置花境,在草地边缘、树丛周围及路旁成片栽植作背景材料,颇有野趣,也可植于篱边、山石、崖坡、树坛或宅旁。重瓣品种可作切花材料。

图 4-1-7　蛇目菊

图 4-1-8　波斯菊

9. 麦秆菊(蜡菊、贝细工)(见图 4-1-9)

Helichrysum bracteatum Andr.

【科属】:菊科,蜡菊属。

【识别要点】:一年生草本。茎直立,多分枝,株高 50～100 cm,全株具微毛。叶互生,长椭圆状披针形,全缘,有短叶柄。头状花序生于主枝或侧枝的顶端,花冠直径 3～6 cm,总苞苞片多层,呈覆瓦状,外层椭圆形呈膜质,干燥具光泽,形似花瓣,有白、粉、橙、红、黄等色,管状花黄色。晴天花开放,雨天及夜间关闭。瘦果小棒状,或直或弯,种子寿命 2～3 年。花期 7～9 月,果熟期 9～10 月。

栽培品种分高型、中型、矮型,也有大花型、小花型之分。

【产地与分布】:原产澳大利亚,在东南亚和欧美栽培较广,我国也有栽培,新疆有野生。

【习性】:不耐寒,怕暑热,夏季生长停止,多不能开花;喜在肥沃、湿润而排水良好的土壤上生长;喜阳光充足环境,不耐肥。

【园林应用】:麦秆菊可布置花坛,或在林缘自然丛植。花瓣膜质化,并具有金属光泽,干燥后花形、花色经久不变,因此可通过自然阴干或加工成干花制品。

10. 天人菊(见图 4-1-10)

Gaillardia pulchella Foug.

【科属】:菊科,天人菊属。

【识别要点】:一年生草本。植株高 20 ~ 60 cm,全株被柔毛。叶互生,披针形、矩圆形至匙形,全缘羽裂。舌状花先端黄色,基部褐紫色。花期夏、秋季。

栽培变种:

矢车天人菊:舌状花及筒状花都发育成漏斗状,有大花及红花变种。花期 7 ~ 10 月,果熟期 8 ~ 10 月。

【产地与分布】:原产北美,我国中南部广为栽培。

【习性】:耐干旱炎热,不耐寒,喜阳光,也耐半阴,宜排水良好的疏松酸性土壤;耐风,耐干旱瘠薄,适应性强,是良好的防风固沙植物。

【园林应用】:天人菊是很好的沙地绿化、美化、固沙植物。其花色艳丽,花期长,栽培管理简单,可作花坛、花丛的材料。

图 4-1-9　麦秆菊

图 4-1-10　天人菊

11. 藿香蓟(胜红蓟)

Agerarum houstonianum L.

【科属】:菊科,藿香蓟属。

【识别要点】:多年生草本常作一年生栽培。株高 20 ~ 30 cm,全株被绒毛,植株基部多分枝。单叶对生,卵形,头状花序呈圆球状,管状花蓝紫色或紫红色,花期 7 ~ 10 月。瘦果褐黄色,果熟期 9 月。

【产地与分布】:原产热带美洲。作为杂草广泛分布于非洲全境、东南亚等地。我国各地有栽培。

【习性】:喜温暖和阳光充足环境,不耐寒,怕高温,对土壤要求不严,以肥沃、排水良好的沙壤土为好。

【园林应用】:藿香蓟株丛繁茂,花色淡雅,常用来配植花坛和作地被栽植,也可用于小庭园、路边、岩石旁点缀。矮生种可盆栽观赏，高型种可用于切花、插瓶或制作花篮。

12. 彩叶草(五色草、锦紫苏)

Coleus blumei Benth.

【科属】:唇形科，锦紫苏属。

【识别要点】:多年生草本多作一年生栽培。株高50～80 cm，栽培多控制在30 cm以下。全株有毛，茎为四棱型，基部木质化。单叶对生，卵圆形，先端长渐尖，缘具钝齿牙，叶长15 cm，叶面绿色，有淡黄、桃红、朱红、紫等色彩鲜艳的斑纹。顶生总状花序，花小，浅蓝色或浅紫色。小坚果平滑有光泽。

彩叶草主要变种、品种：

(1)五色彩叶草(var. *verschaffel*):叶片有淡黄、桃红、朱红、暗红等色斑纹，长势强健。

(2)黄绿叶彩叶草：叶小，黄绿色，植株低矮，分枝多。

(3)皱边叶彩叶草：叶缘裂而有波状皱褶。

(4)大叶彩叶草：叶大，卵圆形，植株高大，分枝少，叶面凹凸不平。

【产地与分布】:原产亚洲热带地区的印度尼西亚爪哇岛，现在世界各国广泛栽培。

【习性】:喜温暖，不耐寒，冬季温度不低于10 ℃；喜充足阳光，稍耐阴，光线充足能使叶色鲜艳，夏季高温时稍加遮阴；适应性强，对土壤要求不严。

【园林应用】:色彩鲜艳、品种甚多、繁殖容易，为应用较广的观叶植物。除可作小型观叶盆栽陈设外，还可配植模纹花坛，也可作为花篮、花束的配叶使用。

13. 一串红(爆仗红)(见图4-1-11)

Salvia splendens L.

【科属】:唇形科，鼠尾草属。

【识别要点】:多年生草本常作一年生栽培。茎高约80 cm，光滑。叶片卵形或卵圆形，长4～8 cm，宽2.5～6.5 cm，顶端渐尖，基部圆形，两面无毛。轮伞花序具2～6花，密集成顶生总状花序，苞片卵圆形；花萼钟形，长11～22 mm，绯红色，上唇全缘，下唇2裂，齿卵形，顶端急尖；花冠红色，冠筒伸出萼外，长3.5～5 cm，外面有红色柔毛；雄蕊和花柱伸出花冠外。小坚果卵形，有3棱，平滑。花期7～10月。

【产地】:原产巴西，我国各地广泛栽培。

【习性】:喜温暖湿润、阳光充足的环境，畏寒冷，忌干热气候；适生温度为20～25 ℃，气温5 ℃以下，叶子会逐渐变黄脱落。一串红适应性较强，但在疏松、肥沃、排水良好的土壤中生长良好。

【园林用途】:一串红花期长，从夏末到深秋，开花不断，且不易凋谢，是布置花坛的理想材料。

同属常见栽培种：

(1)红花鼠尾草(*S. coccinea* L.):花萼绿色或微晕紫红色，花冠下唇长于上唇。花期7～8月。

(2)一串紫(*S. horminum* L.):长穗状花序，花小，紫堇或雪青色。

14. 紫茉莉(草茉莉、胭脂花、地雷花)(见图4-1-12)

Mirabilis jalapa Linn.

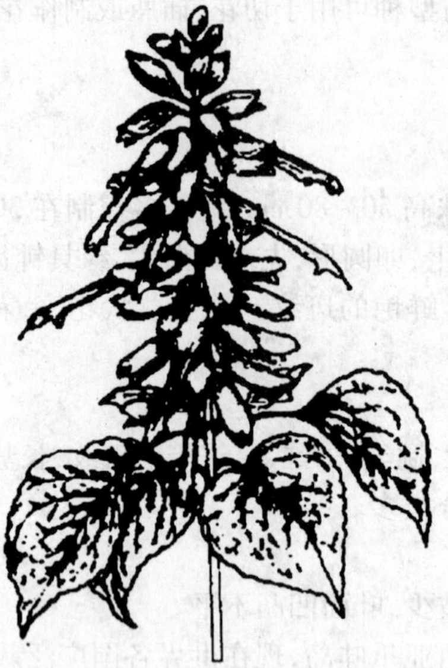

图 4-1-11　一串红

图 4-1-12　紫茉莉

【科属】:紫茉莉科,紫茉莉属。

【识别要点】:多年生草本常作一年生栽培。高可达 1 m。根粗壮,黑色或黑褐色。主茎直立,圆柱形,多分枝,节稍膨大。单叶对生,叶片卵形或卵状三角形,全缘。花常数朵簇生枝端;萼片呈花瓣状。总苞钟形。花被紫红色、黄色、白色或杂色(白、黄、红色为其变种),高脚碟状,筒部长 2 ~6 cm, 5 浅裂;花傍晚开放,有香气。种子黑色,有棱,表面具皱纹,似地雷状。花期 6 ~10 月,果期 8 ~11 月。

【产地及分布】:原产于南美洲热带地区,现我国各地均有栽培。

【习性】:喜温暖湿润的气候条件,不耐寒,冬季枯死,在江南地区地下部分可安全越冬而成为宿根草花;要求土层深厚、疏松肥沃的壤土,在略有蔽荫处生长更佳。花朵在傍晚至清晨开放,在强光下闭合。酷暑烈日下往往有脱叶现象。喜通风良好环境。

【园林应用】:可于房前、屋后、篱垣、疏林旁丛植,黄昏散发浓香。根、叶可入药。胚乳可制化妆用香粉。

15. 月见草

Oenothera erythrosepala Borb.

【科属】:柳叶菜科,月见草属。

【识别要点】:一年生草本。株高可达 1. 2 m,直立,多分枝。花单生叶腋,淡黄色,直径 5 cm。蒴果圆柱形,种子细小。花期 6 ~8 月,果期 8 ~9 月。

【产地与分布】:原产美洲热带,中国有引种。

【习性】:要求阳光充足而高燥之地,不耐积水,自播能力强。

【园林应用】:月见草是布置花坛的良好材料,特别适宜布置夜花园。花能提取香精浸膏。

16. 待宵草(香待霄草、夜来香、月下香)(见图 4-1-13)

Oenothera odorata Jacq.

【科属】:柳叶菜科,月见草属。

【识别要点】:多年生草本常作一年生栽培。茎直立,高达 1 m,分枝少,疏生白色短毛。叶披针形或线状披针形,两面均生白色短毛,叶缘有不整齐疏锯齿。花两性,单生于枝端叶腋,鲜黄色,无梗,夜间开放;蒴果长圆柱形,种子棕色。花期 7 ~ 9 月,果期 8 ~ 10 月。

【产地与分布】:原产南美智利及阿根廷等地,现广布于世界各地,我国东北和山东、江苏、四川等地均有栽培。

【习性】:喜生于阳光充足处;有一定耐寒性;在我国中部及南部,可露地越冬。

【园林应用】:待宵草晚上开花,最适种于夏夜纳凉游憩之处,也可植于花丛中或小径上。种子可作优质食用油,茎皮为纤维原料,根可入药。

17. 银边翠(高山积雪、象牙白)(见图 4-1-14)

Euphorbia marginata Pursh.

【科属】: 大戟科,大戟属。

图 4-1-13　待宵草

图 4-1-14　银边翠

【识别要点】:一年生草本。株高 50 ~ 70 cm,茎直立,内具白色乳汁,全株具柔毛。单叶互生,卵形或椭圆状披针形,茎顶端叶轮生,入秋后,顶部叶片边缘或全叶变白色,宛如层层积雪。杯状花序着生于分枝上部的叶腋处,有白色花瓣状附属物,花小,单性,无花被。蒴果扁圆形,种子有种瘤突起。花期 6 ~ 9 月,果熟期 7 ~ 10 月。

【产地与分布】:原产北美南部,现我国各地均有栽培。

【习性】:喜温暖、阳光充足环境,不耐寒,耐干旱。直根性,不耐移植。

【园林应用】:为夏季良好的观赏植物,适宜布置花丛、花坛、花境,也可作隙地绿化用。银边翠顶叶呈银白色,与下部绿叶相映,是良好的花坛背景材料,还可作插花配叶。

同属可供观赏的品种:

大狼毒(*E. nematocypha* H-M.):植株较矮,叶长圆形,夏季上部叶片及梢叶呈浓黄色。

18. 猩猩草(老来娇、草本象牙红、草本一品红)

Euphorbia heterophylla L.

【科属】:大戟科,大戟属。

【识别要点】:一年生草本。高 60 ~ 80 cm 。茎直立,光滑。叶互生,具不规则的深缺刻。花小,有蜜腺,排列成密集的伞房花序。总苞形似叶片,也叫顶叶,基部大红色,也有半边红色半边绿色的。蒴果扁圆形,9 ~ 10 月成熟。

【产地与分布】:原产南美热带地区。我国各地均有栽培。

【习性】:喜温暖干燥和阳光充足环境,不耐寒,怕霜冻。耐干旱,怕积水。耐半阴,宜在疏松肥沃和排水良好的腐殖土壤中生长。入秋出现红色叶。

【园林应用】:猩猩草上部叶片红绿镶嵌,异常美丽,常用作花境材料或作林间隙地的背景材料,也可作盆栽观赏和切花材料。

19. 半枝莲(太阳花、死不了)(见图 4-1-15)

Portulaca grandiflora Hook.

【科属】:马齿苋科,马齿苋属。

【识别要点】:一年生肉质草本。株高 10 ~ 15 cm。茎细而圆,匍匐状或斜生,节上具束生长毛。叶散生或略集生,圆棍形,肉质。花单生或数朵簇生枝顶,花径 2.5 ~ 4 cm,花色鲜艳,有白、深黄、红、紫等色。园艺品种很多,有单瓣、半重瓣、重瓣之分。

【产地】:原产南美巴西等地,我国各地习见栽培。

【习性】:性喜温暖而不耐寒,喜欢阳光充足而较干燥的环境,阴暗潮湿处生长不良,极耐瘠薄,以排水良好的沙质土最适宜。

【园林应用】:半支莲茎叶光洁,花色丰富,花期长,植株低矮,适宜于石阶、小径及岩石缝隙栽植,也是园林中优良的花坛、花境材料,适宜作花坛、花境镶边或作模纹花坛;也在温室盆栽,作垂吊植物欣赏其肥厚翠绿的茎与五彩缤纷的花朵。

20. 落葵(木耳菜、藤菜)(见图 4-1-16)

Basella rubra Linn.

【科属】:落葵科,落葵属。

【识别要点】:一年生缠绕草本。全株肉质,光滑无毛,茎长达 3 ~ 4 m,分枝明显,绿色或淡紫色。单叶互生,叶片宽卵形、心形至长椭圆形,全缘。穗状花序腋生或顶生,花无梗,萼片 5,淡紫色或淡红色,下部白色,连合成管;无花瓣。果实卵形或球形,暗紫色,多汁液。种子近球形。花期 6 ~ 9 月,果期 7 ~ 10 月。

【产地及分布】:原产亚洲热带地区(中国南方、印度等地),在非洲、美洲栽培较多。中国栽培历史悠久,目前中国南方各省栽培普遍,在北方也有栽培。

【习性】:喜温暖湿润和半阴环境,不耐寒,怕霜冻,喜高温多湿环境,宜在肥沃疏松和排水良好的沙壤土中生长。

【园林应用】:落葵为蔓性草本,紫红色茎叶,淡红色花朵和紫黑色果实,颇为纤弱可爱,适用于庭园、窗台、阳台和小型篱栅装饰美化。幼苗或肥大的叶片和嫩梢作蔬菜食用(木耳菜)。

21. 草决明

Catsia obtusifolia Linn.

【科属】:豆科,决明属。

图 4-1-15 半枝莲

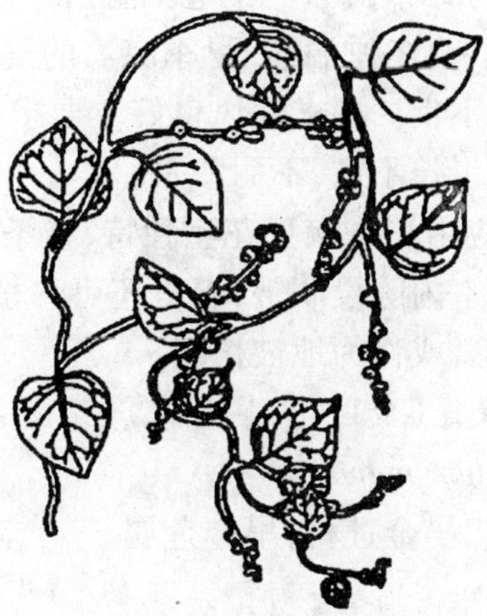

图 4-1-16 落葵

【识别要点】:一年生草本。茎直立、粗壮,高 1 ~ 2 m。偶数羽状复叶,小叶 3 对,纸质,倒心形或倒卵状长椭圆形,长 2 ~ 6 cm,宽 1.5 ~ 2.5 cm,顶端钝而有小尖头,基部渐狭,偏斜,两面被柔毛。花秋末开放,通常 2 朵聚生于腋生,黄色。荚果纤细,近线形,两端渐尖。种子菱形,光亮。

【产地与分布】:分布于长江以南各省区,各地均有栽培,主产于浙江、安徽、广东、广西、四川、陕西等地,多生于村边、路旁和旷野等处。

【习性】:喜温暖湿润气候,不耐寒,怕霜冻,但对土壤要求不严,沙土、黏土均可生长,稍碱性土壤生长最佳。根系发达,有固氮根瘤菌。较耐干旱。

【园林应用】:可在园林中装饰林缘,或作低矮花坛、花境的背景材料;孤植、丛植和群植均可;也可用于道路两侧绿化或作色块布置。

22. 含羞草(感应草、喝呼草、知羞草)

Mimosa pudica Linn.

【科属】:豆科,含羞草属。

【识别要点】:多年生草本常作一年生栽培。茎蔓生,株高 30 ~ 60 cm。羽状复叶,小叶矩圆形,触之即闭合下垂。头状花序淡红色。荚果扁形。花期 7 ~ 10 月。

【产地与分布】:原产美洲热带地区。各地有栽培。

【习性】:喜温暖湿润环境,对土壤要求不严,喜光,但又能耐半阴,适应性强。

【园林应用】:含羞草株形纤弱,羽叶纤细秀丽,其叶片一碰即闭合,给人以文弱清秀的印象。可植于庭园墙角,也可盆栽置于窗台案几上观赏。

23. 香豌豆(花豌豆、麝香豌豆)(见图 4-1-17)

Lathyrus odoratus L.

【科属】:豆科,香豌豆属。

【识别要点】:一年生蔓性攀缘草本。全株被白色毛,茎棱状,有翼。羽状复叶,仅基部两片小叶,先端小叶变态形成卷须。花具总梗,长 20 cm,腋生,着花 1 ~ 4 朵,花大,蝶形,旗瓣色深艳丽,有紫、红、蓝、粉、白等色,并具斑点、斑纹,具芳香。花萼钟状,荚果长圆形,内含 5 ~ 6 粒种子,种子球形,褐色。

【产地与分布】:原产于地中海沿岸的西西里岛及南欧地区,现世界各国均有栽培。

【习性】:喜冬季温暖、夏季凉爽的气候条件,喜日照充足,也能耐半阴,过度庇荫会造成植株生长不良。要求通风良好。要求疏松肥沃、湿润而排水良好的沙壤土,在干燥、瘠薄的土壤上生长不良,不耐积水。

【园林应用】:香豌豆花型独特,枝条细长柔软,既可作冬春切花材料制作花篮、花圈,也可盆栽供室内陈设欣赏,春夏还可移植户外任其攀缘作垂直绿化材料,用于美化窗台、阳台、棚架等,或作为地被植物。

24. 旱金莲(金莲花、旱莲花)(见图4-1-18)

Tropaeolum majus L.

【科属】:旱金莲科,旱金莲属。

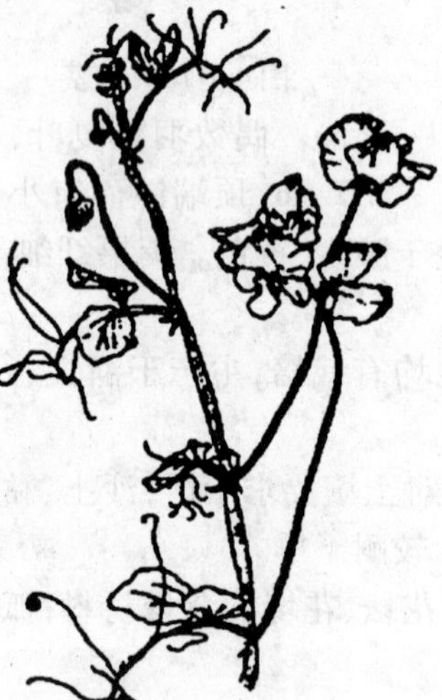

图4-1-17　香豌豆

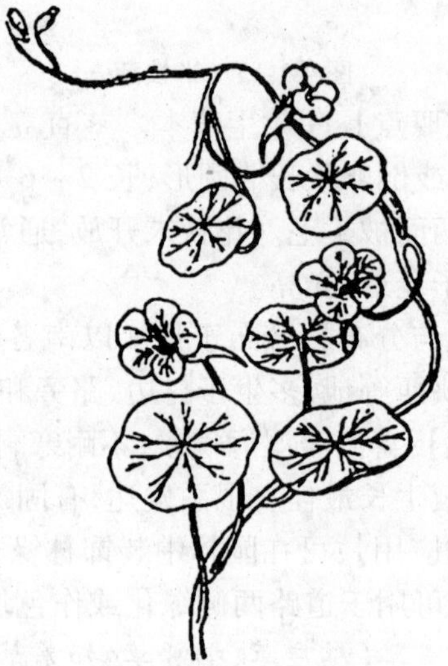

图4-1-18　旱金莲

【识别要点】:多年生攀缘草本,常做一年生栽培。茎肉质中空,浅灰绿色。单叶互生,具长叶柄,盾状圆形,全缘波状。花顶生于由叶腋抽生的左右对称的细长花梗上,有黄、红、橙、紫、乳白及复色。果实淡白绿色,表面多棱纹,种子粒大。花期夏季。

变种主要有直立矮生种、重瓣种等。

【产地与分布】:原产秘鲁、智利等地,我国园林及温室习见栽培。

【习性】:喜温暖湿润、阳光充足的环境,生长适温18~24 ℃,夏季高温时不易开花;不耐湿涝,不耐寒;喜肥沃、排水良好的酸性土壤。

【园林应用】:旱金莲花叶兼美,盆栽可供室内观赏或装饰阳台、窗台。近年来,园林部门将其秋冬育苗,开春后移入街头绿地。由于旱金莲的茎蔓蜿蜒生长,很快覆盖绿地并陆续开花,能形成色彩鲜明的观赏效果,近年来在园林中广泛应用,也可布置花坛、花境和花钵。

25. 何氏凤仙(苏丹凤仙)

Impatiens holstii Engler et Warb.

【科属】:凤仙花科,凤仙花属。

【识别要点】:一年生草本。株高20～40 cm,茎稍肉质;叶翠绿色;花大,直径可达4～5 cm,只要温度适宜可全年开花。花色有白、粉红、洋红、玫瑰红、紫红、朱红及复色,花瓣平展。

【产地与分布】:原产非洲东部热带山地,现广泛栽培于世界各地。

【习性】:喜冬季温暖、夏季凉爽的环境,要求通风良好,不耐寒,越冬温度为5 ℃左右,喜半阴,适宜生长的温度为13～16 ℃,喜排水良好的腐殖土。

【园林应用】:多用于盆栽观赏,亦作花坛用花。温暖地区或温暖季节可布置于庭园或花坛。

26. 几内亚凤仙

Impatiens linearifolia

【科属】:凤仙花科,凤仙花属。

【识别要点】:一年生草本。株高25～30 cm,茎肉质,光滑,青绿色或红褐色,茎节突出,易断。多叶轮生,叶披针形,叶缘具锐锯齿,叶色黄绿至深绿色,叶脉及茎的颜色常与花的颜色有相关性。花单生叶腋,基部花瓣衍生成矩,花色极为丰富,有洋红、雪青、白、紫、橙色等。花期6～8月。

【产地与分布】:原产新几内亚,世界各地广泛栽培。

【习性】:性喜温暖湿润,不耐寒,怕霜冻,冬季要求不低于12 ℃;夏季要求凉爽,忌烈日暴晒,并需稍加遮阴,不耐旱,怕水渍;对土壤要求不严,对盐害敏感;在疏松肥沃土壤中生长良好。

【园林应用】:几内亚凤仙花色丰富、娇美,用来装饰案头桌几,别有一番风味。露地栽培,从春天到霜降花开不绝。因其花色丰富、株型优美,是园林摆花的好材料,也是作花坛、花境的优良材料。

27. 凤仙花(透骨草、金凤花、指甲花)(见图4-1-19)

Impatiens balsamina L.

【科属】:凤仙花科,凤仙花属。

【识别要点】:一年生草本。茎高40～100 cm,肉质,粗壮直立。上部多分枝。叶互生,阔或狭披针形,边缘有锐齿,基部楔形;叶柄附近有几对腺体。花单生或簇生于叶腋,形似蝴蝶,粉红、大红、紫、白黄、洒金等。蒴果纺锤形,有白色茸毛,成熟时外壳自行爆裂,将种子弹出。花期6～8月。

【产地与分布】:原产中国南部、印度和缅甸等地,现我国园林广泛栽培。

【习性】:凤仙花性喜阳光,怕湿,耐热不耐寒,适生于疏松肥沃微酸性土壤中,但也耐瘠薄。凤仙花适应性较强,移植易成活,生长迅速。

【园林应用】:供庭园栽培观赏,除作花境和盆景装饰外,也可作切花。

28. 矮牵牛(碧冬茄、杂种撞羽朝颜、灵芝牡丹)(见图4-1-20)

Petunia hybrida (J. D. Hooker) Vilmorin

【科属】:茄科,矮牵牛属。

【识别要点】:多年生草本,常作一、二年生栽培。株高15～60 cm,全株被黏毛,茎基

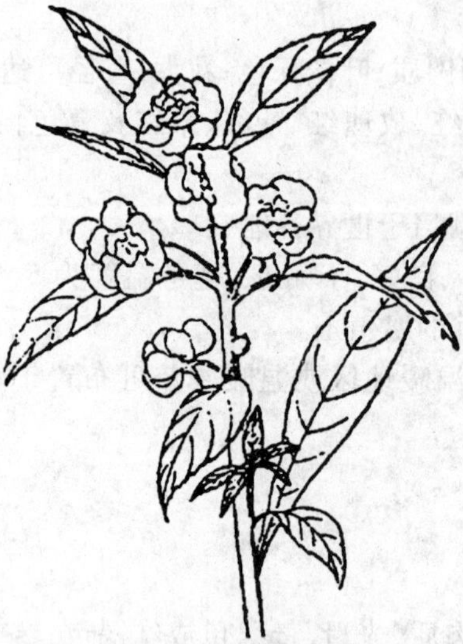

图 4-1-19　凤仙花

图 4-1-20　矮牵牛

部木质化，嫩茎直立，老茎匍匐状。单叶互生，卵形，全缘，近无柄，上部叶对生。花单生叶腋或顶生，花较大，花冠漏斗状，边缘 5 浅裂。蒴果，种子细小。花期 4～10 月。

园艺品种：

按植株性状分有高型种、矮型种、丛生种、匍匐种、直立种。

按花型分有大花（10 cm 以上）、小花、波状、锯齿状、重瓣、单瓣。

按花色分有紫红、鲜红、桃红、纯白、肉色及多种带条纹品种（红底白条纹、淡蓝底红脉纹、桃红底白斑条等）。

【产地与分布】：原产于南美洲阿根廷，现世界各地广泛栽培。

【习性】：喜温暖和阳光充足的环境，不耐霜冻，怕雨涝。生长适温为 20～25 ℃。长日照植物，生长期要求阳光充足，在正常的光照条件下，从播种至开花约需 100 天。

【园林应用】：适于室内外栽培观赏，或吊盆栽植。矮牵牛花大色艳，花色丰富，为重要的装饰性花卉，可以广泛用于花坛布置、花钵配植、景点摆设、窗台点缀、家庭装饰等。

29. 观赏辣椒（朝天椒、五色椒、佛手椒、樱桃椒）

Capsicum frutescans L. var. *cerasiforme* Bailey.

【科属】：茄科，辣椒属。

【识别要点】：一年生草本。茎直立，基部稍木质化，分枝能力强。单叶互生，全缘，卵圆形，叶片大小、色泽与果实的大小色泽有相关性。花小，有白色、绿白色、浅紫色和紫色。按果实的颜色分，有红、黄、紫、橙、黑、白、绿色等类型；按果实的形状分，有线形、羊角形、樱桃形、风铃形、蛇形、枣形、指天形、灯笼形等类型。

【产地与分布】：原产美洲热带地区，我国各地均有栽培。

【习性】：喜温、怕霜冻、忌高温；果实发育适温为 25～28 ℃；属短日照植物，对光照要求不严，但光照不足会延迟结果期并降低结果率，高温干旱、强光直射易发生果实日灼或落果；结果期要求干燥空气，雨水多则授粉不良。

【园林应用】:盆栽观赏,也于夏、秋季节布置花坛及花境,是重要的观果植物。

30. 冬珊瑚(珊瑚樱、吉庆果、珊瑚子)(见图4-1-21)

Solanum pseudocapsicum L.

【科属】:茄科,茄属。

【识别要点】:直立小灌木,多分枝呈丛生状,常作一二年生栽培。株高30~60 cm。叶互生,狭长圆形至倒披针形。夏秋开花,花小,白色,腋生。浆果,深橙红色,圆球形,直径1~1.5 cm。花后结果,经久不落,可在枝头留存到春节以后。目前栽培有矮生种,株形矮多分枝。浆果,种子小,果形为广椭圆球形,前端尖。

【产地与分布】:原产于中东地区,中国各地温室盆栽观赏。

【习性】:不耐寒,喜温暖、向阳环境,土壤要求疏松肥沃、排水良好。

【园林应用】:盆栽观果,陈设于厅堂几架、窗台上,可增加喜庆气氛;还可种植于花坛中点缀。

31. 石竹(中国石竹、洛阳花)(见图4-1-22)

Dianthus chinensis L.

【科属】:石竹科,石竹属。

【识别要点】:多年生草本常作一、二年生栽培。株高30~40 cm,直立簇生。茎直立,有节,多分枝。单叶对生,条形或线状披针形。花萼筒圆形,花单朵或数朵簇生于茎顶,形成聚伞花序,花径2~3 cm,花色有紫红、大红、粉红、纯白、红色、杂色,单瓣或重瓣,先端锯齿状,微具香气。花瓣正面中下部组成黑色美丽环纹。蒴果矩圆形或长圆形,种子扁圆形,黑褐色。花期4~10月,集中于4~5月。

【产地与分布】:中国传统名花之一,原产中国东北、华北、长江流域及东南亚地区。分布广,除华南较热地区外,几乎中国各地都有分布。

【习性】:性耐寒、耐干旱,不耐酷暑,夏季多生长不良或枯萎;喜阳光充足、高燥、通风及凉爽湿润气候;要求肥沃、疏松、排水良好及含石灰质的壤土或沙质壤土,忌水涝,好肥。花日开夜合。

【园林应用】:石竹株型低矮,茎秆似竹,叶丛青翠,自然花期5~9月,从暮春季节可开至仲秋,温室盆栽可以花开四季。园林中可用于花坛、花境、花台或盆栽观赏,也可用于岩石园和草坪边缘点缀,大面积成片栽植时可作景观地被材料。另外,石竹吸收二氧化硫和氯气能力强。切花观赏亦佳。

32. 须苞石竹(美国石竹、五彩石竹、什样锦)

Dianthus barbatus L.

【科属】:石竹科,石竹属。

【识别要点】:二年生草本植物,亦可作多年生栽培。茎直立。节间长于石竹,且较粗壮。少分枝。花小而多,有短梗,密集成头状聚伞花序,花色有红、白、紫、深红等。花期5~10月。

【产地与分布】:原产欧洲、亚洲,有些地方变野生,我国各地均有栽培。

【习性】:喜阳光充足,耐寒性强,喜肥,要求通风良好的环境。

【园林应用】:是春季花坛、花境的重要材料,也可做切花栽培。

图 4-1-21 冬珊瑚

图 4-1-22 石竹

33. 高雪轮(大蔓樱草)(见图 4-1-23)

Silene armeria Linn.

【科属】:石竹科,蝇子草属。

【识别要点】:二年生草本。株高约 60 cm,全株具白色柔毛,上部具腺点,多分枝,茎自基部有外倾性呈半匍匐状。叶对生,卵状披针形或狭椭圆形。花腋生,聚伞花序,花瓣倒心脏形,先端二裂,粉红色,栽培种花色较多,有白、淡紫、浅粉、玫瑰色等,萼筒长而膨大,筒上有紫红色。蒴果卵种子肾形,具瘤状突起。花期 5 ~6 月。

【产地与分布】:原产南欧地区,我国北方园林习见栽培。

【习性】:喜温暖而凉爽环境,耐寒性强,耐旱,忌高温多湿,生长适温 15 ~25 ℃。

【园林应用】:适作花坛、花境,可点缀岩石园,也可作切花。

34. 醉蝶花(西洋白花菜、凤蝶草)(见图 4-1-24)

Cleome spinosa L.

【科属】:白花菜科,白花菜属。

【识别要点】:一年生草本。株高 60 ~120 cm。植株有强烈的气味。掌状叶片,小叶 5 ~7枚,矩圆状披针形。总状花序顶生,花由底部向上层层开放,花瓣披针形,向外反卷,花苞红色,花瓣呈玫红色或白色,雄蕊长。蒴果圆柱形,种子浅褐色。花期 6 ~9 月。

【产地与分布】:原产南美热带地区,现世界各地广泛栽培。

【习性】:喜阳光充足、干燥、温暖的环境,亦耐半阴;不耐寒,要求土壤疏松、排水性良好。

【园林应用】:适宜布置秋季花坛、树坛等,或作蜜源植物栽培,也可盆栽观赏,同时也可切花插瓶观赏。其为优良的抗污染花卉,对二氧化硫、氯气的抗性强。

35. 大花罂粟

Papaver orientale Linn.

【科属】:罂粟科,罂粟属。

图 4-1-23　高雪轮

图 4-1-24　醉蝶花

【识别要点】:多年生草本。高 0.8 ~ 1.2 m,密生粗毛;叶长约 30 cm,羽状裂,裂片长圆状披针形。花梗上有一层白色茸毛,花通常单生,花径 10 ~ 12 cm 或更大;花色鲜艳,有白、粉红、红和紫等色;花瓣通常 6 枚,有重瓣者,花瓣基部有黑色斑块。蒴果球形。花期 4 ~ 5 月。

【产地与分布】:原产地中海沿岸至伊朗,现各地作为多年生宿根花卉多有引种栽培。

【习性】:喜充足的阳光,喜肥沃和排水良好的沙质壤土。较耐寒,在华北地区多有栽培,具直根,不耐移植。

【园林应用】:开花时鲜艳美丽,深受人们喜爱。可用于花坛和庭园布置。

36. 虞美人(丽春花、小种罂粟花)(见图 4-1-25)

Papaver rhoeas L.

【科属】:罂粟科,罂粟属。

【识别要点】:一年生草本。株高 40 ~ 60 cm,分枝细弱,被短硬毛。全株有乳汁。叶片呈羽状深裂或全裂,裂片披针形,边缘有不规则的锯齿。花单生,有长梗,未开放时下垂,花萼 2 片,椭圆形,外被粗毛。花冠 4 瓣,近圆形,具暗斑。花径 5 ~ 6 cm,花色丰富。蒴果杯形,成熟时顶孔开裂,种子肾形,多数,细小,千粒重 0.33 g。花期 4 ~ 6 月。

【产地与分布】:原产于欧洲、北非和亚洲,已引入澳大利亚、新西兰和北美洲、欧亚温带大陆,世界各地多有栽培,比利时将其作为国花。我国广泛栽培。

【习性】:耐寒性强,怕暑热,喜阳光充足的环境,喜排水良好、肥沃的沙壤土。不耐移栽,能自播。

【园林应用】:虞美人花姿美好,色彩鲜艳,是优良的花坛、花境材料,也可盆栽或作切花用。全株可入药。

37. 全缘绿绒蒿(见图 4-1-26)

Meconopsis integrifolia Taylor.

图 4-1-25 虞美人

图 4-1-26 全缘绿绒蒿

【科属】:罂粟科,绿绒蒿属。

【识别要点】:株高 30 ~ 80 cm,全株具棕色长柔毛。基生叶多数,倒卵圆形至椭圆形,全缘。花 3 ~ 5 朵着生于叶腋处,花瓣 6 ~ 8,黄色,花期 5 ~ 6 月。

【产地与分布】:分布于云南西北部、四川西部、青海和甘肃南部。

【习性】:耐寒,宜冬季干燥、夏季湿润而冷凉的气候。喜富含有机质和排水良好的壤土。

【园林应用】:可作为岩石园布置的首选材料。因其耐阴性,可作为林下地被栽培。

同属种有:

(1)大花绿绒蒿(*M. grandis*):株高 50 cm,花大,紫色。原产西藏,目前处于野生状态。

(2)红花绿绒蒿(*M. punicea*):花葶较高,花单生于花葶顶端,下垂,花瓣 4 ~ 6,深红色。

(3)黄花绿绒蒿(*M. chelidonifolia*):叶宽卵形,羽状全裂,花 1 ~ 3 朵呈单歧聚伞花序,花黄色。

(4)美丽绿绒蒿(*M. speciosa*):花多数,蓝色至深紫色,花芳香。

以上 4 种大多数处于野生状态,有待开发利用。

38. 羽衣甘蓝(叶牡丹、牡丹菜)

Brassica oleracea var. *acephala* L.

【科属】:十字花科,芸薹属。

【识别要点】:二年生草本,为食用甘蓝的园艺变种。根系发达,直根性。茎短缩,密生叶片呈莲座状,叶片肥厚,倒卵形,被有蜡粉,深度波状皱褶,呈鸟羽状,美观。经冬季低温,于翌年开花、结实。总状花序顶生,小花黄色。果实为角果,扁圆形,种子圆球形,褐色。花期4～5月。

园艺品种形态多样：

按高度可分高型和矮型；

按叶的形态分皱叶、不皱叶及深裂叶品种；

按颜色分，边缘叶有翠绿色、深绿色、灰绿色、黄绿色，中心叶则有纯白、淡黄、肉色、玫瑰红、紫红等品种。

【产地与分布】：原产地中海沿岸至小亚西亚一带，现广泛栽培，主要分布于温带地区；在英国、荷兰、德国、美国种植较多。

【习性】：喜冷凉气候，极耐寒，可忍受多次短暂的霜冻，耐热性也很强，生长势强，栽培容易，喜阳光，耐盐碱，喜肥沃土壤；生长适温为20～25 ℃。

【园林应用】：在华东地区为冬季花坛的重要材料。其观赏期长，叶色极为鲜艳，在公园、街头、花坛常见用羽衣甘蓝镶边和组成各种美丽的图案，用于布置花坛，具有很高的观赏效果，也是盆栽观叶的佳品。目前，欧美及日本将部分观赏羽衣甘蓝品种用于鲜切花。

39. 桂竹香(香紫罗兰、黄紫罗兰)(见图4-1-27)

Cheiranthus cheiri L.

【科属】：十字花科，桂竹香属。

【识别要点】：多年生草本花卉，常作二年生栽培。株高35～50 cm。茎直立，多分枝，基部半木质化。叶互生，披针形，全缘。总状花序顶生，花瓣4枚，具长爪，花色橙黄或黄褐色或两色混杂，有香气。果实为长角果。花期4～6月。

【产地与分布】：原产南欧，现各地普遍栽培。

【习性】：耐寒，喜阳光充足，喜欢冷凉干燥的气候和排水良好、疏松肥沃的土壤；畏涝忌热，雨水过多生长不良；在长江流域可露地越冬，在北方需温室或冷室越冬。

【园林应用】：桂竹香花色金黄，可布置花坛、花境，又可作盆花观赏。

40. 紫罗兰(草桂花)(见图4-1-28)

Matthiola incana R. Br

【科属】：十字花科，紫罗兰属。

【识别要点】：二年生草本。株高30～60 cm，全株被灰色星状柔毛，茎直立，基部稍木质化。叶面宽大，长椭圆形或倒披针形，先端圆钝，蓝灰绿色。总状花序顶生和腋生，花梗粗壮，花有紫红、淡红、淡黄、白等颜色，单瓣花能结实，重瓣花不结实。果实为长角果，圆柱形，种子有翅。花期3～5月，果熟期6～7月。

园艺品种甚多，有单瓣和重瓣两种品系。重瓣品系观赏价值高；单瓣品系能结实，而重瓣品系不能。

【产地与分布】：紫罗兰原产地中海沿岸，我国大部分地区现广泛栽培。

【习性】：紫罗兰喜冷凉气候，冬季能耐 -5 ℃低温，忌燥热；要求肥沃湿润及深厚之壤土；喜阳光充足，但也稍耐半阴；不喜重肥，对光照和通风条件要求严格。

【园林应用】：紫罗兰花朵茂盛，花色鲜艳，香气浓郁，花期长，花序也长，适宜于盆栽观赏，园林中可用于布置花坛、花境，或作盆栽摆设装饰用，还可作为切花应用。

图 4-1-27　桂竹香

图 4-1-28　紫罗兰

41. 三色堇(猫脸花、蝴蝶花、鬼脸花)(见图 4-1-29)

Viola tricolor Linn.

【科属】:堇菜科,堇菜属。

【识别要点】:二年生草本。株高 15 ~ 20 cm,呈丛生状。基生叶有长柄,叶片近圆心形;茎生叶卵状长圆形或宽披针形,边缘有圆钝锯齿;托叶大,基部羽状深裂。早春从叶腋间抽生出长花梗,花单生,五瓣,通常每朵花有蓝紫、白、黄三色;花瓣近圆形,假面状,覆瓦状排列,矩短而钝。花期可从早春到初秋。

【产地与分布】:原产欧洲,现分布世界各地。冰岛、波兰把其定为国花。

【习性】:较耐寒,喜凉爽,不耐高温,喜强光,喜肥沃、排水良好、富含有机质的中性壤土或黏壤土;在贫瘠土壤上生长不良。

【园林应用】:三色堇是布置春季花坛的主要花卉之一,因植株低矮,可作花坛镶边材料,也可作球根花坛的衬底材料,还可盆栽供人们欣赏。

42. 金鱼草(龙口花、洋彩雀)(见图 4-1-30)

Antirrhinum majus Linn.

【科属】:玄参科,金鱼草属。

【识别要点】:多年生草本,常作二年生栽培。株高 20 ~ 70 cm,叶片长圆状披针形。总状花序,花冠筒状唇形,基部膨大成囊状,上唇直立,2 裂,下唇 3 裂,开展外曲,有白、淡红、深红、肉色、深黄、浅黄、黄橙等色。

【产地与分布】:原产地中海地区,现各地均有栽培。

【习性】:较耐寒,不耐热,喜阳光,也耐半阴;要求低温完成春化作用,对水分比较敏感,土壤要求保持湿润,喜肥沃、疏松和排水良好的微酸性沙质壤土。

【园林应用】:金鱼草为优良的花坛和花境材料,高型品种可作切花和背景材料;矮型

图 4-1-29　三色堇

图 4-1-30　金鱼草

品种可盆栽观赏和作花坛镶边；中型品种则兼备高、矮型品种的用途。

43. 猴面花（沟酸浆）

Mimulus luteus L.

【科属】：玄参科，酸浆属。

【识别要点】：多年生草本，常作一二年生栽培。株高 30 ~ 40 cm，茎粗壮，中空。叶交互对生，宽卵圆形。花生于叶腋间，漏斗状，黄色，通常有紫红色斑块或斑点，花期 4 ~ 5 月。

【产地与分布】：原产南美洲智利，现广布全球各地。

【习性】：喜冷凉气候，较能耐寒，但不能受冻害，冬季能耐 2 ℃低温；喜潮湿，喜光照充足；在肥沃土壤上生长良好。

【园林应用】：株形低矮，花大色艳有斑纹，异常美丽；适作花坛及盆花观赏。

44. 蒲包花（荷包花）（见图 4-1-31）

Calceolaria herbeohybrida Voss.

【科属】：玄参科，蒲包花属。

【识别要点】：多年生草本，多作二年生栽培。株高 30 cm，全株有细茸毛，叶片卵形对生。花冠二唇状，上唇瓣直立，较小，下唇膨大似蒲包状，中间形成空室。花色变化丰富，单色品种有黄、白、红等深浅不同的花色，复色则在各底色上着生橙、粉、褐、红等斑点。蒴果，种子细小多数。花期 3 ~ 6 月。

本种经培育多分为三种类型：

大花系蒲包花：花径 3 ~ 4 cm，花色丰富，多为有色斑的复色花。

多花矮蒲包花：花径 2 ~ 3 cm，植株低矮，耐寒。

多花矮性大花蒲包花，其性状介于前两者之间，为常见品种。

【产地与分布】：原产南美地区的墨西哥、智利等，现分布世界各地。

【习性】:性喜凉爽湿润、通风的气候环境,惧高热、忌寒冷、喜光照,夏季避免烈日暴晒,对土壤要求严格,以富含腐殖质的沙质微酸性土壤为好。

【园林应用】:由于花型奇特,色泽鲜艳,花期长,观赏价值高,蒲包花是初春主要观赏花卉之一,也是重要年宵花卉,可作室内装饰点缀,置于阳台或室内观赏,也可用于节日花坛摆设。

45. 美女樱(草五色梅、铺地锦、美人樱)(见图 4-1-32)

Verbena hybrida Voss.

【科属】:马鞭草科,马鞭草属。

【识别要点】:多年生草本植物,常作一二年生栽培。茎四棱,低矮粗壮,匍匐状,丛生而铺覆地面,全株具灰色柔毛。单叶对生,有短柄,长卵圆形,边缘具缺刻状粗齿或整齐的圆钝锯齿,叶基部常有裂刻,穗状花序顶生,多数小花密集排列呈伞房状。花萼细长筒状,花冠漏斗状,花色多,有白、粉红、深红、紫、蓝等不同颜色,具芬芳。蒴果。花期 4 ~ 10 月,果熟期 9 ~ 10 月。

【产地与分布】:原产巴西、秘鲁、乌拉圭等地,现世界各地广泛栽培,中国各地均有引种栽培。

【习性】:喜阳光、不耐阴,较耐寒,不耐旱,北方多作一年生草花栽培,在炎热夏季能正常开花;对土壤要求不严,在疏松肥沃、湿润的中性土壤生长健壮。

【园林应用】:美女樱株丛矮密,花繁色艳,花期长,可用作花坛、花境材料,也可栽植于树坛中或大面积栽植于园林隙地。

图 4-1-31　蒲包花

图 4-1-32　美女樱

46. 山梗菜(半边莲、六倍利)

Lobelia erinus Thunb.

【科属】:桔梗科,山梗菜属。

【识别要点】:多年生草本植物,常作一二年生栽培。株高 15 ~ 30 cm,茎多分枝,半蔓性，呈半匍匐状。基部叶倒卵形，缘具不整齐疏齿，茎上叶披针形至线形。花单生叶腋，多花，花小，花色浅蓝或蓝紫色。花期春夏季。

【产地与分布】：原产南非灌木林下湿热的沙砾地带，我国园林有栽培。

【习性】：喜半阴，忌干燥，忌酷热，耐寒力较差。喜富含腐殖质的疏松壤土。

【园林应用】：可用于花坛、花径、花境的镶边材料，还可片植或丛植在湿润的林缘草地中，也可作模纹花坛的配植材料，也可盆栽观赏。

47. 风铃草（钟花、瓦筒花）（见图 4-1-33）

Campanula medium L.

【科属】：桔梗科，风铃草属。

【识别要点】：二年生草本。株高约 1 m，多毛。莲座叶卵形至倒卵形，叶缘具波状圆锯齿，粗糙。叶柄具翅。茎生叶小而无柄。总状花序，小花 1～2 朵。花冠钟状，有 5 浅裂，基部略膨大，花色有白、蓝、紫及淡桃红等。花期 4～6 月。

【产地与分布】：原产南欧，在欧洲栽培盛行，在我国尚处于引种阶段。

【习性】：喜夏季凉爽、冬季温和的气候；喜疏松、肥沃而排水良好的壤土。

【园林应用】：风铃草主要用作盆花观赏，也可露地栽培，适于配植小庭园作花坛、花境材料，也是重要的切花材料。

48. 雏菊（春菊、马兰头花、延命菊）（见图 4-1-34）

Bellis perennis Linn.

【科属】：菊科，雏菊属。

图 4-1-33　风铃草

图 4-1-34　雏菊

【识别要点】：多年生草本植物，常秋播作二年生栽培。株高 15～20 cm。叶于基部簇生，匙形。头状花序单生，花径 3～5 cm，舌状花为条形，有白、粉、红等色。通常每株抽花

10 朵左右。花期 3 ~ 6 月。

【产地与分布】:原产于欧洲,世界各地均有栽培。意大利国花。

【习性】:耐寒性强,宜冷凉气候;在炎热条件下开花不良,易枯死;喜阳光充足,不耐阴;对土壤要求不严。

【园林应用】:宜栽植于花坛、花境的边缘,或沿小径栽植,与春季开花的球根花卉配合,也可盆栽观赏。

49. 金盏菊(金盏花、黄金盏)(见图 4-1-35)

Calendula officinalis L.

【科属】:菊科,金盏菊属。

【识别要点】:二年生草本。株高 30 ~ 60 cm,全株被白色茸毛。单叶互生,椭圆形或椭圆状倒卵形,全缘,基生叶有柄,上部叶基抱茎。头状花序单生茎顶,舌状花一轮或多轮平展,金黄或橘黄色,筒状花黄色或褐色。也有重瓣、卷瓣和绿心、深紫色花心等栽培品种。瘦果呈爪形。花期 4 ~ 6 月,果熟期 5 ~ 7 月。

【产地与分布】:原产南欧,我国各地均有栽培。

【习性】:喜阳光充足环境,适应性较强,耐低温,怕炎热;不择土壤,能耐瘠薄干旱土壤及阴凉环境,在阳光充足及肥沃地带生长良好。

【园林应用】:春季花坛的重要材料,也可温室促成栽培,供应切花或盆栽,是重大节日花坛常用布置材料。

50. 瓜叶菊(千日莲、瓜叶莲、千里光)(见图 4-1-36)

Pericallis hybrida B. Nord

【科属】:菊科,瓜叶菊属。

图 4-1-35　金盏菊

图 4-1-36　瓜叶菊

【识别要点】:多年生草本,常作一二年生栽培。全株被微毛,叶大,有长柄,心状卵形至心状三角形,叶缘具有波状或多角齿,形似葫芦科瓜类叶片。头状花序簇生成伞房状,花色丰富,除黄色以外其他颜色均有,还有红白相间的复色。花期 1 ~ 4 月。

【产地与分布】:原产加那利群岛,现世界各地均有栽培。

【习性】:喜冬季温暖、夏无酷暑的气候条件,要求阳光充足和通风良好的环境,忌干燥的空气和烈日暴晒。要求疏松、肥沃、排水良好的中性和微酸性土壤。

【园林应用】:瓜叶菊是冬春时节主要的观花植物之一。盆栽作为室内陈设,其花朵鲜艳,花形丰满,可陈设室内矮几架上观赏,也可作花坛栽植或盆栽布置于厅廊过道。

51. 福禄考(见图4-1-37)

Phlox drummondii Hook.

【科属】:花葱科,福禄考属。

【识别要点】:株高15～45 cm,茎直立,多分枝,有腺毛。单叶互生,宽卵形至矩圆形,全缘,无柄。聚伞花序顶生,有短柔毛;花萼筒状,裂片条形,外面有柔毛;花冠高脚碟状,直径2～2.5 cm,花色原种为玫红色。蒴果椭圆形,有宿存萼片。种子矩圆形,千粒重1.55 g。花期5～6月。

【产地与分布】:福禄考原产北美南部,现世界各国广为栽培。

【习性】:性喜温暖,稍耐寒,忌酷暑;在华北一带可冷床越冬;宜排水良好、疏松的壤土,不耐旱,忌涝。

【园林应用】:适宜于布置花坛、花境,也可供春季室内观赏和切花,抗二氧化硫能力强,对氯气也有一定的抗性。

52. 长春花(日日新、日春花、五瓣梅)(见图4-1-38)

Catharanthus roseus (L.) Don.

【科属】:夹竹桃科,长春花属。

【识别要点】:多年生草本。茎直立,多分枝,含白色乳汁。叶对生,长椭圆状,叶柄短,全缘,两面光滑无毛,主脉白色明显。聚伞花序顶生,花红、紫、粉、白、黄等多种颜色,花冠高脚碟状,5裂,花朵中心有深色洞眼。花期长,从春到秋开花不间断。

图4-1-37　福禄考

图4-1-38　长春花

【产地与分布】:原产地中海沿岸、印度、热带美洲等地。中国主要在长江以南地区栽培,广东、广西、云南等省(自治区)栽培较为普遍。

【习性】:喜温暖、稍干燥和阳光充足环境,忌湿怕涝,宜肥沃和排水良好的土壤,能耐瘠薄。

【园林应用】:长春花不仅姿态优美,而且花期长,适合布置花坛、花境,也可作盆栽观赏,还是一种防治癌症的良药。长春花的白色乳汁有毒。

53. 四季报春(见图4-1-39)

Primula obconica Hance.

【科属】:报春花科,报春花属。

【识别要点】:多年生草本,多作一二年生栽培。植株低矮,叶全部基生,形成莲座状叶丛。花有红、黄、橙、蓝、紫、白等色,排成伞形总状花序。蒴果球状。花期四季不断。

常见报春花类种类:

(1)报春花(*P. malacoides*):原产云贵一带,园艺品种繁多,为优良温室冬季盆花。

(2)藏报春(*P. sinensis*):又名中国樱草,原产四川、湖北等地。原种花玫瑰紫色,园艺品种花型大,花色有桃红、橙、深红、蓝及白色等,为重要的冬春室内盆花。

(3)欧报春(*P. vulgaris*):原产西欧和南欧,园艺品种有单瓣、重瓣。花色丰富,性耐寒,在西欧可露地越冬,为早春花坛优良品种,也可盆栽。

【产地与分布】:报春花属全世界约有500种,绝大多数种类均分布于较高纬度低海拔或低纬度高海拔地区,主要分布于北半球温带和亚热带高山地区,仅有少数产于南半球。我国约有近400种,主要分布于四川、云南和西藏南部,陕西、湖北、贵州也有分布,其余各省(区)甚少。

【习性】:典型的暖温带植物,喜温暖而又凉爽的气候,喜湿润环境,要求排水良好、富含腐殖质的土壤,不耐高温和强烈的直射阳光,亦不耐严寒。宜用中性土壤栽培。

【园林应用】:重要的室内盆栽花卉,在温暖地区也可做春季花坛用花。

54. 茑萝(茑萝松、游龙草、羽叶茑萝)(见图4-1-40)

Quamoclit pennata(Desr.)Bojer.

【科属】:旋花科,茑萝属。

【识别要点】:一年生蔓性缠绕草本。茎无毛,长达4 cm,光滑。单叶互生,羽状细裂,裂片线型,托叶与叶片同形。聚伞花序腋生,花小,花冠高脚碟状,深红色,外形似五角星。蒴果。花期8月至霜降,果熟期9~11月。

【产地与分布】:原产墨西哥等地,我国广泛栽培。

【习性】:生性强健,易栽培。要求排水良好、光照充足环境,不耐寒,对土壤要求不严。

【园林应用】:可用作篱垣、棚架等的垂直绿化,还可作地被植物,不设支架,随其爬覆地面。此外,还可进行盆栽观赏,搭架攀缘,整成各种形状,或装饰门楣、栅栏。

55. 大花牵牛(喇叭花)

Pharbitis nil(Linn.)Choisy.

【科属】:旋花科,牵牛属。

图 4-1-39　四季报春

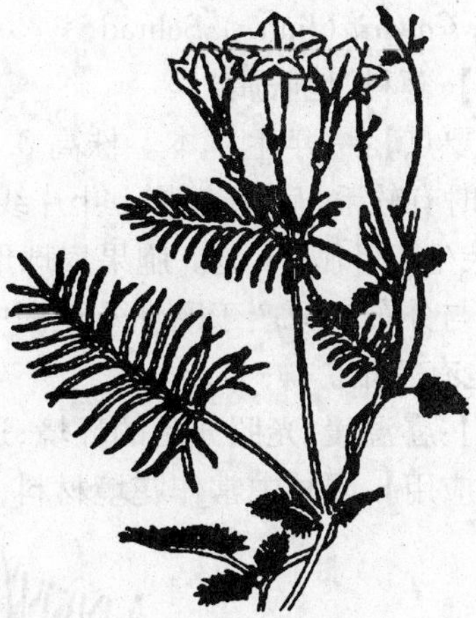

图 4-1-40　茑萝

【识别要点】:一年生蔓性缠绕草本。植物体被毛。叶互生,宽卵形或近圆形,常为 3 裂,中间裂片长圆形或卵圆形,侧裂片较短,三角形,被柔毛。夏秋季开花,花序腋生,有 1 ~3 朵,萼片 5,花冠蓝紫色渐变淡紫或粉红色,漏斗状,花冠管色淡。蒴果,近球形,种子卵状三棱形,黑褐色或米黄色,被褐色短绒毛。

同属常见栽培种:

(1)牵牛花(*P. hederacea*):叶 3 裂,3 裂片大小相当。花色先蓝紫后变红。

(2)圆叶牵牛(*P. purpurea*):叶广卵状心形,不裂,顶端尖,花玫红色。

【产地与分布】:原产热带美洲,我国各地普遍栽培。

【习性】:牵牛花生性强健,喜气候温和、光照充足、通风良好环境,对土壤适应性强,较耐干旱、盐碱,不怕高温酷暑,深根性植物。花大都朝开午谢。

【园林用途】:牵牛花是垂直绿化的良好材料,可用于攀缘棚架,覆盖墙垣、篱笆,也可用作地被,还可盆栽观赏。

56. 秋葵

Abelmoschus esculentus L. Moench.

【科属】:锦葵科,秋葵属。

【识别要点】:一年生草本。茎直立高大,高 1 ~2. 5 m,多分枝,被刚状毛。根系发达。单叶互生,叶大,心形,掌状 5 深裂,裂片披针形,先端渐尖,边缘有钝锯齿;叶柄细长,中空。花单生,色艳丽,具观赏价值。蒴果,成熟时木质,长 8 ~20 cm,绿色或红色。种子球形,灰黑色。花期 7 ~9 月。

【产地与分布】:原产中国和日本,中国广泛栽培。

【习性】:性喜温暖,耐热怕寒;喜光照充足,要求光照时间长;耐旱、耐湿、不耐涝,以土层深厚、肥沃土壤为宜。

【园林应用】:秋葵植株高大,夏、秋开花,花大美丽,适用于篱边、墙角点缀,可作为林缘、建筑物旁和零星空隙地的背景材料,也可代替灌木植于草坪或角隅等处。

57. 地肤（扫帚菜、孔雀松）（见图 4-1-41）

Kochia scoparia(linn.) Schrad.

【科属】：藜科，地肤属。

【识别要点】：一年生草本。株高 0.5 ~ 1.5 m。茎直立，多分枝；小枝斜展，淡绿色或浅红色，幼时有软毛，后变光滑。叶片线形或披针形，无柄全缘，无毛或有短柔毛。花无梗，1 ~ 2 朵生于叶腋，不显。胞果扁球形。花期 7 ~ 9 月，果期 8 ~ 10 月。

【产地与分布】：原产于欧洲及亚洲中部和南部地区。现分布遍及全国，生于荒野、宅边、路旁，也有栽培。

【习性】：喜温暖、光照充足的环境，适应性强，耐寒、耐盐碱，栽培容易。

【园林应用】：园林中常作花境材料，也可盆栽观赏或作边缘种植。

图 4-1-41　地肤

58. 罗勒（零陵香、香草、香佩兰）

Ocimum basilicum L.

【科属】：唇形科，罗勒属。

【识别要点】：一年生草本，全草具强烈香味。茎四棱形。叶卵形，对生，全缘或略有锯齿，叶柄长，背面灰绿色，有暗色的油腺点。总状花序，6 ~ 8 朵小花轮生，白色或微红色。坚果小，种子卵圆形，黑色。

【产地与分布】：罗勒原产地在印度、西亚等地，素有香草之王美称。现世界各地均有栽培。

【习性】：喜温暖湿润的环境，耐热但不耐寒，耐干旱，不耐涝，对土壤要求不严格；喜光照充足环境。

【园林应用】：罗勒是流行的香草类植物，可盆栽观赏，也可大面积栽培采其芽药用或食用。

59. 勿忘我(勿忘草)

Myosotis sylvatica Hoffm.

【科属】:紫草科,勿忘我属。

【识别要点】:多年生草本,常做一二年生栽培。全株具粗糙毛,株高 50 ~ 100 cm;叶丛生,呈莲座状,叶片羽裂。花序自基部分枝,呈伞房状圆锥花序,松散开张。小花生于花梗一侧;花萼管状,干膜质,有紫、粉、蓝、黄、白等各种颜色。花期 5 ~ 6 月。

【产地与分布】:原产欧亚大陆,现世界各地均有栽培。

【习性】:喜干燥、凉爽的气候,忌湿热,喜光,耐旱,生长适温为 20 ~ 25 ℃。适宜在疏松、肥沃、排水良好的微碱性土壤中生长。

【园林应用】:可作花境材料,也可布置岩石园或野趣园,更是优良的切花材料。其花干燥后不变型、不变色,是制作干花的良好材料。

第二单元　宿根园林植物

一、宿根园林植物的特点

宿根园林植物是指个体寿命超过两年,可持续生长,多次开花、结实,且地下根系或地下茎形态正常,不发生变态的一类多年生草本观赏植物。

依其习性不同,宿根园林植物又有常绿宿根和落叶宿根之分。常绿宿根植物常见的有麦冬、红花酢浆草、万年青、君子兰等;落叶宿根植物常见的有菊花、芍药、桔梗、玉簪、萱草等。落叶宿根植物耐寒性较强,在不适应的季节里,植株地上部分枯死,而地下的芽及根系仍然存活,待春天温度回升后,又能重新萌芽生长。

宿根园林植物一般寿命较长,生长健壮,并且一次栽植可多年观赏,管理比较简单,因此园林中应用较广,可做花坛材料,也是花境的主体材料,很多种类还可盆栽用于室内装饰。

宿根植物可以采用分株、扦插等无性繁殖方法加以培育。

二、常见宿根园林植物

1. 菊花(见图 4-2-1)

Dendranthema morifolium Tzvel. (*chrysanthemum morifolium* Ramat.)

【科属】:菊科,菊属。

【识别要点】:菊花是经长期人工选择培育出的名贵观赏花卉,品种已达千余种。多年生草本植物。株高 20 ~ 200 cm,通常 30 ~ 90 cm。茎色嫩绿或褐色,基部半木质化。单叶互生,卵圆至长圆形,边缘有缺刻或锯齿。头状花序顶生或腋生,一朵或数朵簇生。舌状花为雌花,筒状花为两性花。舌状花分为平、匙、管、畸四类,色彩丰富,有红、黄、白、墨、紫、绿、橙、粉、棕、雪青、淡绿等。筒状花发展成为具各种色彩的"托桂瓣",花色有红、黄、白、紫、绿、粉红、复色、间色等色系。花序大小和形状多变,花期 10 ~ 12 月。

【产地与分布】:原产中国,唐代传到日本,明清时期传入欧洲,现世界各地广泛栽培。

【习性】:喜凉爽、较耐寒,忌涝,喜土层深厚、富含腐殖质、排水良好的壤土;为典型短日照植物。

【园林应用】:菊花是我国传统名花,有悠久的栽培历史。菊花历来被视为高风亮节、高雅傲霜的象征,代表着斯文与友情。菊花因其在深秋不畏秋寒开放,深受中国古代文人的喜欢。可以盆栽观赏,也是世界四大切花之一,还可露地栽培或作地被植物。

2. 非洲菊(扶郎花)(见图 4-2-2)

Gerbera jamesonii Bolus.

【科属】:菊科,大丁草属。

图 4-2-1　菊花

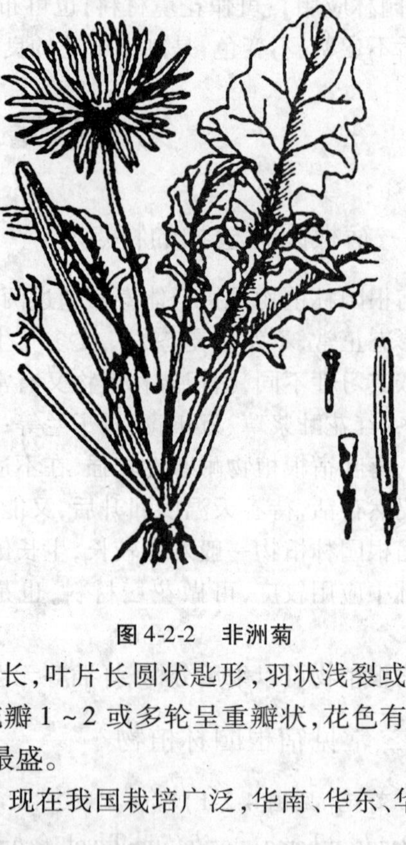

图 4-2-2　非洲菊

【识别要点】:株高 30 ~ 45 cm,叶基生,叶柄长,叶片长圆状匙形,羽状浅裂或深裂。头状花序单生,高出叶面,总苞盘状,钟形,舌状花瓣 1 ~ 2 或多轮呈重瓣状,花色有大红、橙红、淡红、黄色等。通常四季有花,以春秋两季最盛。

【产地与分布】:原产南非,少数分布在亚洲。现在我国栽培广泛,华南、华东、华中等地区皆有栽培。

【习性】:喜冬暖夏凉、空气流通、阳光充足的环境,不耐寒,忌炎热;喜肥沃疏松、排水良好、富含腐殖质的沙质壤土。

【园林应用】:非洲菊花朵硕大,花枝挺拔,花色艳丽,水插时间长,为世界著名切花之一。可布置花坛、花境,或温室盆栽作为厅堂、会场等装饰摆放。

3. 荷兰菊(柳叶菊)

Aster novi-belgii L.

【科属】:菊科,紫菀属。

【识别要点】:茎丛生,多分枝,株高 60 ~ 100 cm,叶呈线状披针形,光滑,幼嫩时微呈紫色。头状花序生于枝顶，花蓝紫色。花期10月。

【产地与分布】：原产北美，我国园林广泛栽培。

【习性】：多年生草本植物。耐寒性强，在我国东北地区可露地越冬。喜温暖湿润和阳光充足环境，耐寒性强，也耐炎热，宜肥沃、排水良好的沙壤土。

【园林应用】：荷兰菊花繁色艳，适应性强，植株较矮，盛花时节又正值国庆节前后，故多用作花坛、花境材料，也可片植、丛植，或作盆花或切花。也是良好的地被植物。

4. 大滨菊

Chrysanthemum maximum Ramond

【科属】：菊科，菊属。

【识别要点】：多年生草本。株高40～100 cm，直立。单叶，异型，基部叶倒披针形，具长柄，茎生叶无柄，线形。头状花序单生于枝顶，花径3～6 cm，舌状花白色，单轮，有香气；管状花两性，黄色。瘦果。花期6～7月，果熟期8～9月。

【产地与分布】：原产西欧，我国新近引种栽培。

【习性】：性喜阳光，耐寒性强，生长健壮，对土壤要求不严。

【园林用途】：园林中多用于庭园绿化或布置花境或丛植，也是优良切花。

5. 蛇鞭菊（麒麟菊）

Liatris spicata Willd.

【科属】：菊科，蛇鞭菊属。

【识别要点】：株高60～150 cm，具黑色块状根。叶互生，条形，全缘。头状花序排列呈密穗状，长15～30 cm。总苞紫色，花紫、粉色。花期7～9月。

【产地与分布】：原产美国东部地区，世界各国均有栽培。

【习性】：性强健，较耐寒，要求光照充足，也稍耐阴；耐水湿，对土壤要求不严。

【园林应用】：可用于布置花境，花期由夏至秋季，是切花的良好材料。

6. 一枝黄花

Solidago decurens Lour.

【科属】：菊科，一枝黄花属。

【识别要点】：株高30～80 cm。茎直立光滑，分枝少，基部带紫红色。单叶互生，卵圆形或披针形，缘有锐锯齿，基部叶有柄，上部叶无柄。头状花序聚成总状或圆锥状，花黄色。花期7～10月。

【产地与分布】：产于我国华东、中南、西南地区，多生于热带、亚热带地区的山坡、草地、路旁。

【习性】：生长强健，喜凉爽，耐寒性强，要求日照充足环境，在沙质壤土中生长良好。

【园林应用】：一枝黄花株型较大，园林中多丛植或植于道路两侧。一些品种可作切花材料，水养持久。

7. 紫菀

Aster tataricus L.

【科属】：菊科，紫菀属。

【识别要点】：株高达150 cm，茎直立，上部有分枝。单叶互生，披针形，渐无柄，缘有疏锯齿。头状花序多数排列成伞房状。舌状花蓝紫色,管状花黄色。花期7~9月。

【产地与分布】:原产于中国、日本和俄罗斯,我国北方地区分布广泛。

【习性】:喜温暖湿润和阳光充足的环境,既耐寒又耐热,耐半阴,耐瘠薄土壤,宜肥沃和排水良好的沙壤土。

【园林应用】:紫菀开浅蓝色小花,开花不断,适用于草坪边缘作地被植物,也可切下花枝作瓶插配花用。

8. 金鸡菊

Coreopsis basalis L.

【科属】:菊科,金鸡菊属。

【识别要点】:株高30~90 cm,全株疏生长毛。单叶对生,全缘,3~5浅裂,长圆匙形或披针形。头状花序单生或聚成疏圆锥花序,花径6~7 cm,具长梗,花金黄色。

主要种类及品种:

(1)大花金鸡菊(*C. grandiflora*):全株稍被毛,有分枝,叶披针形,全缘,上部叶3~5深裂。头状花序4~6 cm,内外列总苞近等长。花为黄色。

(2)大金鸡菊(*C. lanceolata*):无毛或疏生长毛,叶多簇生基部或少数对生,茎上叶少,头状花径5~6 cm,管状花黄色。

(3)轮叶金鸡菊(*C. overticillata*):无毛,少分枝,叶轮生,无柄,掌状3深裂,各裂片又细裂,管状花黄色至黄绿色。

【产地与分布】:原产美国南部,我国园林广泛栽培。

【习性】:金鸡菊类耐寒耐旱,对土壤要求不严,喜光,但耐半阴,适应性强,对二氧化硫有较强的抗性。

【园林应用】:枝叶密集,尤其是早春,幼叶萌生,鲜绿成片;春夏之间,花大色艳,常开不绝,是极好的疏林地被,可观叶也可观花;在屋顶绿化中作覆盖材料效果极好,还可作花境材料。

9. 松果菊(紫松果菊、紫锥花)(见图4-2-3)

Echinacea purpurea Moench

【科属】:菊科,松果菊属。

【识别要点】:株高60~150 cm,全株具粗毛,茎直立;叶卵形,缘具疏浅锯齿;基生叶基部下延,茎生叶基部稍抱茎。头状花序单生于枝顶,或数朵聚生,花径达10 cm,舌状花紫红色,管状花橙黄色。花期6~7月。

【产地与分布】:原产北美,现世界各地多有栽培。

【习性】:性强健,稍耐寒,喜生于温暖向阳处,喜肥沃、深厚、富含有机质的土壤。

【园林应用】:松果菊生长健壮而高大,花期长,可作背景栽植或作花境、花坛材料,或丛植,亦可作切花。

10. 芍药(见图4-2-4)

Paeonia Lactiflora Pall.(*P. albiflora*)

【科属】:毛茛科,芍药属。

【识别要点】:株高1 m左右。二回三出复叶,小叶矩形或披针形,顶部叶片渐小或成单叶。花大且美，有芳香，单生枝顶或生于叶腋；花白、粉、紫或红色。花期4～5月。

【产地与分布】：原产我国，扬州、菏泽等地栽培广泛。

【习性】：性耐寒，在我国北方都可以露地越冬，土质以深厚、湿润的壤土最适宜，忌积水，低洼地、盐碱地均不宜栽培。喜肥，喜阳光充足。

【园林应用】：芍药花大艳丽，品种丰富，在园林中常成片种植，是花坛主要材料，或沿着小径、路旁作带形栽植，或在林地边缘栽培，并配以矮生、匍匐性花卉，也可庭园丛植，更有作专类花园。芍药又是重要的切花。

图4-2-3　松果菊

图4-2-4　芍药

11. 耧斗菜

Aquilegia vulgaris L.

【科属】：毛茛科，耧斗菜属。

【识别要点】：株高40～60 cm，茎直立。小叶菱状倒卵形或宽菱形，边缘有圆齿，上面无毛，下面疏被短柔毛，花下垂，花形独特，花瓣5枚，有囊状长距向后延伸，萼片和花瓣均色彩鲜艳。蓇葖果，种子黑色而光滑。花期5～7月。

常见栽培变种：

(1)大花变种(var. *olympica*)：花大，萼片暗紫色至淡紫色，花瓣白色。

(2)白花变(var. *nivea Baumg*)：花白色，花径约6 cm。

(3)重瓣变种(var. *flore-pleno*)：花重瓣，多种颜色。

(4)斑叶变种(var. *vervaeneana*)：叶片有黄斑。

【产地与分布】：原产于欧洲和北美，现各地均有栽培。

【习性】：耧斗菜性强健而耐寒，喜凉爽气候，忌夏季高温暴晒，适宜生长在富含腐殖质、湿润而排水良好的沙质壤土。

【园林应用】：耧斗菜花大而美丽，花形独特，品种多，花期长，可丛植于花坛、花境及岩石园、林缘或疏林下。根含糖类，可制饴糖或酿酒，种子含油，可供工业用。

12. 铁线莲(山木通、番莲、威灵仙)(见图 4-2-5)

Clematis florida Thunb.

【科属】:毛茛科,铁线莲属。

【识别要点】:多为蔓性,少有直立种。茎长 1 ~ 2 m,棕色或紫红色,节部膨大。二回三出复叶,小叶狭卵形至披针形,全缘,脉纹不显。花单生或为圆锥花序,萼片大,呈花瓣状,蓝色、紫色、粉红色、玫红色、紫红色、白色等,雌蕊、雄蕊多数。园艺品种很多。花期 6 ~ 9 月,果期夏季。

【产地与分布】:原产于中国,广东、广西、江西、湖南等地均有分布。生于低山区的丘陵灌丛中。

【习性】: 喜肥沃、排水良好的碱性壤土,忌积水,不耐夏季干旱。耐寒性强,可耐 −20 ℃低温。

【园林应用】:铁线莲为优良的垂直绿化材料,可布置阳台、庭园,也可作切花。

13. 飞燕草(鸽子花、百部草)(见图 4-2-6)

Delphinium grandiflorum L. var. *chinense* Fisch.

【科属】:毛茛科,翠雀属。

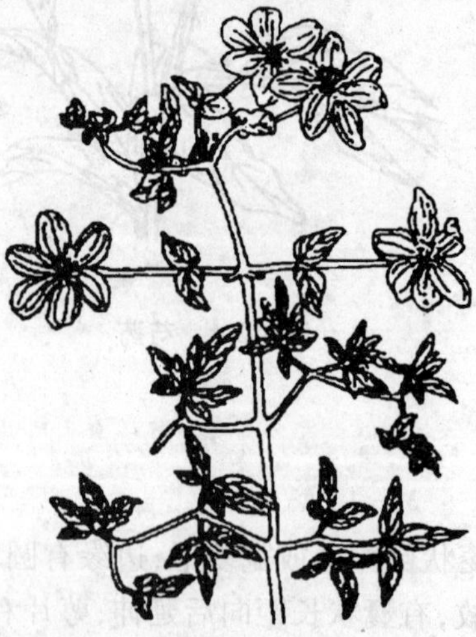

图 4-2-5　铁线莲

图 4-2-6　飞燕草

【识别要点】:株高 35 ~ 65 cm。全株被柔毛,多分枝。叶互生,掌状深细裂,裂片线性。总状花序,具花 3 ~ 15 朵,花左右对称,蓝色或紫蓝色,萼片 5,花瓣状,花瓣 2,较小,有矩,矩突伸于萼距内。蓇葖果 3 个聚生。花期 8 ~ 9 月,果期 9 ~ 10 月。

【产地与分布】:原产于欧洲南部,我国分布广泛,各省均有栽培。常生于山坡、草地、固定的沙丘。

【习性】:喜凉爽、通风良好的环境,要求光照充足,喜欢干燥、排水良好的沙质壤土。

【园林应用】:飞燕草花形别致,色彩淡雅;或丛植,栽植花坛、花境,也可用作切花。

14. 射干

Belamcanda chinensis(L.)DC.

【科属】:鸢尾科,射干属。

【识别要点】:株高 60 ~ 130 cm,叶剑形,绿色,扁平而扇状互生,被白粉。花黄色偏红,总状花序,数朵顶生,花被 6 片,排成两轮,花瓣中有红色条纹。种子黑色,近球形。花期 7 ~ 9 月,果期 9 ~ 10 月。

【产地与分布】: 原产于中国、日本及朝鲜,现广泛分布全国各省区。

【习性】:喜温暖,耐干旱和寒冷,喜阳光,对土壤要求不严,忌低洼地和盐碱地。

【园林用途】:射干植株高大,花形飘逸,适用于做花境布置。

15. 鸢尾(见图 4-2-7)

Iris tectorum Maxim.

【科属】:鸢尾科,鸢尾属。

【识别要点】:高 30 ~ 50 cm。根状茎匍匐多节,粗而节间短,浅黄色。叶为渐尖状剑形,质薄,淡绿色,呈二列交互排列,基部互相包叠。总状花序 1 ~ 2 枝,每枝有花 2 ~ 3 朵;花蝶形,花冠蓝紫色或紫白色,外 3 枚较大,圆形下垂;内 3 枚较小,倒圆形,拱形直立。蒴果长圆形,具 3 ~ 6 棱,种子片状。花期 4 ~ 6 月,果期 6 ~ 8 月。

【产地与分布】:原产于中国中部及日本。现在中国主要分布在中原、西南和华东一带。

【习性】:耐寒性较强,要求适度湿润、排水良好、富含腐殖质、略带碱性的黏性土壤;喜阳光充足,亦耐半阴环境。

【园林应用】:鸢尾叶片碧绿青翠,花形大而奇,宛若翩翩彩蝶,是庭园中的重要花卉之一,可作花坛、花镜及庭园绿化,也是优美的盆栽花卉,也可作切花。

16. 萱草(见图 4-2-8)

Hemerocallis fulva (L.) L.

【科属】:百合科,萱草属。

图 4-2-7　鸢尾

图 4-2-8　萱草

【识别要点】:具短根状茎和粗壮肉质根。叶基生,宽线形,对排成两列,宽2~3 cm,背面呈"V"形突起,嫩绿色。花葶细长坚挺,高出叶丛,着花6~10朵,初夏开花,花大,漏斗形,下部合成花被筒,上部开展而反卷,边缘波状,橘红色。花期6~8月,每花仅开放一天。

【产地与分布】:原产于中国,先栽培多为杂交种,世界各地广泛栽培。美国有专门的萱草协会。

【习性】:性强健,耐寒,适应性强,喜湿润,也耐旱,喜阳光又耐半阴;对土壤选择性不强,但以富含腐殖质、排水良好的湿润土壤为宜。

【园林应用】:花色鲜艳,栽培容易,且春季萌发早,绿叶成丛极为美观,园林中多丛植或于花境、路旁栽植;又可作疏林地被植物。其根系强大,固土能力强,还是水土保持的良好材料,可用于坡地地被。

17. 玉簪(玉春棒、白鹤花)(见图4-2-9)

Hosta plantaginea Aschers.

【科属】:百合科,玉簪属。

【识别要点】:株高30~50 cm,叶基生成丛,卵形至心状卵形,基部心形,叶脉呈弧状。总状花序顶生,高于叶丛,花为白色,管状漏斗形,浓香。花期6~8月。

同属还有:

(1)紫萼(*H. ventricosa* Stearn):叶柄边缘常由叶片下延而呈狭翅状,叶片质薄,总状花序,小花淡紫、堇紫色花。

(2)狭叶玉簪(*H. lancifolia* Engler):叶灰绿色,披针形至长椭圆形,两端渐狭。花淡紫色。

(3)波叶玉簪(*H. undulata* Bailey):叶卵形,叶缘微波状,叶面有乳黄或白色纵纹,花葶超出叶丛,花暗紫色。

【产地与分布】:原产中国及日本,现各国均有栽培。

【习性】:性强健,耐寒冷,性喜阴湿环境,不耐强烈日光照射,要求土层深厚,排水良好且肥沃的沙质壤土。

【园林应用】:玉簪是较好的阴生植物,在园林中可用于树下作地被植物,或植于岩石园或建筑物北侧,也可盆栽观赏或作切花用。

18. 虎尾兰(虎皮兰、千岁兰)(见图4-2-10)

Sansevieria trifasciata Prain.

【科属】:百合科,虎尾兰属。

【识别要点】:多年生草本植物。具匍匐的根状茎,褐色,半木质化,分枝力强。叶片从地下茎生出,丛生,扁平,直立,先端尖,剑形;叶长30~50 cm,全缘。叶色浅绿色,正反两面具白色和深绿色的横向如云层状条纹,状似虎皮,表面被蜡质层。花期一般在11月,具香味,多不结实。

常见的栽培变种:

(1)金边虎尾兰(*S. trifasciata* var. *laurentii*):原产刚果。叶缘具黄色镶边。

(2)短叶虎尾兰(*S. trifasciata* var. *hahnii*):叶短,长10 cm。

【产地与分布】：原产于非洲、亚洲热带，我国温室习见栽培。

【习性】：喜光，也能耐阴，喜温暖，不耐寒，较耐干燥，抗逆性强，生长强健。

【园林应用】：为常见的室内盆栽观叶植物，适合布置装饰书房、客厅、卧室等场所，可供较长时间欣赏。

图4-2-9　玉簪

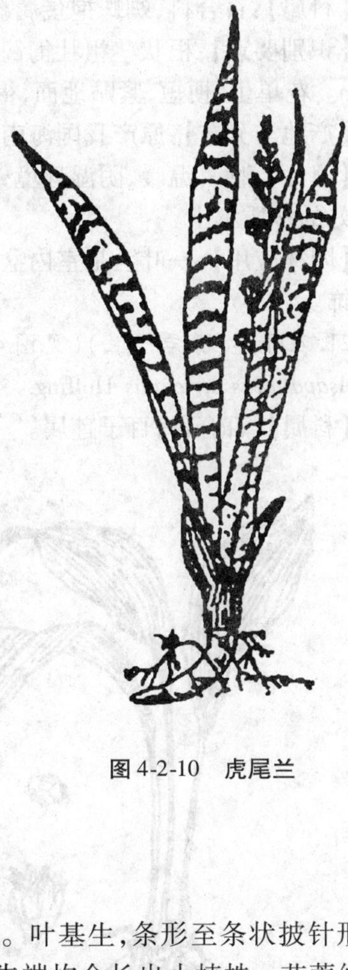

图4-2-10　虎尾兰

19. 吊兰

Chlorophytum comosum（Thunb.）Baker.

【科属】：百合科，吊兰属。

【识别要点】：具簇生的圆柱形肥大须根和根状茎。叶基生，条形至条状披针形，狭长，渐尖；成熟的植株会长出走茎，走茎长 30 ~ 60 cm，先端均会长出小植株。花葶细长，长于叶，弯垂；总状花序单一或分枝；花白色，数朵一簇，疏生于花序轴。

品种和变种：

(1)金边吊兰(var. Marginatum)：叶片边缘金黄色。

(2)金心吊兰（var.　Medio-pictum）：叶中心呈黄色纵向条纹。

(3)银边吊兰（var.　Variegatum）：叶边缘为白色。

(4)银心吊兰(var. Mediopictum)：叶片的主脉周围具有银白色的纵向条纹。

【产地与分布】：原产非洲南部，在世界各地广为栽培。

【习性】：性喜温暖湿润、半阴的环境；适应性强，较耐旱，不耐寒；对土壤要求不严，在排水良好、疏松肥沃的沙质壤土中生长较佳。

【园林应用】：吊兰是传统的室内垂吊植物之一。它叶片细长柔软，从叶腋中抽生的走茎长有小植株，由盆沿向下垂，舒展散垂，形似展翅跳跃的仙鹤，故有“折鹤兰”之称。也是一种良好的室内空气净化植物。

20. 一叶兰（见图 4-2-11）

Aspidistra elatior Blume.

【科属】：百合科，蜘蛛抱蛋属。

【识别要点】：根状茎粗壮匍匐。叶基生，质硬，基部狭窄成沟状，具长叶柄，叶长可达 70 cm。花单生，梗短，紧贴地面，褐紫色，不宜发现，花期 4～5 月。蒴果球形。

【产地与分布】：原产我国海南岛、台湾等地，我国广泛栽培。

【习性】：性喜温暖、阴湿环境，适应性强，耐贫瘠，不耐寒，极为耐阴，喜疏松、肥沃、排水良好的沙质壤土。

【园林应用】：一叶兰是室内盆栽和插花艺术中极好的观叶和造型材料，可作居室美化装饰。

21. 百子莲（紫君子兰）（见图 4-2-12）

Asapanthus africanus Hoffmg.

【科属】：百合科，百子莲属。

图 4-2-11　一叶兰

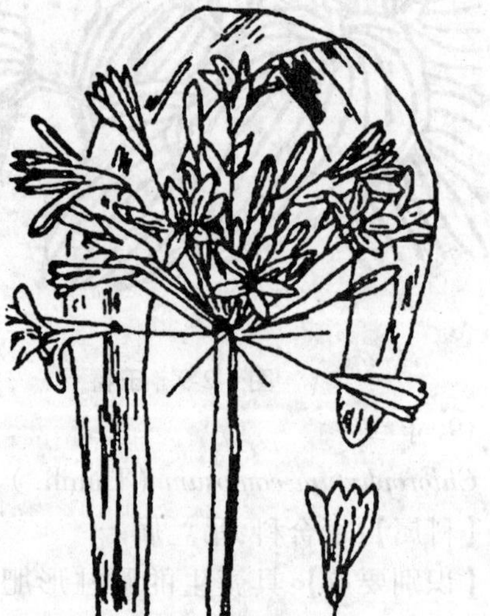

图 4-2-12　百子莲

【识别要点】：地下具短缩根状茎，根肉质。叶二列基生，线状披针形。花葶自叶丛中抽生，粗壮直立，40～80 cm，高出叶丛。顶生伞形花序，小花 10～30 朵，花被 6 片联合呈钟状漏斗形，鲜蓝色。花期 7～8 月。

【产地与分布】：原产南非，我国各地多见栽培。

【习性】：喜温暖湿润环境，对土壤要求不严；喜柔和的光照条件。

【园林应用】：百子莲叶丛浓绿、光亮，花色明快，适合盆栽观赏，或露地布置花坛、花镜；也可作切花。

22. 万年青(乌木毒)(见图 4-2-13)

Rohdea japonica(Thunb.) Roth.

【科属】:百合科,万年青属。

【识别要点】:根状茎粗短,黄白色,有节,节上生多数细长须根。叶基生,质厚,披针形或带形,边缘略向内褶,基部渐窄呈叶柄状,上面深绿色,下面淡绿色。春夏季从叶丛中抽生花葶,花多数,丛生于顶端排列成短穗状花序;花被 6 片,淡绿白色。浆果球形,橘红色;内含种子 1 粒。

常见变种:

(1)金边万年青(var. Marginata):叶片边缘金黄色。

(2)银边万年青(var. Variegata):叶片边缘银白色。

其他尚有大叶、细叶、矮生,及具有黄白色斑纹等变种,日本及台湾较多。

【产地与分布】:原产于我国和日本。在我国分布较广,华东、华中及西南地区均有,主要产地有浙江、江西、湖北等地。

【习性】:喜在林下潮湿处或草地中生长;喜半阴、温暖、湿润、通风良好的环境,不耐旱,稍耐寒;忌阳光直射、忌积水;喜富含腐殖质的微酸性沙壤土。

【园林应用】:万年青叶丛四季青翠,红果经冬不落,为优美的室内观叶、观果植物,在南方是良好的林下、路边地被植物。

23. 大花君子兰(见图 4-2-14)

Clivia miniata Regel.

【科属】:石蒜科,君子兰属。

图 4-2-13　万年青

图 4-2-14　大花君子兰

【识别要点】:肉质根粗壮;叶剑形,二列状交互叠生,排列整齐,长 30 ~ 50 cm;花葶自叶腋抽生,直立扁平,高出叶丛,聚伞花序,可着生小花 10 ~ 60 朵,花漏斗状,红橙色至大红色;浆果球形,成熟时紫红色。花期春季。

【产地与分布】:原产南非,现世界各地均有栽培。我国东北地区普遍栽培,长春市已成为我国大花君子兰栽培与繁育中心。

【习性】:既怕炎热又不耐寒,喜欢半阴而湿润的环境,畏强烈的直射阳光,生长的最佳温度在 15~25 ℃;喜欢通风良好的环境,要求肥沃疏松的微酸性土壤。

【园林应用】:君子兰花、叶、果兼美,观赏期长,可周年布置观赏,傲寒报春,端庄素雅,深受人们喜爱;是布置会场、楼堂馆所和美化家庭环境的名贵花卉植物。

24. 沙参

Adenophorae tetraphylla Fisch.

【科属】:桔梗科,沙参属。

【识别要点】:根茎粗壮,圆柱形。株高 30~50 cm,有乳汁,花序以下不分枝。茎生叶轮生,披针形,缘有锯齿。圆锥花序,花冠蓝色下垂,口部 5 浅裂,花柱细长,突出花冠外。花期夏季。

【产地与分布】:原产于中国、日本,我国从南到北多数省份均有分布。

【习性】:喜温暖、湿润和阳光充足环境,耐寒性强,夏季怕高温多湿,宜凉爽干燥气候,对土壤要求不严,以疏松肥沃和排水良好的沙壤土为好。

【园林应用】:沙参夏季开出蓝色钟状花,花枝亭亭玉立,宁静而素雅,适用于成丛点缀花境,衬托自然式的园林景观。

25. 桔梗(僧冠帽、铃铛花)(见图 4-2-15)

Platycodon grandiflorum (Jacq.) A. DC.

【科属】:桔梗科,桔梗属。

【识别要点】:根肥大肉质;茎直立,高 0.5~1 m,全株有白色乳汁,不分枝或上部稍分枝。叶对生或轮生,叶片卵状披针形,边缘有不整齐的锐锯齿。花单生枝顶或数朵组成总状花序;蓝色或蓝紫色,花冠钟形,先端 5 裂,花萼钟状,宿存。花期 7~9 月。

【产地与分布】:原产日本,我国南北各省均有分布。

【习性】:喜凉爽湿润的环境,要求光照充足,但也能稍耐阴。要求排水良好、疏松肥沃的土壤。

【园林应用】:桔梗花大,花期长,栽培容易,适宜于花境或岩石园布置,也可作地被植物。有些品种可作切花材料。根为中药药材,幼苗茎叶可做蔬菜。

26. 羽扇豆(多叶羽扇豆、鲁冰花)(见图 4-2-16)

Lupinus polyphyllus Lindl.

【科属】:豆科,羽扇豆属。

【识别要点】:高达 90~150 cm,茎直立粗壮,光滑或疏被柔毛。叶多基生,掌状复叶,小叶 9~16 枚,叶色绿。顶生总状花序,小花轮状排列,花序长达 60 cm,花蝶形,蓝紫色。荚果,被绒毛,种子黑色。花期 5~6 月。

园艺栽培的还有白、红、青等色,以及杂交大花种,色彩变化很多。

【产地与分布】:原产北美,现我国已有栽培。

【习性】:较耐寒,喜气候凉爽、阳光充足的环境,忌炎热,略耐阴,需肥沃、排水良好的沙质土壤,不耐移植。

【园林应用】:适宜布置花坛、花境或在草坪中丛植,亦可盆栽或作切花。

图 4-2-15　桔梗

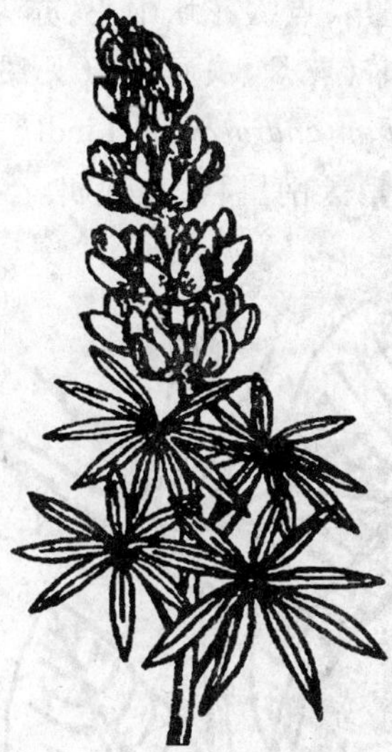

图 4-2-16　羽扇豆

27. 香堇

Viola odorata L.

【科属】:堇菜科,堇菜属。

【识别要点】:株高 10～15 cm,具长匍匐枝。叶基生,具长柄,卵形至肾形,缘具钝锯齿。托叶卵状披针形。花梗自基部抽出,花径 2～3 cm,花色丰富,有深紫、蓝、粉红、乳白、蓝黄双色等。花期 2～4 月。

【产地与分布】: 原产欧洲、北非及西亚,现各国均有栽培。

【习性】:耐寒性强,但不耐炎热,喜冷凉、长日照环境,耐半阴。

【园林应用】:常用作镶边植物栽培或盆栽观赏,花梗长的品种可做切花。香堇花、叶均含芳香油,是重要的芳香类植物。

28. 鹤望兰(极乐鸟花、天堂鸟)(见图 4-2-17)

Strelitzia reginae Banks.

【科属】:旅人蕉科,鹤望兰属。

【识别要点】:高达 1～2 m,根粗壮肉质。茎不明显。叶对生,两侧排列,革质,长椭圆形或长椭圆状卵形,长约 40 cm,宽 15 cm。叶柄比叶片长 2～3 倍,中央有纵槽沟。花梗与叶近等长。蝎尾状花序,外有总佛焰苞片,长约 15 cm,绿色,边缘晕红,着花 6～8 朵,顺次开放。外花被片 3 枚,橙黄色;内花被片 3 枚,舌状,天蓝色。花形奇特,色彩夺目,宛如仙鹤翘首远望。秋冬开花,花期长达 100 天以上。

【产地与分布】:原产非洲南部,我国自 20 世纪 90 年代以来,在广东、福建、江苏等地建立了鹤望兰种苗和盆花的生产基地。

【习性】:喜温暖、湿润气候,不耐寒,怕霜,喜光,夏季强光时宜遮阴或放阴棚下,冬季需充足阳光;为典型的鸟媒植物,原产地靠蜂鸟传粉。

【园林应用】:盆栽鹤望兰摆放宾馆、接待大厅和大型会议室,具清新、高雅之感;在南方可丛植院角，点缀花坛中心，亦为重要切花。

29. 红掌（花烛、安祖花）（见图 4-2-18）

Anthurium andraeanum Lindl.

【科属】：天南星科，花烛属。

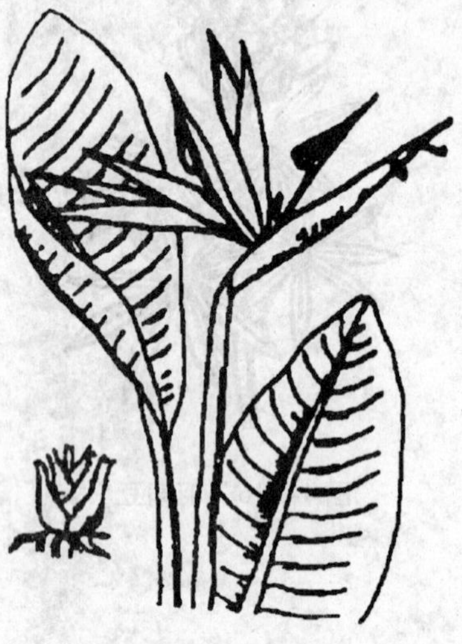

图 4-2-17　鹤望兰

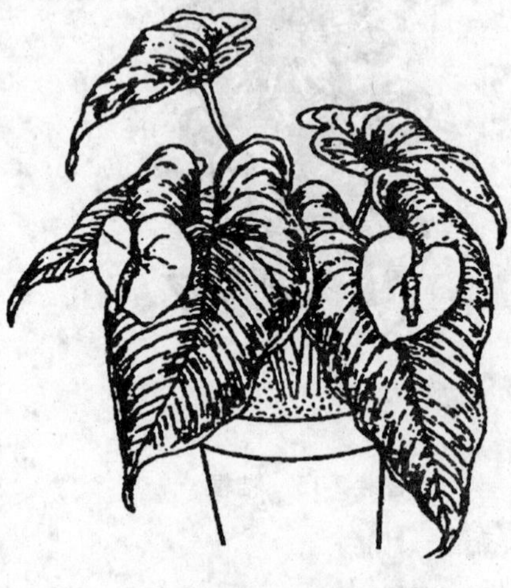

图 4-2-18　红掌

【识别要点】：株高 50 ~ 80 cm，因品种而异。具肉质根，叶从根茎抽出，具长柄，单生，心形，鲜绿色，叶脉凹陷。花腋生，佛焰苞蜡质，圆形至卵圆形，鲜红、橙红、白色，肉穗花序，圆柱状，直立。四季开花。

【产地与分布】：原产于南美洲热带雨林潮湿、半阴的沟谷地带，通过引种改良，现在欧洲、亚洲、非洲皆有广泛栽培。目前，荷兰在红掌的系统研究中居于领先地位。我国于 20 世纪 70 年代开始引种栽培。

【习性】：喜高温多湿而又排水良好的环境，怕干旱和阳光暴晒。其适宜生长温度为 26 ~ 32 ℃，不耐寒，15 ℃以下受害。

【园林应用】：其花朵独特，佛焰苞色泽鲜艳华丽，色彩丰富，是世界名贵花卉。花期长，切花水养可长达 1 个月，因此是良好的切花材料，也可切叶作插花的配材。盆栽单花期可长达 4 ~ 6 个月。

同属其他种：

火鹤（*A. scherzerianum*）：肉穗花序细弱，弯曲。

30. 花叶万年青（黛粉叶）

Dieffenbachia picta Schott.

【科属】：天南星科，花叶万年青属。

【识别要点】：常绿草本，茎干粗壮，多肉质，株高可达 1.5 m。叶片大而光亮，着生于茎干上部，椭圆状卵圆形或宽披针形，先端渐尖，全缘，长 20 ~ 50 cm、宽 5 ~ 15 cm；叶片两面深绿色，其上镶嵌着密集、不规则的白色、乳白、淡黄色等色彩不一的斑点、斑纹或斑块。

花梗由枝顶中抽出，短于叶柄，肉穗花序，花单性，苞片佛焰状，佛焰苞呈椭圆形，下部呈筒状。其园艺品种甚多，不同的品种叶片上的花纹不同。

我国常见栽培种：

(1)大王黛粉叶：叶面沿侧脉有乳白色斑条及斑块。

(2)暑白黛粉叶：浓绿色叶面中心乳黄绿色，叶缘及主脉深绿色，沿侧脉有乳白色斑条及斑块。

(3)白玉黛粉叶：叶片中心部分全部乳白色，只有叶缘叶脉呈不规则的银色。

【产地与分布】：花叶万年青原产南美巴西。

【习性】：喜温暖、湿润环境，不耐寒，怕干旱，忌阳光暴晒，耐阴性强。

【园林应用】：花叶万年青叶片宽大，有白色或黄白色密集的不规则斑点，色彩明亮强烈，优美高雅，观赏价值高，是重要室内观叶植物，适合盆栽观赏，点缀客厅、书房十分幽雅。将它摆放在光线较弱的公共场所，充满生机，特别适合在现代建筑中配置。

31. 海芋(狼毒、观音莲)

Alocasia macrorrhiza (Linn.) Schott.

【科属】：天南星科，海芋属。

【识别要点】：直立草本，地上茎有时高达 2～3 m，匍匐根状茎粗壮有节，常生不定芽。叶多数，螺旋状排列；叶柄粗大，下部具鞘；叶片革质，表面稍光亮，箭状卵形，边缘浅波状，长 50～90 cm，宽 40～80 cm。佛焰苞卵形，白绿色，舟状，长圆形，肉穗花序芳香。浆果红色，短卵状。花期 4～7 月。

【产地与分布】：原产我国热带地区以及印度和东南亚，现各地温室均有栽培。

【习性】：要求高温高湿环境，冬季室温应保持 20 ℃以上；在半阴和湿润处生长良好。

【园林应用】：为大型观叶植物，可用于居室及厅堂布置。

32. 广东万年青(见图 4-2-19)

Aglaonema modestum Schott.

【科属】：天南星科，亮丝草属。

【识别要点】：多年生常绿草本。茎直立不分枝，节间明显。单叶互生，叶柄长，基部扩大成鞘状，叶绿色，长披针形或卵圆披针形。秋季开花，花序腋生，顶生青绿色佛焰苞，内生白绿色肉穗花序。

常见栽培种：

(1)中斑亮丝草(var. Medio－pictum)：叶长卵形，深绿色，具不规则淡黄色或苹果绿大色块，为美国佛罗里达州 1967 年新品种。

(2)银王亮丝草(var. Silverking)：叶狭披针形，深绿色，具大面积银白色斑块，叶柄有灰绿色斑点。

(3)银后亮丝草(var. Silverqueen)：叶比银王亮丝草短而窄，叶面具银白色大斑块，叶柄深绿色。

(4)斑叶亮丝草(var. Variegatum)：叶阔披针形，淡绿色，具乳白色大斑纹。

【产地与分布】：亮丝草原产中国和菲律宾，现各地温室均有栽培。

【习性】：喜温暖湿润的环境，喜在半阴处生长，耐寒性较好，冬季 5 ℃以上即可越冬；

对土壤要求不严。

【园林应用】:广东万年青叶片宽阔光亮,四季翠绿,特别耐阴。除盆栽点缀厅室外或装饰室外环境,也可切叶作插花配叶。

图 4-2-19 广东万年青

33. 竹芋

Maranta arundinacea L.

【科属】:竹芋科,竹芋属。

【识别要点】:根茎粗大肉质,白色。叶丛生,具长柄,叶片卵状矩圆形,先端尖,表面有光泽,绿色或带青色,背面色淡。总状花序顶生,长 10 cm,花白色。园艺变种有斑叶竹芋,叶绿色,在主脉两侧有不规则黄白色斑纹。

【产地与分布】:原产美洲热带地区,现广植于各地热带地区。

【习性】:喜温暖湿润和光线明亮的环境,不耐寒,也不耐旱,怕烈日暴晒,喜高湿、高湿和半阴的环境条件

【园林应用】:竹芋为重要的小型室内观叶植物,叶形优美,叶色多变,可周年观赏,是室内装饰的理想材料。

同属其他种:

(1)花叶竹芋(*M. bicolor* Ker-Gawl):叶缘稍波状,叶面绿白色,中脉两侧有暗褐色斑块。叶背淡紫色。

(2)白脉竹芋(*M. leuconeura* Morren):叶表面淡绿色,沿主脉及支脉呈白色,边缘有暗绿色斑点。叶背面青铜色。

34. 紫鸭跖草(紫叶草、紫竹梅)

Setcreasea pallida.

【科属】:鸭跖草科,紫露草属。

【识别要点】:高 20 ~ 30 cm。茎多分枝,带肉质,紫红色,半蔓性,匍匐地面生长。叶披针形,互生,全缘,基部抱茎而成鞘,叶面暗绿色,边缘绿紫色,背面紫红色。花密生在二

叉状的花序柄上,下具线状披针形苞片,花桃红色,花期春夏季。

【产地与分布】:原产墨西哥等地,现世界各地广为栽培。

【习性】:喜光也耐阴,喜湿润也较耐旱,对土壤要求不高,稍耐寒,长江流域背风向阳处可越冬。

【园林应用】:鸭跖草整个植株全年呈紫红色,花叶俱美,为优良地被植物,也可盆栽作室内观叶植物。

35. 吊竹梅

Zebrina pendnla Schnizl.

【科属】:鸭跖草科,吊竹梅属。

【识别要点】:多年生常绿草本。茎细弱,稍肉质,绿色下垂,多分枝,节上生根。叶长圆形无柄,表面紫绿色,杂以银白色条纹,叶背紫红色,叶鞘被疏毛,花数朵聚生于小枝顶端。

【产地与分布】:原产墨西哥等地,现世界各地广为栽培。

【习性】:吊竹梅喜温暖湿润环境,不耐寒,耐阴性强,畏烈日直晒,适宜疏松肥沃的沙质壤土。

【园林应用】:小型盆栽植物。可置于高几架、橱柜顶任其自然下垂,也可垂吊欣赏。或布置于窗台上方,使其下垂,形成绿帘。园林常用做地被或树坛布置。

36. 白花紫露草

Tradescantia fluminensis Vell.

【科属】:鸭跖草科, 鸭跖草属。

【识别要点】:茎匍匐,带紫红色晕,节处膨大,贴地的茎节上生根。叶互生,长椭圆形,表面绿色,具白色条纹,有光泽,光线不足时,叶片变为绿色。伞形花序。花小、白色。

【产地与分布】:原产南美、巴西中部、乌拉圭和巴拉圭等地,现各地有栽培。

【习性】:性喜温暖湿润气候,适宜生长温度为15～25 ℃,畏烈日,宜生于明亮的散射光处,对土壤要求不高。

【园林应用】:白花紫露草植株铺散,叶色美观,宜盆栽观赏,是书橱、几架的良好装饰植物,夏季又可作为吊挂廊下的观叶植物。

37. 紫背万年青

Rhoeo discolor Hance.

【科属】:鸭跖草科,紫背万年青属。

【识别要点】:常绿宿根草本,叶宽披针形,成环状着生于短茎上,叶面光滑深绿,叶背暗紫色;花腋生,白色花朵被二片蚌壳般的紫色苞片,花丝被有白色长毛。

【产地与分布】:原产墨西哥和西印度群岛,现广泛栽培。

【习性】:喜温暖湿润的气候,适宜生长在温度为15～25 ℃的环境中,喜光也耐阴,畏烈日,要求肥沃、保水性好的土壤。冬季温度不低于5 ℃。

【园林应用】:紫背万年青叶面光亮翠绿,叶背深紫,是常见的盆栽观叶植物,适宜家庭阳台、房间布置和会客室、食堂等公共场所点缀。

38. 五彩凤梨(羞凤梨)

Neoregelia carolinae Beer.

【科属】:凤梨科,羞凤梨属。

【识别要点】:多年生常绿草本。高 18 ~ 20 cm,冠幅约 40 cm。叶片带状,革质,具油亮光泽。叶缘和中央镶有黄白色的纵条纹。叶片呈放射状排列。叶长 20 ~ 25 cm,宽 4 ~ 4.5 cm。开花时,叶片基部逐渐变成桃红色。

【产地与分布】:原产于巴西,各地均有栽培品种。

【习性】:喜高温、高湿,较耐寒、耐湿。适于排水良好的腐殖质土。

【园林应用】:叶色终年不褪,可盆栽观叶,适宜装饰客厅、书房。

39. 水塔花(见图 4-2-20)

Billbergia pyramidalis Lindl.

【科属】:凤梨科,水塔花属。

【识别要点】:多年生常绿草本植物。茎甚短。叶阔披针形,急尖,边缘有细锯齿,硬革质,鲜绿色,表面有厚角质层。叶片从根茎处旋叠状丛生,基部呈莲座状,中心呈筒状。叶筒内可以盛水而不漏,状似水塔。穗状花序直立,高出叶丛,苞片粉红色,花冠朱红色,花瓣外卷,边缘带紫色。多于冬春季开花。

变种:

(1)火炬水塔花(var. *concolor*):与水塔花相似,但花瓣、苞片均为红色。

(2)条纹水塔花(var. *strata*):叶片上有乳黄色乃至绿色的纵纹。

(3)美叶水塔花(*B. sanderiana*):叶缘密生长约 1 cm 的黑色刺状锯齿。花葶细长平滑,顶端着生稀疏的圆锥花序,花长约 7 cm。花瓣绿色,先端蓝色,萼上有蓝色斑点。

【产地与分布】:原产美洲热带,附生在热带森林的树上或腐殖质中。

【习性】:喜温暖、湿润、半阴环境;不耐寒;稍耐旱;对土质要求不高,以含腐殖质丰富、排水透气良好的微酸性沙质壤土为好,忌钙质土。

【园林应用】:叶片青翠而有光泽,丛生成莲座状,叶筒可盛水而不漏,国庆前后从嫩绿的叶筒中抽出柱状的鲜红花序。盛开的水塔花是点缀阳台、厅室的佳品,也适宜庭园、假山、池畔等场所摆设。

40. 铁兰(见图 4-2-21)

Tillandsia cyanea.

【科属】:凤梨科,铁兰属。

【识别要点】:附生常绿草本,株高不超过 30 cm。叶片基生,呈莲座状排列,细长,斜展。穗状花序椭圆形,苞片二列,为玫瑰红色,对称互叠;花小,雪青色。

【产地与分布】:原产于南美,现各地温室均有栽培。

【习性】:耐半阴,喜明亮散射光,喜高温、高湿的环境,在原产地生于热带森林的树干上,较耐干燥和寒冷;喜腐殖质土壤。

【园林应用】:适于盆栽装饰室内。

同属常见种:

(1)淡紫花凤梨(*T. ionantha*):又名章鱼花凤梨,植株矮小,茎部肥厚,叶先端长尖,叶色灰绿色，开花前内层的叶片变为红色，花淡紫色，花蕊深黄色。

(2)银叶花凤梨(*T. argentea*)：叶片长针状，叶色灰绿，基部黄白色，花序较长而弯，花黄色或蓝色，小花数少并且排列较松散。

(3)老人须(*T. usneoides*)：附生，无根，植株分枝，可悬挂于空中生长。叶细小，花不明显。

(4)蛇叶凤梨(*T. eaput-medusae*)：根部不发达；叶细长、肥且弯曲，叶先端渐细，叶片莲座状排列在茎基部，叶表被白粉，花紫色。

(5)雷葆花凤梨(*T. leiboldiana*)：株高30～60 cm。叶片绿色，长约30 cm，宽约5 cm，具漏斗形莲座。花梗较长，穗状花序具有略带卷曲的苞片，苞片周围为管状的蓝色花朵。

图4-2-20　水塔花

图4-2-21　铁兰

41. 锥花丝石竹(霞草、满天星)

Gypsophila paniculata L.

【科属】：石竹科，丝石竹属。

【识别要点】：株高65～70 cm，茎细皮滑，分枝甚多。叶片窄长，无柄，对生，叶色粉绿。圆锥花序组成疏松的大型花丛，花小，白色，景观似霞。花期6～8月。

常见品种：

(1)密聚花丝石竹(Compacta)：株低矮，枝叶繁茂，花密生。

(2)重瓣花丝石竹(Flore Pleno)：花重瓣。

(3)大花(Grandiflora)：花大。

【产地与分布】：原产于地中海沿岸，世界各地均有栽培。

【习性】：喜温暖湿润和阳光充足环境，较耐阴，耐寒，在排水良好、肥沃和疏松的壤土中生长最好；喜微碱性的石灰质壤土，忌高温多湿。

【园林应用】：丝石竹白色小花不断，花朵繁盛细致、分布匀称，犹如繁星，清丽可爱，适宜于花坛、路边和花篱栽植，非常适合盆栽观赏和盆景制作；也是插花中必不可少的填充花材。

42. 天竺葵(洋绣球、石蜡红)(见图 4-2-22)

Pelargonium hortorum Bailey.

【科属】:牻牛儿苗科,天竺葵属。

【识别要点】:茎粗壮,全株有强烈气味。单叶对生,掌状,有长柄,叶缘多锯齿,叶面有较深的环状斑纹。花冠通常 5 瓣,花序伞状,生于挺直的花梗顶端。群花密集如球,花色红、白、粉、紫变化很多。花期由初冬开始直至翌年夏初。

【产地与分布】:原产南非,世界各地均有栽培。

【习性】:喜温暖、湿润和阳光充足环境。耐寒性差,怕水湿和高温。

【园林应用】:天竺葵适应性强,花色鲜艳,花期长,适用于室内摆放,花坛布置等。

常见同属观赏种:

(1)蔓生天竺葵(*Pelargonium peltatum* (L.) Ait.):也叫盾叶天竺葵或是藤本天竺葵。茎半蔓生,多分枝,匍匐或下垂。叶盾形,有 5 浅裂,稍有光泽。花梗长 7.5 ~ 20 cm,有花 4 ~ 8 朵,花色丰富。花期冬春季。

(2)香叶天竺葵(*Pelargonium graveolens* L Her.):也叫香天竺葵,叶 5 ~ 7 掌状深裂,裂片再羽状浅裂,有气味。花淡红色,有紫色条纹。花期夏季。驱蚊香草为其转基因品种。

(3)马蹄纹天竺葵(*Pelargonium zonale* Aif.):叶倒卵形或卵状盾形,叶面有褐色马蹄纹,缘具钝锯齿,花深红到白色。

(4)大花天竺葵(*Pelargonium domesticum* Bailey.):全株具软毛,叶上无蹄纹,心状卵形,叶缘有芽尖齿。花大,花期 4 ~ 6 月。

43. 荷包牡丹(见图 4-2-23)

Dicentra spectabilis (L.) Lem.

【科属】:罂粟科,荷包牡丹属。

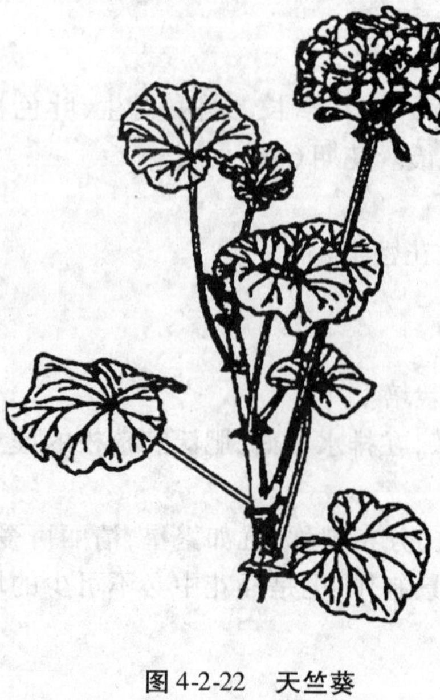

图 4-2-22　天竺葵

图 4-2-23　荷包牡丹

【识别要点】：多年生草本。株高30～60 cm。具肉质根状茎。叶对生，2回3出复叶，叶具白粉，有长柄，顶端3裂，裂片倒卵状。总状花序顶生呈拱状，小花下垂向一边，鲜桃红色，有白花变种；花瓣外面2枚基部囊状，内部2枚近白色，形似荷包。蒴果细而长。种子细小有冠毛。花期4～5月。

【产地与分布】：荷包牡丹原产我国北部，日本、俄罗斯西伯利亚也有分布。

【习性】：喜光，可耐半阴；性强健，耐寒而不耐夏季高温；喜湿润，不耐干旱；宜富含有机质的壤土，在沙土及黏土中生长不良。

【园林应用】：荷包牡丹叶丛美丽，花朵玲珑，形似荷包，色彩绚丽，适宜于布置花径和在树丛、草地边缘湿润处丛植，景观效果极好，也可布置花境、花坛，也是盆栽和切花的良好材料。

44. 豆瓣绿

Peperomia reflexa（L. f.）A. Dietr.

【科属】：胡椒科，豆瓣绿属。

【识别要点】：株高15～20 cm。无主茎。叶簇生，近肉质，较肥厚，倒卵形，灰绿色杂以深绿色脉纹。穗状花序，灰白色。

栽培种：

斑叶型：其叶肉质，有红晕。

花叶型：其叶中部绿色，边缘为一阔金黄色镶边。

亮叶型：叶心形，有金属光泽。

皱叶型：叶脉深凹陷，形成多皱的叶面。

【产地与分布】：原产西印度群岛、巴拿马、南美洲北部，现各地均有栽培。

【习性】：喜温暖湿润的半阴环境。生长适温25 ℃左右，最低不可低于10 ℃，不耐高温，要求较高的空气湿度，忌阳光直射；喜疏松肥沃，排水良好的湿润土壤。

【园林应用】：小型盆栽，置于茶几、装饰橱柜、博古架、办公桌上，十分美丽，或任枝条蔓延垂下，悬吊于室内窗前，也极清新悦目。

45. 猪笼草（见图4-2-24）

Nepenthes mirabilis（Lour.）Druce.

【科属】：猪笼草科，猪笼草属。

【识别要点】：食虫蔓性草本，茎长达1.5 m。叶片椭圆状矩圆形，上面几无毛，背面沿中脉附近被蛛丝状柔毛，侧脉约6对自叶片下部向上伸出，近平行；卷须长2～16 cm；食虫囊近圆筒状，长6～12 cm，粗2～3 cm，盖近圆形或宽卵形，有2纵棱，棱上通常生缘毛；叶柄半抱茎，长2～6 cm。花红色或红紫色，雌雄异株；总状花序，蒴果萼片宿存，熟后开裂。种子丝状，两端尖。花期4～11月，果期8～12月。

【产地与分布】：猪笼草是著名的热带食虫植物，主产地是亚洲热带地区。

【习性】：喜温暖、湿润和半阴环境。不耐寒，怕干燥和强光。10 ℃以下叶片边缘受冻害；对水分的反应比较敏感；猪笼草在高湿条件下才能正常生长发育；土壤以疏松、肥沃和透气的腐叶土或泥炭土为好。

【园林应用】：猪笼草美丽的叶笼具有极高的观赏价值。在欧美等地，作为室内盆栽

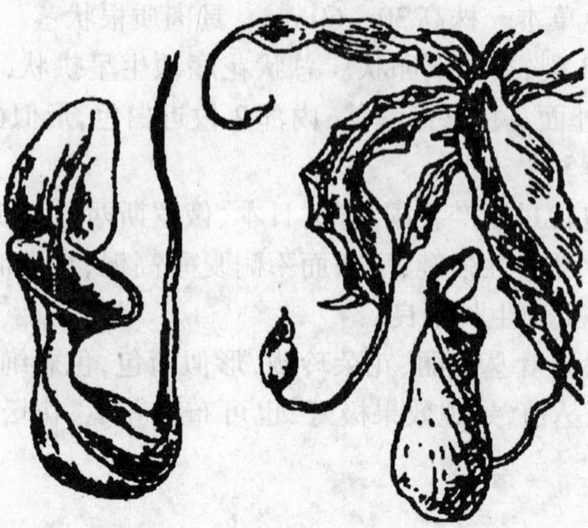

图 4-2-24　猪笼草

观赏已很普遍。近几年,在我国有栽培。用它点缀客厅花架、阳台和窗台,或悬挂于庭园树上和走廊旁,优雅别致,趣味盎然。

第三单元　球根园林植物

一、球根园林植物的特点

球根植物是指地下部分的根或茎发生变态,膨大成球状。根据地下球根的形态可把球根植物分为鳞茎类(如水仙)、球茎类(如唐菖蒲)、块茎类(如马蹄莲)、根茎类(如美人蕉)及块根类(如大丽花)五种类型。不同的球根植物习性也不相同,根据其习性特点,又把球根植物分为春植球根和秋植球根。春植球根一般在春季种植,夏秋开花,喜温暖,不耐寒,冬季地上部分干枯,地下球根休眠。秋植球根一般在秋季萌芽生长,春季开花,喜凉爽环境,不耐炎热,夏季地上部分干枯,地下球根休眠。

球根植物一般多为单子叶植物,叶片稀少,根系多为肉质根,对土壤要求较为严格,栽培应用中要求管理细致。

二、园林常见球根植物

1. 大丽花(大丽菊、地瓜花)(见图 4-3-1)

Dahlia pinnata Cav.

【科属】:菊科,大丽花属。

【识别要点】:地下具有粗大纺锤状肉质块根,株高因品种不同而有高低,单叶对生,1～3 回羽状裂,裂片卵形,缘具粗钝锯齿。花生于梗顶,花型花色变化丰富,花期 7～9 月。

【产地与分布】:原产墨西哥高原地区海拔 1 500 m 的地方,现各地均有栽培。

【习性】:既不耐寒,又畏酷暑,性喜阳光和疏松肥沃、排水良好的土壤。需要有一段低温时期进行休眠。大丽花在我国辽宁、吉林等地生长良好。

【园林应用】:大丽花适宜花坛、花境或庭前丛植,矮生品种可作盆栽。花朵用于制作切花、花篮、花环等。全株可入药,有清热解毒的功效。

2. 美人蕉(大花美人蕉、红艳蕉)(见图4-3-2)

Canna indica L.

【科属】:美人蕉科,美人蕉属。

【识别要点】:多年生根茎类球根植物。株高可达100~150 cm,根茎肥大;地上茎肉质,不分枝。茎叶具白粉,叶互生,宽大,长椭圆状披针形至阔椭圆形。总状花序自茎顶抽出,花径可达20 cm,花瓣直伸,具4枚瓣化雄蕊。花色有乳白、鲜黄、橙黄、橘红、粉红、大红、紫红、复色斑点等。花期北方6~10月,南方全年。

【产地与分布】:分布于印度以及中国,中国南北各地园林均有栽培。

【习性】:喜温暖和充足的阳光,不耐寒。要求土层深厚、肥沃。

【园林应用】:对二氧化硫、氯化氢等有害物质抗性强,具有净化空气、保护环境作用,是绿化、美化、净化环境的理想材料。园林上常作花坛、花境或作基础栽植。

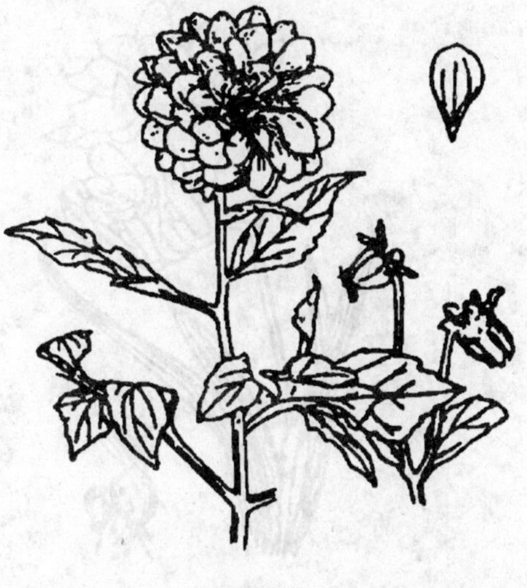

图4-3-1　大丽花

图4-3-2　美人蕉

3. 唐菖蒲(剑兰、菖兰、扁竹莲)(见图4-3-3)

Gladiotus huhridus Bort.

【科属】:鸢尾科,唐菖蒲属。

【识别要点】:多年生球茎类球根植物。球茎扁圆形,株高90~150 cm,茎粗壮直立,无分枝,叶硬质剑形,7~8片嵌叠状排列。花葶高出叶丛,穗状花序着花12~24朵,排成二列,侧向一边,花冠筒呈膨大的漏斗形,花色有红、黄、白、紫、蓝等深浅不同或具复色品种,花期夏秋。蒴果,种子深褐色,扁平有翅。

【产地与分布】:原产南非好望角,栽培种经多次种间杂交而成,广布世界各地。

【习性】:喜光性长日照植物,不耐寒,夏季喜凉爽气候,不耐过度炎热,生长适温20~25 ℃。性喜肥沃深厚的沙质土壤,要求排水良好,不宜在黏重土壤、低洼处栽植。

【园林应用】:唐菖蒲为重要的鲜切花材料,可作花篮、花束、瓶插等,也可布置花境及专类花坛。矮生品种可盆栽观赏。

4. 小苍兰(香雪兰、小菖兰)(见图 4-3-4)

Freesia refracta Klatt.

【科属】:鸢尾科,香雪兰属。

【识别要点】:多年生球茎类球根植物。球茎长卵圆形或圆锥形,外被纤维质棕褐色薄膜。地上茎细弱,有分枝。基生叶成二列叠生,叶片带状披针形,全缘。穗状花序顶生,花序上部弯曲呈水平状,小花偏生一侧,着花 6 ~ 7 朵,花色有淡黄、紫红、粉红、雪青、白等色,具浓郁的芳香,花期春季 3 ~ 5 月。

【产地与分布】:原产南非好望角一带,现各地都有栽培。

【习性】:为秋植球根,喜凉爽,不耐炎热,夏季休眠。要求阳光充足和肥沃、疏松的土壤,怕连作,耐寒性较差,在长江中、下游及以北地区都要在温室栽培。

【园林应用】:小苍兰既可盆栽供观赏,更是切花的好材料,花还可提取香料。

图 4-3-3　唐菖蒲

图 4-3-4　小苍兰

5. 晚香玉(夜来香、月下香)

Polianthes tuberose L.

【科属】:石蒜科,晚香玉属。

【识别要点】:多年生鳞茎类球根植物。高 80 cm 左右,叶基生,披针形,基部稍带红色。穗状花序顶生,小花成对着生,每穗着花 12 ~ 32 朵,自下而上陆续开放,花白色,漏斗状,有芳香,夜晚更浓。蒴果球形,种子黑色,扁圆锥形。花期 7 ~ 11 月。

栽培品种有白花和淡紫色两种:白花种多为单瓣,香味较浓;淡紫花种多为重瓣,每花序着花可达 40 朵左右。

【产地与分布】:原产墨西哥及南美,我国很早就引入栽培,现各地均有栽培。

【习性】:喜温暖且阳光充足环境,不耐霜冻,最适宜生长温度为25~30 ℃,喜肥,喜湿而忌涝;对土壤要求不严,以肥沃黏壤土为宜。

【园林应用】:晚香玉是美丽的夏季观赏植物和切花材料。园林中可成片散植,或用来布置岩石园。因其夜晚特别浓香,故可配植于夜花园作花坛材料;也可作切花,瓶插水养。花可提取香精。

6. 韭莲(红花葱兰、红菖蒲莲)(见图4-3-5)

Zephyranthes grandiflora Lindl.

【科属】:石蒜科,玉帘属。

【识别要点】:多年生鳞茎类球根植物。鳞茎卵形,外皮黑褐色膜质。叶24枚,绿色,稍肉质,线形,叶基即为鳞茎中的鳞瓣。花葶通常短于叶,常先于叶萌出,花单朵顶生,淡紫红色,漏斗状,花被片6。蒴果近球形,种子黑色。花期5~9月。

【产地与分布】:原产墨西哥南部至危地马拉,我国南北各地都有引种栽培,贵州、广西、云南常见逸生。

【习性】:喜温暖、湿润和充足阳光,亦耐半阴和潮湿;耐寒性稍差;宜排水良好、富含腐殖质的沙壤土。

【园林应用】:葱兰株丛低矮,花朵繁多,适合花坛、花境和草地中成丛栽植,也可盆栽供室内观赏,也是园林中广泛应用的半阴性地被植物。

7. 水仙(凌波仙子、金盏银台、雅蒜、中国水仙)(见图4-3-6)

Narcissus tazetta var. *chinensis* Roem.

【科属】:石蒜科,水仙属。

图4-3-5　葱兰

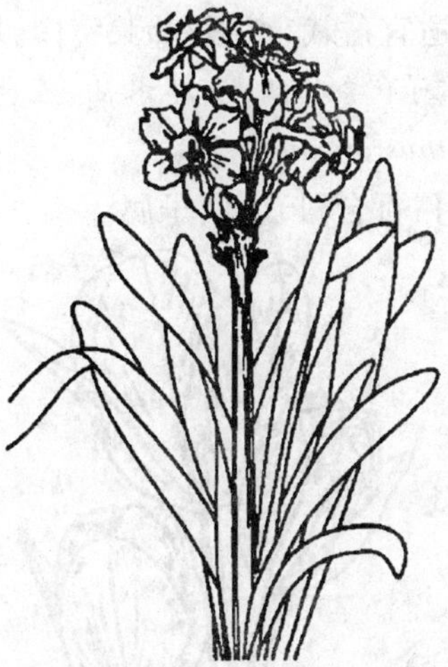

图4-3-6　水仙

【识别要点】:地下部分有肥大鳞茎,卵形至广卵状球形,外被棕褐色皮膜。叶狭长带状,二列状着生。花葶中空,扁筒状,通常每球有花葶数支,多者可达10余支,每葶数花,组成伞房花序。花白色,芳香,副冠高脚碟状,黄色。花期2~3月。

【产地与分布】:主要分布于中国东南沿海温暖、湿润地区,福建漳州及上海崇明岛最为有名。

【习性】:水仙生长期喜冷凉气候,适温为 10 ~20 ℃,可耐 0 ℃低温;不耐高温,温度过高,开花不良或萎蔫不开花;喜光照,也较耐阴;土壤要疏松的中性或微酸性。

【园林应用】:水仙花朵秀丽,叶片青翠,花香扑鼻,清秀典雅,水养已成为世界上著名的冬季室内陈设花卉之一;在温暖地区可做春季花坛种植。

8. 郁金香(见图 4-3-7)

Tulipa gesnerianna L.

【科属】:百合科,郁金香属 。

【识别要点】:多年生鳞茎类球根植物。鳞茎扁圆锥形或扁卵圆形,具棕褐色皮膜。茎叶光滑具白粉。叶 3 ~5 枚,长椭圆状披针形或卵状披针形。花葶高出叶丛,花单生茎顶,大形直立,杯状,有单瓣也有重瓣,花色有白、粉红、洋红、紫、褐、黄、橙等,深浅不一,单色或复色。花期 3 ~5 月,有早、中、晚之别。

【产地与分布】:原产地中海南北沿岸及中亚细亚和伊朗、土耳其,东至中国的东北地区等地,现郁金香已在世界各地普遍种植,其中以荷兰栽培最为盛行,成为商品性生产。中国各地园林中也多有栽培。

【习性】:喜欢冬季温暖湿润、夏季凉爽环境,夏季炎热则休眠。喜欢光照充足的长日照条件,耐寒性强,要求腐殖质丰富、疏松肥沃、排水良好的微酸性沙质壤土,忌盐碱和连作。

【园林应用】:郁金香花朵似荷花,花色繁多,色彩艳丽,是重要的春季球根花卉,矮型品种宜布置春季花坛,鲜艳夺目。高型品种适用切花或配植花境,也可丛植于草坪边缘。中、矮品种适宜盆栽,点缀庭园、室内,增添欢乐气氛。

9. 风信子(洋水仙、西洋水仙、五色水仙)(见图 4-3-8)

Hyacinthus orientalis L.

【科属】:百合科,风信子属。

图 4-3-7　郁金香

图 4-3-8　风信子

【识别要点】:多年生鳞茎类球根植物。鳞茎卵形,有膜质外皮。叶4~8枚,狭披针形,肉质,上有凹沟,绿色有光泽。花葶肉质,中空,略高于叶丛,总状花序顶生,小花5~20朵,斜伸或下垂,漏斗形,花被筒长,基部膨大,裂片长圆形,向外反卷,花有紫、白、红、黄、粉、蓝等色,还有重瓣、大花、早花和多倍体等品种。花期4~5月。

【产地与分布】:原产东南欧、非洲南部、地中海东部沿岸及小亚细亚一带。荷兰是风信子的主要生产地。

【习性】:喜冬季温暖湿润、夏季凉爽干燥、阳光充足或半阴的环境;喜肥,宜肥沃、排水良好的沙壤土,忌过湿或黏重的土壤;夏季休眠。

【园林应用】:风信子植株低矮整齐,花色丰富,色彩绚丽,是早春开花的著名球根花卉之一,也是重要的盆花种类。适于布置花坛、花境和花钵,也可作切花、盆栽或水养观赏。花除供观赏外,还可提取芳香油。

10. 百合(见图4-3-9)

Lilium brownii var. viridulum.

【科属】:百合科,百合属。

【识别要点】:多年生球根草本花卉,茎直立,不分枝,绿色,茎秆基部带红色或紫褐色斑点。地下具无膜鳞茎,白色或淡黄色。单叶互生,狭线形,无叶柄。花着生于茎秆顶端,簇生或单生,花冠较大,花筒较长,呈漏斗形喇叭状,6裂。花色因品种不同而色彩多样,多为黄、白、粉红、橙红,有的具紫色或黑色斑点。

【产地与分布】:主要分布在亚洲东部、欧洲、北美洲等北温带,现全球有几百个栽培品种。

【习性】:喜湿润、光照充足环境,要求肥沃、富含腐殖质、排水良好的沙质土壤,多数品种宜在微酸性至中性土壤中生长。

【园林应用】:可作花坛、花境材料,也可植于林缘或岩石石园,是世界著名切花。

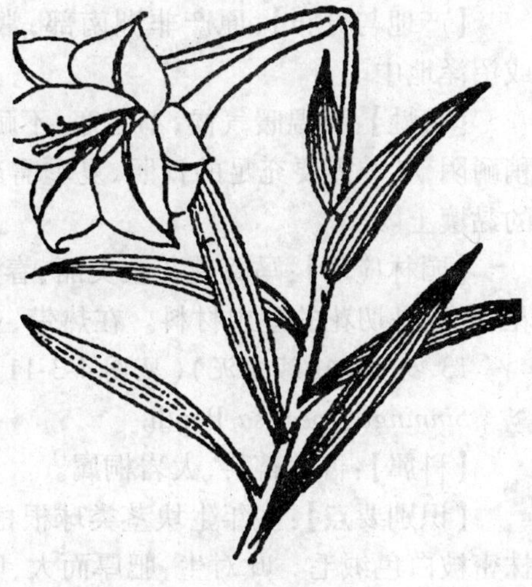

图4-3-9　百合

11. 仙客来(兔子花、兔耳花、一品冠、萝卜海棠)(见图4-3-10)

Cyclamen persicum Mill.

【科属】:报春花科,仙客来属。

【识别要点】:多年生块茎类球根植物。块茎扁圆球形或球形,肉质,外皮木栓化。叶片由块茎顶部生出,心形、卵形或肾形,叶缘有细锯齿,叶面绿色,具有白色或灰色晕斑,叶背绿色或暗红色,叶柄较长,红褐色,肉质。花单生于花梗顶部,花朵下垂,花瓣向上反卷,犹如兔耳;花有白、粉、玫红、大红、紫红、雪青等色,基部常具深红色斑;花瓣边缘多样,有全缘、缺刻、皱褶和波浪等形。花期春季。

【产地与分布】:仙客来原产地在欧洲南部希腊等地中海地区,现世界各地广为栽培。

【习性】:喜凉爽、湿润及阳光充足的环境,不耐寒也不耐炎热,低于10℃生长不良,夏季高温休眠，要求疏松、肥沃、富含腐殖质、排水良好的微酸性沙壤土。

【园林应用】：适宜于盆栽观赏，可置于室内布置，尤其适宜在家庭中点缀于有阳光的几架、书桌。

12. 马蹄莲

Zantedeschia aethiopica Spreng.

【科属】：天南星科，马蹄莲属。

【识别要点】：多年生块茎类球根植物。块茎肥大肉质。叶丛生，具长柄，叶柄一般为叶长的 2 倍，上部具棱，下部呈鞘状折叠抱茎；叶卵状箭形，全缘，鲜绿色。花梗着生叶旁，高出叶丛，肉穗花序包藏于佛焰苞内，佛焰苞形大，开张呈马蹄形；肉穗花序圆柱形，鲜黄色。自然花期从 11 月直到翌年 6 月。

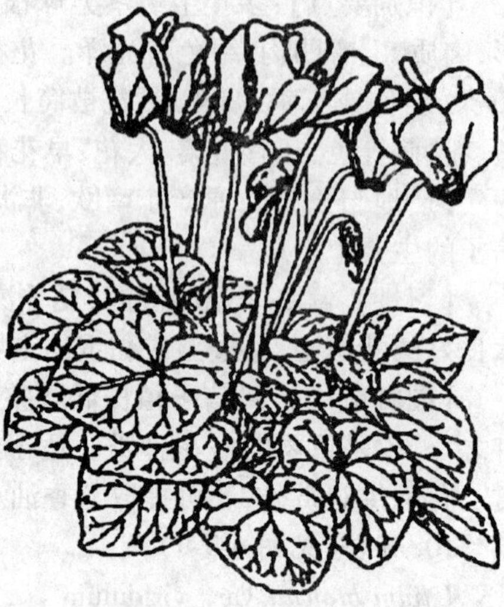

图 4-3-10　仙客来

【产地与分布】：原产非洲南部，常生于河流旁或沼泽地中。

【习性】：喜温暖气候，不耐寒，不耐高温，生长适温为 20 ℃左右，0 ℃时会受冻死亡。稍耐阴，冬季需要充足的日照，夏季需遮光。喜潮湿，不耐干旱。喜疏松肥沃、腐殖质丰富的黏壤土。

【园林应用】：马蹄莲花朵美丽，春秋两季开花，花期长，是装饰客厅、书房的良好盆栽花卉，也是切花的理想材料。在热带、亚热带地区是花坛的良好材料。

13. 大岩桐（落雪泥）（见图 4-3-11）

Sinningia speciosa Benth.

【科属】：苦苣苔科，大岩桐属。

【识别要点】：多年生块茎类球根植物。块茎扁球形，地上茎极短，株高 15 ~ 25 cm，全株密被白色绒毛。叶对生，肥厚而大，卵圆形或长椭圆形，缘有锯齿；叶脉间隆起。花顶生或腋生，有长梗，花冠钟状，先端浑圆，5 ~ 6 浅裂，色彩丰富，有粉红、红、紫蓝、白、复色等色，大而美丽。蒴果，花后 1 个月种子成熟；种子褐色，细小而多。花期夏季。

【产地与分布】：原产巴西，现广泛栽培，一般作温室培养。

【习性】：喜温暖、湿润环境，忌阳光直射，喜夏季凉爽，生长期要求空气湿度大，喜肥沃疏松的微酸性土壤。

【园林应用】：大岩桐花大色艳，花期长，着花多，是节日点缀和装饰室内及窗台的理想盆花。用它摆放会议桌、橱窗，更能增添节日欢乐的气氛。

14. 朱顶红（孤挺花、华胄兰）（见图 4-3-12）

Hippeastrum vittatum（Ait.）Herb.

【科属】：石蒜科，孤挺花属。

【识别要点】：多年生鳞茎类球根植物，鳞茎肥大，球形，外皮淡绿色或黄褐色。叶片两侧对生，带状，先端渐尖，2 ~ 8 枚，叶片多于花后生出。花葶中空，被有白粉，顶端着花

2～6朵,花喇叭形。栽培种多为杂种,花朵硕大,花色艳丽,有大红、玫红、橙红、淡红、白、蓝紫、绿、粉中带白、红中带黄等色,而且有重瓣品种。

【产地与分布】:原产秘鲁和巴西一带。现广泛栽培。

【习性】:喜温暖、湿润气候,生长适温为18～25 ℃,忌酷热,不耐强光;怕水涝;越冬温度以10～12 ℃为宜,不得低于5 ℃;喜富含腐殖质、排水良好的沙壤土。

【园林应用】:朱顶红叶厚有光泽,花色艳丽,花朵硕大肥厚,适于盆栽陈设于客厅、书房和窗台。

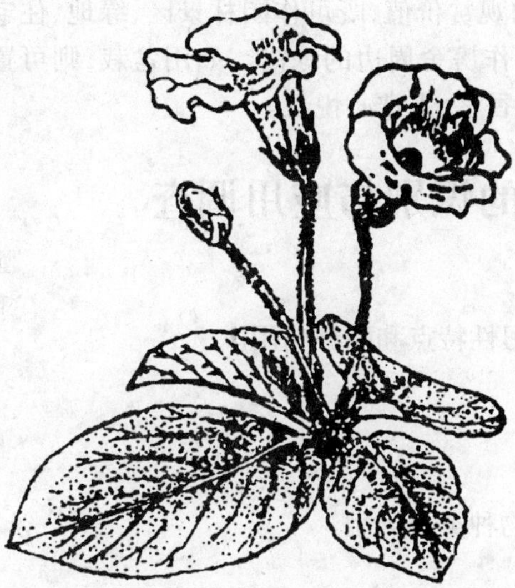

图4-3-11　大岩桐

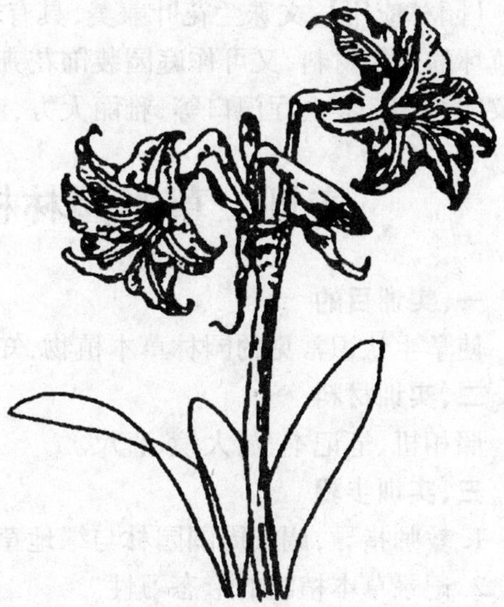

图4-3-12　朱顶红

15. 文殊兰(十八学士)(见图4-3-13)

Crinum asiaticum(var. *s-iinicum*).

图4-3-13　文殊兰

【科属】:石蒜科,文殊兰属。

【识别要点】:多年生常绿鳞茎类球根植物。鳞茎柱形。叶片宽大肥厚,先端尖锐;花葶直立生出,高度约与叶片等长,呈伞形聚生于花葶顶端,一般小花10~24朵,花被线形,白色,清香。蒴果,种子大,绿色。花期6~8月。

【产地与分布】:原产印度尼西亚、苏门答腊等,我国南方热带和亚热带省区有栽培,云南省的西双版纳栽培尤其多。

【习性】:喜温暖、湿润,不耐寒,冬季越冬温度不低于5 ℃,生长适温15~20 ℃。略耐阴,不耐烈日暴晒。较耐盐碱。

【园林应用】:文殊兰花叶兼美,具有较高的观赏价值,既可作园林景区、绿地、住宅小区草坪的点缀材料,又可作庭园装饰花卉,还可作房舍周边的绿篱。如用盆栽,则可置于会议厅、宾馆、宴会厅门口等,雅丽大方,满堂生香,令人赏心悦目。

实训　草本园林植物的识别与应用调查

一、实训目的

使学生认识常见的园林草本植物,知道其习性特点和园林应用。

二、实训材料

照相机、笔记本、放大镜、直尺。

三、实训步骤

1. 教师指导,调查周围园林与绿地草本植物种类及类型。
2. 记录草本植物的形态习性。
3. 记录草本植物的园林应用形式。

草本园林植物的识别与调查表

植物名	科属	类型	识别要点	习性	园林应用

第五章　草坪与园林地被植物

第一单元　草坪植物

一、草坪植物的特点

草坪植物是组成草坪的物质基础，是指一些适应性较强的矮性禾草。目前，具有较高应用价值的草坪植物大多数是属于禾本科的多年生草本植物，如结缕草、野牛草、狗牙根等，也有少数是禾本科的一、二年生草本植物，如早熟禾等。此外，还有一些其他科属的矮生草类，如旋花科的马蹄金和豆科的白车轴草等，也常被一些地区应用于建植草坪。

草坪植物特点是：叶丛低矮而密集，一般都有匍地生长的匍匐茎或匍匐枝，或具有分生能力较强的根状茎，能进行分蘖生殖或节上生根，萌生新的植株。

我国目前用于园林绿地的草坪植物有 30 多种，根据对温度的要求不同，分为冷地型草种和暖地型草种两类。

（一）冷地型草种

冷地型草种也叫寒季型或冬绿型草坪植物，主要分布在寒温带、温带及暖温带地区。生长发育最适温度为 15 ~ 24 ℃。其主要特征是：耐寒冷；喜湿润冷凉气候，抗热性差；春秋雨季生长旺盛，夏季生长缓慢，呈半休眠状态；生长主要受夏季炎热程度和持续时间以及干旱环境的制约。该类草种茎叶幼嫩时抗热、抗寒能力均较强。

（二）暖地型草种

暖地型草种又称夏绿型草种。生长最适温度为 26 ~ 32℃，主要分布在亚热带、热带。早春开始返青复苏，入夏后进入生长旺盛期，晚秋经霜打茎叶枯萎褪绿，性喜温暖、空气湿润气候，耐寒能力差。

二、园林常见草坪植物

1. 羊胡子草（白颖苔草）（见图 5-1-1）

Carex regescens（Franch）V. Kreez.

【科属】：莎草科，苔草属。

【识别要点】：冷地型草种。多年生，具细长横走的地下茎，秆基部黑褐色。茎为三棱形，高 10 ~ 15 cm。叶基生成束，纤细浓绿。穗状花序灰白色，雌雄同穗顶生，颖大广卵形。果囊卵状披针形。小坚果宽椭圆形，长约 2.5 mm。花果期 5 ~ 6 月。

【产地及分布】：常见于辽宁、华北、山东、河南及西北等地区山坡、河边及空地；分布于我国北部及北半球的温寒地带；生于干燥山坡或旷野。

【习性】：耐寒性强，耐瘠薄，抗旱性好；不耐热，夏季生长不良；覆盖性较差，且不耐践踏;绿色期长,但与杂草竞争力弱。

【园林应用】:可用作观赏和装饰性草坪,又可用作人流量不多的公园、游乐场所和居住区的绿化材料。

2. 异穗苔草(大羊胡子草,黑穗莎草)(见图 5-1-2)

Carex heterostachya L.

【科属】:莎草科,苔草属。

图 5-1-1　羊胡子草

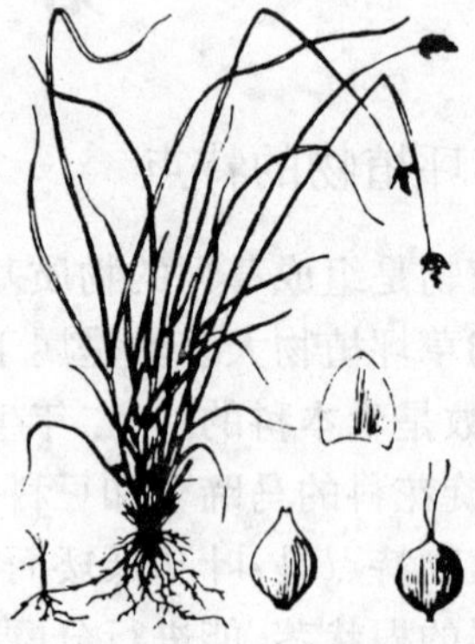

图 5-1-2　异穗苔草

【识别要点】:冷地型草种。多年生,具有横走的细长根状茎。秆棱柱形,纤细。叶片从基部生出,短于秆,基部具褐色叶鞘。穗状花序卵形,具有小穗 3 ~ 4 个,上部 1 ~ 2 枚为雄性,其余为雌花,狭圆柱形。果囊卵形至椭圆形,膨大呈三棱形,橙黄色,后变褐色。小坚果倒卵形,长 2.5 ~ 3.0 mm,具 3 棱。花期 4 ~ 6 月。

【产地及分布】:常生于河滩、路边、林下等潮湿之处。分布于我国北部及朝鲜北温带地区。我国东北、华北及山东、河南、陕西、甘肃等地区均有其野生资源。

【习性】:喜冷凉气候,耐寒、耐阴能力强。绿色时间长,对土壤适应能力强,能耐盐碱土。能耐潮湿,不耐低剪及践踏。

【园林应用】:常用作封闭式草坪,栽植于乔木之下、建筑物背阴处以及花坛、花境的边缘。

3. 草地早熟禾(见图 5-1-3)

Poa pratensis L.

【科属】:禾本科,早熟禾属。

【识别要点】:冷地型草种。多年生,具疏根状茎及须根。茎秆直立,光滑,呈圆筒形,高 50 ~ 75 cm。叶鞘疏松抱茎,具条状纹。叶片条形,柔软,宽 2 ~ 4 mm。圆锥花序开展,长 13 ~ 20 cm,分枝下部裸露,小穗长 4 ~ 6 mm,含 3 ~ 5 小花。颖果,种子纺锤形,具 3 棱。

目前各地应用于园林草坪上的栽培品种有 20 余种,我国常用的有"瓦巴斯"(Wabhe)、肯特基兰草"(Kentucky Bluegrass)、"菲尔京"(Fylkine)、"爱肯妮"(Elkins)等优良品种,表现良好。

【产地及分布】:原产于北温带地区,常见于河谷、草地、林边等处。我国东北及河北、甘肃、内蒙古、江西、四川均发现有丰富的野生资源分布。

【习性】:适宜气候冷凉、湿度较大的地方生长,抗寒能力强,在 -30 ℃寒冷地区也能安全越冬;耐旱性、耐热性较差;要求排水良好、质地疏松、有机质丰富的土壤,在含石灰质较多的土壤上生长更为旺盛;根状茎繁殖迅速,再生能力强;较耐践踏。

【园林应用】:草地早熟禾在国外草坪上广泛应用于各类绿地中,与其他冷地型草种混合栽培。我国广泛应用于公园、机关、学校、工厂、医院、疗养院、居住区等处,也可用于运动场草坪。

4. 匍匐剪股颖(四季青)(见图 5-1-4)

Agrostis palustris Huds.

【科属】:禾本科,剪股颖属。

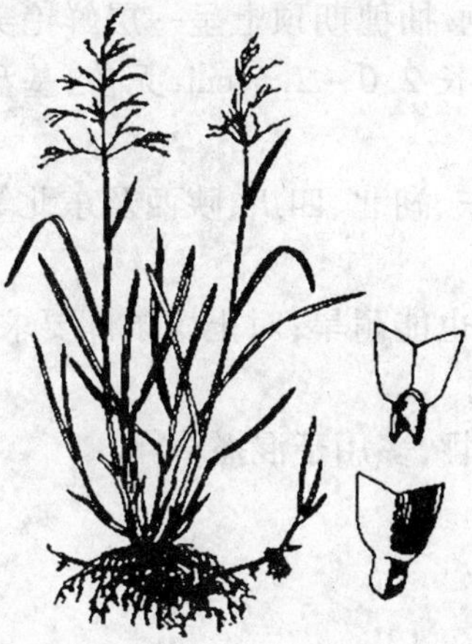

图 5-1-3　草地早熟禾

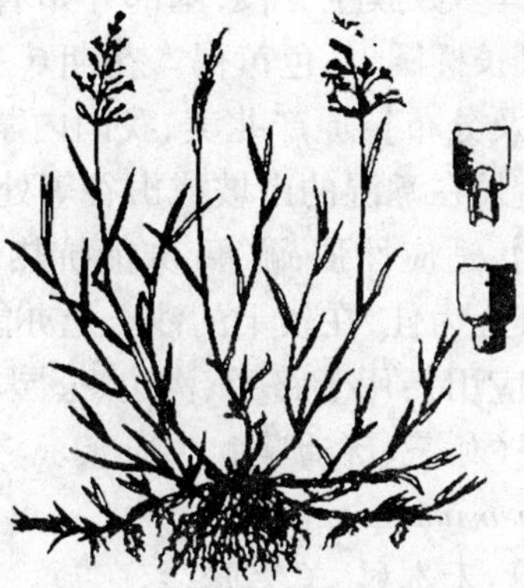

图 5-1-4　匍匐剪股颖

【识别要点】;冷地型草种,多年生草本植物。匍匐茎平卧地面,秆高 15 ~25 cm,有 3 ~6节匍匐枝,节着地生根,须根多而弱。叶片扁平,线形,先端尖细。

【产地及分布】:原产美国俄勒冈州,20 世纪 80 年代自日本引入我国后,在北方分布较广。

【习性】:喜冷凉、潮湿环境,耐寒性和耐阴性较强,与杂草竞争能力也强,不耐炎热干旱和盐碱土壤;具有一定耐修剪、耐践踏能力;繁殖容易、生长迅速,容易形成厚实草层,但易出现“毡化”现象和孳生病虫害。

【园林应用】:可用作观赏草坪及运动场草坪。

5. 匍茎剪股颖

Agrostis stolonifera L.

【科属】:禾本科,剪股颖属。

【识别要点】:冷地型草种。多年生,秆基部平卧地面,具长达 8 cm 匍匐茎,节上生根。叶鞘无毛,稍带绿色。叶片扁平线形,先端渐尖,长 15 cm,两面具小刺毛,粗糙。圆锥形花序老后呈紫铜色,长 11 ~20 cm,每节具 5 分枝。颖果,种子长约 1 mm,宽 0.4 mm,黄褐色。花期 6 ~8 月。

【产地及分布】:常见于湿润的草地内。分布于欧亚大陆和北美的温带地区。我国甘肃、河北、浙江、江西、陕西等省均有分布。

【习性】:喜冷凉气候,喜潮湿,不耐炎热,耐寒性强,抗旱能力差;耐频繁低剪;在肥沃湿润、排水良好的土壤上生长良好,在质地黏重土壤上也能生长。

【园林应用】:用于游憩草坪、运动场草坪和地下水位较高的潮湿处。

6. 小糠草(红顶草、糠穗草、白剪股颖)

Agrostis alba L.

【科属】:禾本科,剪股颖属。

【识别要点】:冷地型草种。多年生,茎丛生,具细长根状茎。秆直立,高达 90 ~ 130 cm。叶鞘无毛,多短于节间。叶片扁平,长 17 ~ 32 cm,宽 3 ~ 7 mm,边缘和下部有小刺毛。圆锥花序尖塔形,疏松开展,草绿色或带紫红色,抽穗期顶上呈一层鲜艳美丽的紫红色,每节具多数簇生分枝,基部开始着生小穗,小穗长 2.0 ~ 2.5 cm,无芒,基盘两侧有短毛。颖果长椭圆形,色黄褐。花期 6 ~ 9 月。

【产地及分布】:原产北美,我国内蒙古、河北、山东、湖北、四川、陕西及东北等地均有分布。多生长在潮湿的山坡或山谷等处。

【习性】:适应性强,耐寒,亦能抗热,喜湿润土壤,也能耐旱;对土壤条件要求不高,以黏壤土及壤土为佳,在较干的沙土上亦能生长;不耐阴。

【园林应用】:用于路旁、沟边、公园等固土护坡草坪,多用于混播草坪。

7. 羊茅(狐茅、酥油草)

Festuca ovina L.

【科属】:禾本科,羊茅属。

【识别要点】:冷地型草种。须根状,秆纤细,直立,高 15 ~ 25 cm,叶鞘开口直达基部,无毛。叶片内卷成针状,质地较柔软,稍粗糙,长 2 ~ 6 mm。圆锥花序紧缩,小穗绿色或带紫色,长 4 ~ 6 mm,含 3 ~ 6 小花。颖果红棕色,种子椭圆状长圆形,先端无毛。花期 6 ~ 7 月。

目前应用于绿地中的主要是变种细叶羊茅,叶片纤细、美观平整。

【产地及分布】:分布于欧亚大陆及北美温带地区,我国西北、西南地区也有分布。多生于干燥的坡地。

【习性】:对气候适应性较广,耐寒、耐旱、耐热,喜光性强,耐阴能力差,在排水良好的沙质土壤中生长良好;分蘖能力不强,抗践踏能力差;不耐盐碱;耐低修剪。

【园林应用】:用作花坛、花境的镶边植物和布置岩石园的绿化材料,也可用于路边、道旁干燥处和高尔夫球场障碍区等处栽培。

8. 紫羊茅(红狐茅)(见图 5-1-5)

Festuca rubra L.

【科属】:禾本科,羊茅属。

【识别要点】:冷地型草种。多年生,须根纤细。茎秆丛生,分枝多,有短匍匐茎,高 45 ~ 70 cm,基部红色或紫色。叶细长,对折或内卷,叶鞘基部红棕色,破碎纤维状。圆锥花序狭窄,梢向下垂,每节有 1 ~ 2 分枝,小穗淡绿色,先端带紫色。种子长 2.5 ~ 3.2 mm,

宽 1 mm。

【产地及分布】:广泛分布于北半球温寒带地区,我国长江流域以北、东北、华北、华中、西北各地都有分布。

【习性】:喜冷凉湿润气候,适应性、抗逆性均较强,耐寒冷,耐阴,对土壤要求不严格,能适应瘠薄土壤;耐践踏和低修剪。

【园林应用】:重要草坪植物,可作庭园绿化、花境和花坛的镶边,匍匐茎能固土护坡,可与其他草种结合建立运动场草坪。

9. 多年生黑麦草(宿根黑麦草、黑麦草)(见图 5-1-6)

Lolium perenne L.

【科属】:禾本科,黑麦草属。

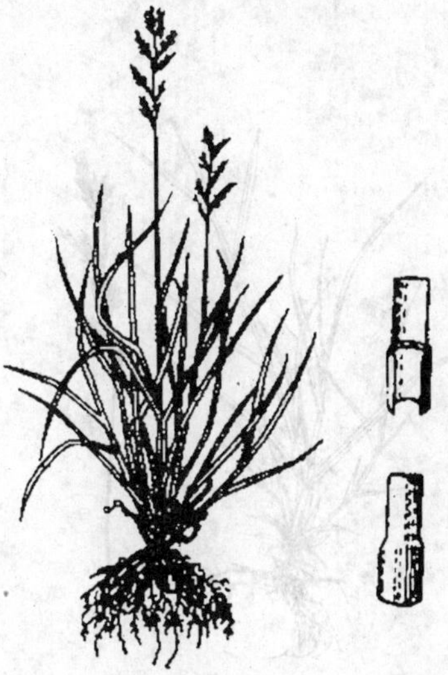

图 5-1-5　紫羊茅

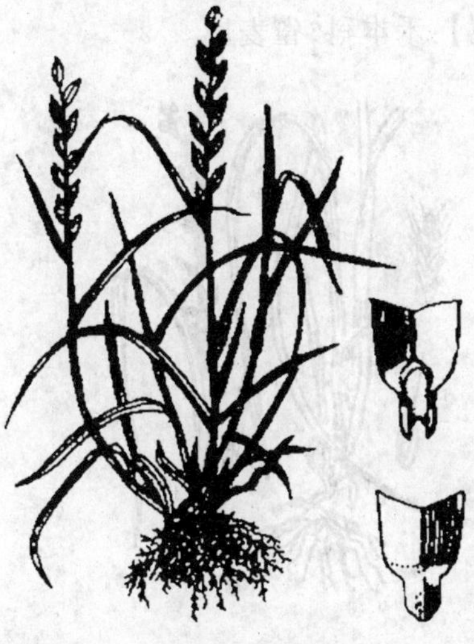

图 5-1-6　多年生黑麦草

【识别要点】:冷地型草种。多年生,具有细弱的根状茎,须根稠密。秆丛生,质地柔软,基部倾斜,具 3 ~4 节。叶鞘疏松,节间较短,叶舌短小。叶片质地柔软,有微柔毛,长 10 ~20 cm。穗状花序长 10 ~20 cm,小穗含 7 ~11 个小花,光滑无毛。颖片膜质。颖果矩圆形,长 2.8 ~3.4 mm,宽 1.1 ~1.3 mm,棕褐色至深褐色,顶端有毛茸。

【产地及分布】:原产于南欧、北非和亚洲西南部,目前世界各国均有栽培。在我国主要分布于华东、华中和西南等地,以长江流域的高山地区生长最好。

【习性】:喜温暖潮湿、夏季凉爽的环境;抗寒、抗霜而不耐热,耐湿,不耐干旱,也不耐贫瘠;春秋季生长良好,炎热的夏季呈休眠状态;耐践踏,但不耐低修剪,耐阴性差。

【园林应用】:应用于公园、庭园及小型绿地草坪,多与其他草种混播形成混播草坪。

10. 多花黑麦草(意大利黑麦草、一年生黑麦草)(见图 5-1-7)

Lolium multifolorum L.

【科属】:禾本科,黑麦草属。

【识别要点】:冷地型草种。须根密集细弱,秆丛生,直立。叶鞘较为疏松,叶舌较小或退化不显著。叶片长 10 ~ 15 cm。穗状花序长 10 ~ 20 cm,小穗长 10 ~ 18 mm,含 10 ~ 15 个小花,光滑无毛。颖片质地较硬,具狭膜质边缘。芒细弱,长约 5 mm。颖果圆形,长 2.5 ~ 3.4 mm,宽 1.0 ~ 1.2 mm,褐色至棕色,顶部钝圆,具茸毛。

【产地及分布】:原产地中海沿岸,分布在欧洲南部、非洲北部及小亚细亚广大地区。在我国适生于长江流域以南地区,在江西、湖南、江苏、浙江等省区均有人工栽培种。东北、内蒙古等省区,亦引种春播。

【习性】:喜温暖湿润气候,以长江流域生长良好,不耐严寒和高温,开花结实后,结束生长周期,成坪时间快。

【园林应用】:一般作迎接国庆绿化突击草种,可短时间内绿色覆盖地面。

11. 无芒雀麦(禾萱草、无芒草、光雀麦)(见图 5-1-8)

Bromus inermis L.

【科属】:禾本科,雀麦属。

图 5-1-7　多花黑麦草

图 5-1-8　无芒雀麦

【识别要点】:冷地型草种。多年生,具横走发达的根状茎,秆直立,无毛或节下有倒毛。叶鞘通常无毛,紧密包住茎秆,呈闭合状,仅在近鞘口处裂开。叶片披针形,向上渐尖,质地较硬,长 7 ~ 16 cm,通常无毛。圆锥花序开展,长 12 ~ 15 mm,小穗轴节间有小刺毛,长约 2 mm。颖果宽披针形,长 7 ~ 9 mm,棕色,顶端有淡黄色茸毛。

【产地及分布】:原产于欧洲、西伯利亚和中国北部地区;多分布于山坡、道旁、河岸。我国东北、华北、西北等地都有野生种。在内蒙古高原多生于草甸、林缘、山间谷地、河边及路旁。

【习性】:喜冷凉干燥气候,适应性强,耐干旱;耐寒冷能力强,在 -30 ℃低温下仍能顺利越冬;能在瘠薄沙质土壤上生长,在肥沃的壤土或黏壤土生长旺盛;不耐高温,不耐盐碱,耐践踏。

【园林应用】:平地和斜坡绿化材料,也是重要的水土保持材料。

12. 碱茅(铺茅、朝鲜碱茅)

Puccinellia distans L.

【科属】:禾本科,碱茅属。

【识别要点】:冷地型草种。秆丛生,直立,高 20 ~ 30 cm,略扁,具 3 节,节上生根或分枝。叶鞘平滑无毛,叶片扁平或对折,长 2 ~ 6 cm。圆锥花序,幼时为叶鞘所包藏,后逐渐开展,长 5 ~ 15 cm,绿色或草黄色,每节 2 ~ 6 个分枝,分枝细长,平展或下垂,下部裸露。小穗长 4 ~ 6 mm,具 5 ~ 7 个小花,平滑无毛,颖片质地膜质,先端钝。颖果纺锤形,长约 1.2 mm。

【产地及分布】:产于欧亚大陆的温带地区,分布于我国的辽宁、河北、西藏和新疆等地。

【习性】:喜湿润,抗寒力强,耐旱;对土壤要求不严;喜光不耐阴,特别抗盐碱。

【园林应用】:园林中多用于潮湿处和盐碱地的固土植物,或作园林绿地中盐碱地的粗放管理草坪种植。

13. 梯牧草(猫尾草)

Phleum pretense L.

【科属】:禾本科,梯牧草属。

【识别要点】:冷地型草种。多年生,须根发达且稠密。疏丛型,秆直立,基部常球状膨大,具 5 ~ 6 节。叶鞘松弛,光滑无毛,叶片扁平,长 10 ~ 30 cm。圆锥花序圆柱形,灰绿色,长 4 ~ 15 cm,小穗长圆形,颖片膜质,顶端具小尖头。颖果卵形,长约 1.5 mm,宽约 0.8 mm,褐黄色,稍透明,表面具不规则突起。

【产地及分布】:原产于欧亚大陆的温带地区。分布在北纬 38°以北地区。我国新疆有野生,西南、西北曾从国外引入栽培。

【习性】:喜寒冷湿润气候,抗旱能力差;对土壤要求不严格,最适宜潮湿的黏土或壤土;喜酸性土壤,在石灰质土壤上生长不佳。

【园林应用】:用于公园、庭园及小型绿地绿化,或用于坡地等处的水土保持。

14. 结缕草(崂山青、延地青、锥子草、老虎皮草)(见图 5-1-9)

Zoysia japonica Steud.

【科属】:禾本科,结缕草属。

【识别要点】:暖地型草种。多年生。茎直立,高 12 ~ 15 cm,秆淡黄色,须根较深;具根状茎及匍匐茎,并能在节上生根及分生新植株。叶片革质,长 3 cm,宽 2 ~ 3 mm,扁平,具一定韧度,表面有疏毛。总状花序,花果呈绿色,有时略带淡紫色,高 6 ~ 8 cm。花期 5 ~ 6 月。

【产地及分布】:原产于亚洲东南部,主要分布在中国、朝鲜半岛和日本等温带地区。我国北起东北的辽东半岛,南至海南岛,西至陕西关中等广大地区,均有其野生自然群落,其中以华东的山东胶州湾向南至江、浙沿海地带较为集中。

【习性】:喜阳光,适应性强,耐干旱,耐高温,耐瘠薄,不耐阴;韧性和弹性好,耐践踏;与杂草竞争力强;炎热夏季能保持优美的绿色草层,冬季休眠越冬。

【园林应用】:用于公园、庭园、街头绿地等处铺设游憩草坪,也可铺设运动场草坪及护坡固土草坪。

15. 细叶结缕草(天鹅绒草、台湾草)(见图 5-1-10)

Zoysia tenuifolia Willd.

图 5-1-9 结缕草

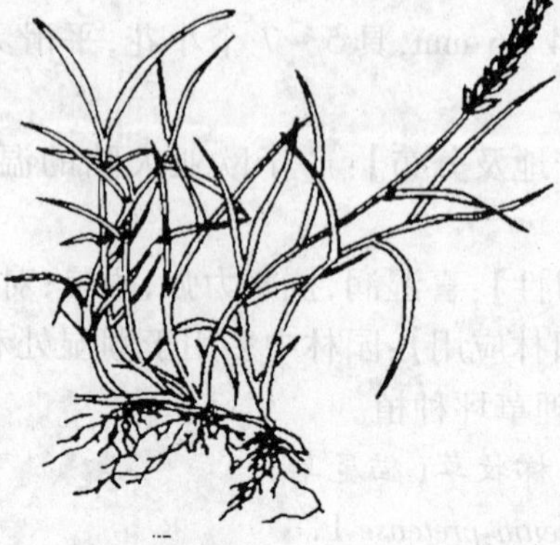

图 5-1-10 细叶结缕草

【科属】:禾本科,结缕草属。

【识别要点】:暖地型草种。多年生,植株低矮,呈密集丛状生长,叶丛高 10 ~ 15 cm,茎秆纤细,具匍匐茎,节间生根及萌发新植株,须根多,浅生。叶片线形,内卷,长 2 ~ 6 cm,宽 0.5 mm。总状花序顶生,花穗短小,常覆没于叶丛中,小穗穗状排列,小花 1 朵。种子稀少,成熟时易脱落。花果期 6 ~ 7 月。

【产地及分布】:原产日本和朝鲜南部地区,分布于亚热带及中国大陆南部地区。

【习性】:喜阳光,不耐蔽荫,比结缕草耐寒力稍差,与多数杂草竞争力强;亦能耐干旱,喜湿润土壤。

【园林应用】:一般多用于小型庭园绿地铺设观赏草坪,也可铺设在纪念物、雕塑、喷泉周围,或与花卉、地被植物配植,或用其铺设休憩草坪。

16. 马尼拉草(沟叶结缕草、半细叶结缕草)(见图 5-1-11)

Zoysia matrella Merr.

【科属】:禾本科,结缕草属。

【识别要点】:暖地型草种。多年生,低矮。地下茎姜黄色,节间下聚生较多须根,根细长而弯曲;秆高 10 ~ 15 cm,叶片宽 2 mm 左右,革质,叶鞘常宿存于基部。总状花序短小,初为紫色,渐转为黄色。花期 3 月中、下旬。种子成熟后易脱落。

【产地及分布】:广泛分布于亚洲和澳洲的热带和亚热带地区,中国福建、广东、广西等地有野生。

【习性】:喜光,也能耐阴,比细叶结缕草耐寒,耐干旱瘠薄,较耐践踏,具有弹性;与杂草竞争力强;在深厚肥沃,排水良好的土壤上生长良好。

【园林应用】:可于庭园草坪、公共绿地、运动场等处铺建铺设草坪,也可用于铺设防护绿地。

17. 中华结缕草(盘根草、护坡草、老虎皮草)(见图 5-1-12)

Zoysia sinica L.

图5-1-11　马尼拉草

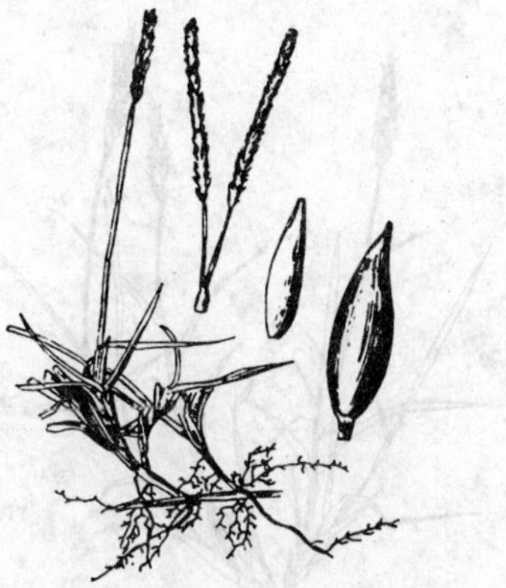

图5-1-12　中华结缕草

【科属】:禾本科,结缕草属。

【识别要点】:暖地型草种。多年生,茎叶茂盛密集,具匍匐茎,节上生根和幼小植株。秆直立,高13~30 cm,茎部常具宿存枯萎的叶鞘,叶鞘无毛。叶片淡绿或灰绿色,背面色较淡,长10 cm,宽1~3 mm,无毛,质地坚硬,扁平或边缘内卷。总状花序,小穗排列稍疏。颖果棕褐色,长椭圆形,长约3 mm。花果期5~10月。

【产地与分布】:主要分布于我国山东、江苏、浙江、江西、福建、广东等地,产于堤坡、湖边及海岸边等湿润之处。

【习性】:适应性强,喜光,也耐阴;耐高温,耐干旱瘠薄,抗寒性强,耐践踏,寿命长、恢复力强,成坪后其他杂草很难侵入,容易形成整齐美观的纯种草坪。

【园林应用】:可用于庭园绿地、工矿企业、医疗单位等草坪铺设,与其他暖地型草种混合铺种运动场及足球场草坪,或用作河坡阴湿处的固土护坡植物。

18. 大穗结缕草(江茅草、天鹅绒草、台湾草)(见图5-1-13)

Zoysia macrostachya L.

【科属】:禾本科,结缕草属。

【识别要点】:暖地型草种。多年生,具根状茎,须根多,秆匍匐状,节上生根,节间略长于结缕草;高10~20 cm,基部节上常残存枯萎的叶鞘;节间短,每节具1至数个分枝。叶片质地柔软,扁平;叶鞘无毛,下部者松弛而互相跨覆,上部者紧密裹茎;叶舌不明显,鞘口具长柔毛;叶片线状披针形,质地较硬,常内卷,长1.5~4.0 cm,宽1~4 mm。总状花序紧缩呈穗状,黄绿色,基部常包藏于叶鞘内,小穗柄粗短,顶端扁宽而倾斜,具细柔毛;外稃膜质,内稃退化。颖果卵状椭圆形,长约2 mm。花果期6~9月。

【产地及分布】:分布于中国华南及江苏、浙江、河南、福建及台湾等地,亚洲热带也有分布,多生于草地、林缘及潮湿地区。

【习性】:喜阳光,耐盐碱能力特别强,耐湿、耐干旱瘠薄及低温。

【园林应用】:可作盐碱地绿地材料,或作江堤、湖坡、水库等含盐碱土壤的护坡固土植物。

19. 野牛草(水牛草)(见图5-1-14)

Buchloe dactyloides (Nutt.) Engelm.

图 5-1-13　大穗结缕草

图 5-1-14　野牛草

【科属】:禾本科,野牛草属。

【识别要点】:暖地型草种。多年生,具根茎,秆匍匐状,细弱,长 5 ~ 25 cm。叶片线形,长 10 ~ 20 cm,宽 2 mm,两面均疏生细柔毛,叶色绿中透白。花雌雄同株或异株,雄小穗含 2 花,无柄,成两行覆瓦状排列于穗轴的一侧,形似刷子;雌小穗含 1 花,大部分为 4 ~ 5 枚簇生呈头状花序。种子成熟后常脱落。

【产地及分布】:原产于北美洲,是目前东北、华北、内蒙古等北方地区主要草种之一。

【习性】:喜阳光,耐半阴,具有较强的耐寒性,在我国东北、西北的寒冷地区,能露地安全越冬。

【园林应用】:可用作防护性草坪、游憩草坪或特殊用途草坪的草种。

20. 狗牙根(绊根草、铁线草、百慕大草)(见图 5-1-15)

Cynodon dactylon (L.) Pars.

【科属】:禾本科,绊根草属。

【识别要点】:暖地型草种。多年生,植株低矮,具根茎。秆匍匐地面,长达 1 m,秆高 10 ~ 30 cm。叶扁平线条形,长 1.8 ~ 8.0 cm,宽 1 ~ 2 mm,先端渐尖,边缘有细齿,叶色浓绿。穗状花序 3 ~ 6 支,指状排列于茎顶,绿色,有时略带紫色。花期 5 ~ 6 月。种子成熟时易脱落。

【产地及分布】:广泛分布于南、北温带地区。我国华北以南广大区域均有分布,常见于旷野、路边、江河湖边、林缘边等处。

【习性】:喜光,也耐半阴,耐践踏,喜排水良好的肥沃土壤;须根少而浅生,遇夏日干旱气候,易出现焦叶;侵占力强,在肥厚的土壤条件下,容易侵入其他草种中混生蔓延。耐盐碱,在瘠薄的石灰土壤上亦能生长。种子有一定自播能力。

【园林应用】:适宜公园、庭园、专用绿地等游憩草坪大面积栽培,亦可铺设运动场草坪,或作防护草坪的草种。

21. 假俭草(百足草、蜈蚣草)(见图 5-1-16)

Eremochloa ophiuroides L.

【科属】:禾本科,蜈蚣草属。

图 5-1-15　狗牙根

图 5-1-16　假俭草

【识别要点】:暖地型草种。多年生,植株低矮,高 10 ~ 15 cm,具匍匐茎。秆自基部直立,基生。叶片线形,革质,先端略钝,长 2 ~ 5 cm,宽 1.5 ~ 2.0 mm。秋冬抽穗开花,总状花序,花穗绿色,略带棕紫色,直立或略弯曲,扁平而纤细,具长柄。花果数量较多,秋季遇霜花、果穗呈一片棕紫色。

【产地及分布】:原产亚洲东南部;广布于我国长江流域。

【习性】:喜光,稍耐半阴;喜湿,耐旱;耐践踏;在排水良好、土层深厚、肥沃、湿润地生长良好;耐修剪;种子能自播繁衍。

【园林应用】:可作庭园、工厂、医院、学校、居住区等开放性草坪植物或护坡植物及工业区的环境保护植物。

22. 竹节草(百足草、粘人草)(见图 5-1-17)

Chrysopogon aciculatus L.

【科属】:禾本科,金须茅属。

【识别要点】:多年生草本。茎秆常平铺于地面,具匍匐枝,茎先端直立,植株高达 20 ~ 60 cm。叶短而柔嫩,叶片长 2 ~ 5 cm,宽 3 ~ 5 mm。夏秋间抽穗开花,圆锥花序,着生于茎顶,呈狭长椭圆形,紫色,长 5 ~ 20 cm,分枝轮生。

【产地分布】:分布于大洋洲,我国在台湾、广东、广西及云南省有分布,常见于陡坡、山地和野外的潮湿地。

【习性】:侵占性强,适宜土壤类型较广,在土壤 pH 值为 6.0 ~ 7.0 时,生长最好。抗旱、耐湿,具有一定的耐践踏性,但不抗寒。

【园林应用】:用作固土护坡绿化,与其他草种混合种植,提高草坪耐旱和耐践踏性。

23. 獐茅(马牙头、马绊草、小叶芦)(见图 5-1-18)

Aeluropus littoralis L.

【科属】:禾本科,獐茅属。

【识别要点】:多年生草本植物。具匍匐茎,能节间生根,茎叶茂盛。茎秆直立部分高 10 ~ 30 cm。叶片常为鳞片状的叶鞘所包裹,质地较硬,长 2.5 ~ 7.0 cm。圆锥花序,长

图 5-1-17　竹节草

图 5-1-18　獐茅

2.5 ~ 6.0 cm,小穗卵状,披针形,有 4 ~ 10 朵小花。花果期 5 ~ 8 月,种子卵圆形。

【产地及分布】:产于北温带地区,主要分布于中国的山东半岛、辽东半岛、河北、江苏北部沿海等地,黑龙江、吉林、内蒙古、甘肃境内也少有分布。

【习性】:适应性强,喜光,抗干旱,耐寒;耐盐碱能力极强,在含盐量较高的海滩上仍能安然生长。

【园林应用:】应用于盐碱地草坪,是良好的固土护坡植物。

第二单元　园林地被植物

一、园林地被植物及特点

园林地被植物是指植株低矮、茎叶密集、能良好覆盖地面的低矮植物,其中包括草本、低矮匍匐性灌木和蔓性藤本植物。园林地被植物的共同特点是繁殖栽培容易,养护管理粗放,适应能力较强,植物形成的枝叶层紧密与地面相接,覆盖在地表面,对地面起良好的保护和装饰作用。

二、园林常见地被植物

1. 二月蓝(诸葛菜、菜子花)(见图 5-2-1)

Orychophragmus violaceus L.

【科属】:十字花科,诸葛菜属。

【识别要点】:株高 20 ~ 70 cm。茎直立,无分枝。叶羽状深裂,基部心形,叶缘有钝齿;上部叶基抱茎呈耳状。总状花序顶生,着生 5 ~ 20 朵,花瓣中有细脉纹,花多为蓝紫色或淡红色,随花期延续,花色逐渐转淡,最终变为白色。花期 4 ~ 5 月,果期 5 ~ 6 月。

【产地分布】:原产东北、华北,全国各地均有栽培。

【习性】:适应性、耐寒性强,对土壤要求不高,在肥沃、湿润、阳光充足的环境下生长健壮，在阴湿环境中也表现出良好的性状；耐阴性强。

【园林应用】：适于片植，也可配植在草坪一角，又适合于路边栽种、山石园石旁丛植。

2. 红花酢浆草（三叶草、铜锤草）（见图 5-2-2）

Oxalis corymbosa DC.

【科属】：酢浆草科，酢浆草属。

【识别要点】：常绿或半常绿多年生草本；植株丛生，仅 20～30 cm，叶基生，有长柄，三出复叶，小叶倒心脏形。花自叶丛抽生，数朵成伞房花序，花瓣 5 枚，基部连合，玫瑰红、浅紫红色或粉红色。花期 4～10 月。花朵强光下开放，弱光下闭合。

主要栽培品种：

（1）"大花"酢浆草：具肉质半透明的球形根，高 15 cm，花玫瑰紫色，花大，花径 4 cm。

（2）"九叶"酢浆草：地下茎横生，具鳞茎，高 15 cm 左右，小叶 9 枚或更多，二浅裂，通常呈两轮生于叶柄顶端，花白色芳香。

（3）"山酢浆草"：小叶 3 枚，呈倒三角形，花玫瑰紫色。

（4）"腺叶"酢浆草，茎基部似鳞茎，根出叶数量多，小叶约 12 枚生于柄顶，倒心形，浅绿色或银绿色。花淡紫色或粉红色，呈铃形。

【产地及分布】：原产巴西及南非，我国各地普遍栽培。

【习性】：喜向阳、温暖、湿润的环境，夏季炎热地区宜半阴，抗旱能力较强，不耐寒，长江以南可露地越冬，喜阴湿环境；对土壤适应性较强，一般园土均可生长，但以腐殖质丰富的沙质壤土生长旺盛，夏季有短期的休眠。

【园林应用】：绿地、花坛成片栽培，也可路边及山石园石边丛植。

图 5-2-1　二月蓝

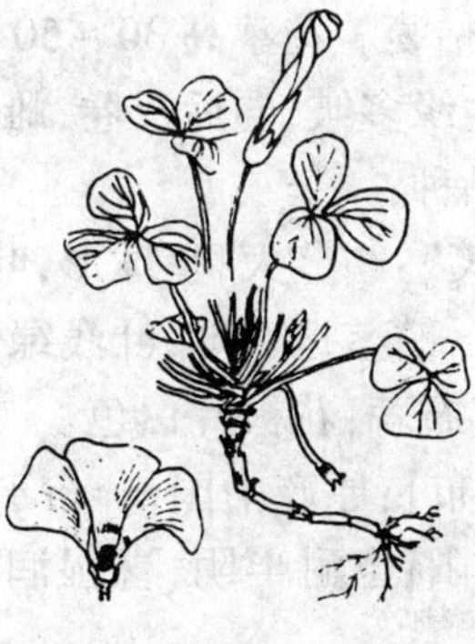

图 5-2-2　红花酢浆草

3. 菊花脑（菊花菜、路边黄）

Dendranthema nankingense L.

【科属】：菊科，菊属。

【识别要点】：多年生草本植物。根系较发达，一般株高 25～100 cm。茎直立、半木质化，枝条细长，分枝性强。叶卵圆形或长卵圆形，长 3～4 cm，宽 1.0～2.5 cm，叶缘具粗锯齿或羽状深裂，表面绿色，背面淡绿色。头状花序，数个聚生或单生，花黄色，瘦果，种子褐色细小。花期 10～12 月。

【产地分布】:原产我国,江苏、南京一带广泛分布。

【习性】:耐寒怕热,华北地区可露地越冬;耐旱、忌涝;对土壤适应性强,较喜欢沙壤土。

【园林应用】:良好的观花地被植物,盛花期正是百花凋零的深秋季节,一片金黄色小花,更显妖艳。适宜在林缘和光照较好、不积水的封闭性树坛内成片栽植。

4. 马蹄金(荷包草、铜钱草)

Dichondra repens L.

【科属】:旋花科,马蹄金属。

【识别要点】:多年生草本植物。植株低矮,须根发达,具较多的匍匐茎,节间着地生根,全株仅高5~15 cm。叶片扁平,基生于根部,具细长叶柄,肾形,外形大小不等,表面无毛,直径仅1~3 cm,背面密被贴生丁字形毛,全缘。花冠钟状黄色、深5裂,裂片长圆状披针形,夏秋开花。蒴果近球形,种子黄至褐色,被毛。花期4月,果期7月。

【产地分布】:中国南方各省分布较广,陕西、山西等省有引种栽培。

【习性】:喜光照充足及温暖湿润气候,对土壤要求不严,但在肥沃之地生长旺盛;对温度适应性强,能耐一定的低温及高温,也较耐旱,耐践踏。

【园林应用】:应用于小面积花坛、花境及山石园,做观赏草坪栽培,也可用它布置庭园绿地及小型活动运动场地。

5. 石蒜(蟑螂花、红花石蒜、老鸦蒜)(见图5-2-3)

Lycoris radiate L.

【科属】:石蒜科,石蒜属。

【识别要点】:多年生草本。其鳞茎肥厚广椭圆形,外被紫色膜质。叶片宽线形,冬天开始抽叶,夏初枯萎。花葶高30~50 cm,5~7朵聚生于顶端成伞形花序,鲜红色,花被筒短,裂片长,边缘多皱,向后反卷,雌雄蕊伸出花被外许多。花期7~9月。

主要栽培品种:

(1)"忽地笑":鳞茎大,呈球形,叶宽线形,花葶30~60 cm,花大,黄色。

(2)"鹿葱":鳞茎近球形,叶浅绿色,阔线形,花粉红、雪青、红色等,稍有芳香。

(3)"白花"石蒜:花被片白色。

【产地及分布】:原产中国,分布于长江流域及西南各省。

【习性】:喜阳,也耐半阴,喜湿润,耐干旱,稍耐寒,宜排水良好、富含腐殖质的沙质壤土。

【园林应用】:是布置花境、假山、岩石园和做林下地被的良好材料。可种植在庭园、草坪边缘、林旁、疏林下或成片种植;也可做路边、花坛等镶边植物或点缀于岩石缝隙。

6. 雪滴花(雪铃花、铃兰水仙)(见图5-2-4)

Galanthus nivalis L.

【科属】:石蒜科,雪滴花属(雪铃花属)。

【识别要点】:多年生鳞茎类草本植物,株高10~30 cm。鳞茎小,径1.8~2.5 cm,球形。叶丛生,线状带形,绿色被白粉,长15~20 cm,宽1.5 cm。花葶直立,中空,扁圆形;顶端着花1朵,下垂;花梗短;花被片6,椭圆形,白色,每裂片端具一绿点。花期3~4月。

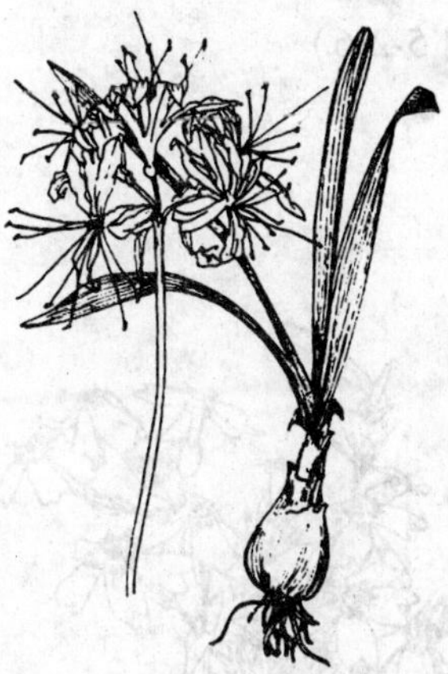

图 5-2-3　石蒜

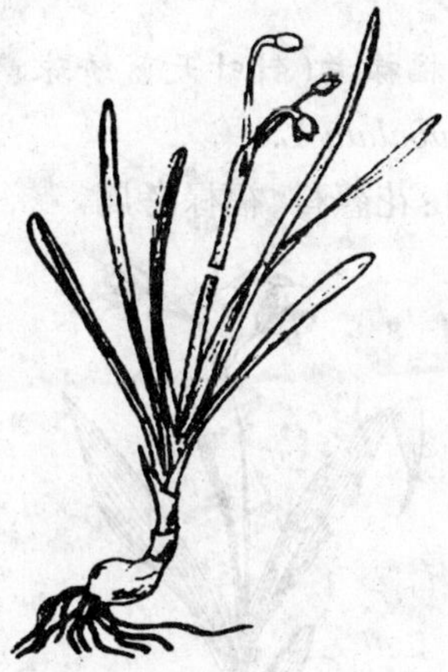

图 5-2-4　雪滴花

主要栽培品种：

(1)"夏"雪滴花：株高 30 ~ 50 cm，鳞茎卵形，径 2.5 ~ 4.0 cm。叶亦较长。花葶着花 4 ~ 8 朵；小花梗长短不一而下垂，花白色，各裂片端具一绿点。

(2)"秋"雪滴花：株高 8 ~ 25 cm，鳞茎小，径 1.2 cm，球形。叶线形，常于花后抽出。花葶细，着花 1 ~ 3 朵，花梗长而下垂，花被裂片端具浅红点。花期 8 ~ 9 月。

【产地及分布】：原产欧洲中南部至高加索地区。中国现在各地有栽培。

【习性】：适应性强，性耐寒，喜凉爽湿润之处，喜肥沃而富含腐殖质土壤，在向阳处或半阴下均可生长。

【园林应用】：宜于疏林下或草坪中丛植，又适合花境和岩石园中点缀，也可盆栽供室内摆设或作切花。

7. 白芨(连及草、箬兰)(见图 5-2-5)

Bletilla striata L.

【科属】：兰科，白芨属。

【识别要点】：多年生草本植物，具肥厚假鳞茎；高 30 ~ 50 cm，叶狭长矩圆形，先端渐尖，基部鞘状抱茎。花葶自叶丛中抽出，高于叶丛，总状花序生于顶端，花 4 ~ 10 朵，紫红色，花被 6 片，狭椭圆形，唇瓣倒卵状椭圆形，颜色稍淡，3 浅裂，有纵皱纹，边缘波状皱纹。蒴果圆柱形，上有纵棱 6 条，成熟时自然开裂，内含无数细微种子。花期 4 ~ 5 月，果熟期 7 ~ 9 月。

主要栽培变种有白花白芨，花白色。

园艺品种尚有蓝、黄、粉红等色。

【产地及分布】：白芨原产我国，常生于野生山谷林下阴湿处，广布于长江流域各省。朝鲜、日本也有分布。

【习性】：喜温暖、阴湿的环境；稍耐寒，长江中下游地区能露地越冬；耐阴性强，忌强光直射，夏季高温干旱时叶片容易枯黄；宜排水良好、腐殖质丰富的沙壤土。

【园林应用】：可布置花坛，宜在花境、山石旁丛植或做疏林下的地被植物，也可盆栽室内观赏。

8. 丛生福禄考(针叶天蓝绣球、锥叶福禄考)(见图 5-2-6)

Phlox subulata L.

【科属】:花葱科,福禄考属。

图 5-2-5　白芨

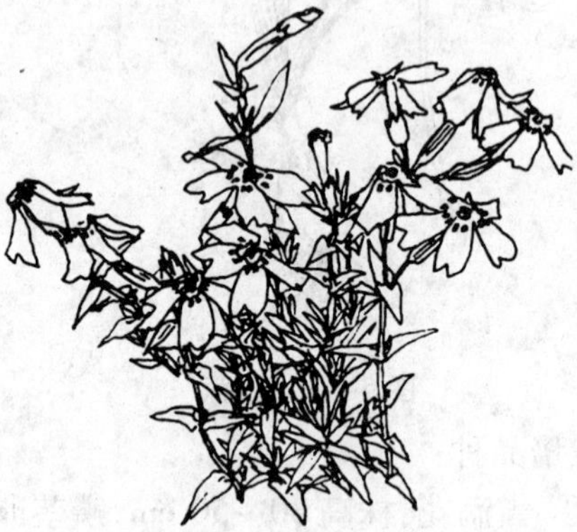

图 5-2-6　丛生福禄考

【识别要点】:多年生常绿草本。株高 10 ~ 15 cm,枝条密集成垫状,低矮匐地,基本木质化。叶针状簇生。花高脚碟状,常为桃红色,喉部紫色,花瓣 5,倒心脏形,有深缺刻,花径约 2 cm。花期 3 ~ 5 月。

【产地及分布】:原产美洲。我国有栽培。

【习性】:生长强健,不择土壤,喜向阳高燥环境,但以石灰质土壤最适生长,在半阴处也能生长开花;耐寒性强,也抗热。

【园林应用】:可作空旷地被材料,点缀在边缘绿化带内,也可栽种于岩石空隙间,还可布置树坛、坡地。

9. 常夏石竹(地被石竹)

Dianthus plumarius L.

【科属】:石竹科,石竹属。

【识别要点】:多年生草本。株高 15 ~ 30 cm,茎细,簇生,上部分枝,越年呈木质状,光滑具白粉。叶灰绿色,长线形,端顶尖。花顶生,有时呈圆锥状聚伞花序,花 2 ~ 3 朵,花色有紫、粉红、白色,具芳香。蒴果矩圆形。花期 5 ~ 10 月。

主要栽培品种:

(1)“少女”石竹:呈毯状覆盖地面。

(2)“锦团”石竹:花大,径 5 ~ 6 cm,重瓣性强,花型有扁平型、香石竹型、羽裂型,

【产地及分布】:原产奥地利、西伯利亚地区,分布于长江流域及其以北地区。

【习性】:阳性,也耐半阴,耐寒,喜肥,要求通风良好。

【园林应用】:园林中可丛植或作夏秋花坛材料,也是良好的空旷地被材料。

10. 沿阶草(绣墩草、书带草)

Ophiopogon japonicus L.

【科属】:百合科,沿阶草属。

【识别要点】:多年生常绿草本植物。须根较粗壮,着生小块根。叶丛生于基部,狭线形,叶缘粗糙,长 10 ~ 30 cm,宽因品种不同粗细有异。花茎常低于叶丛,稍弯垂,总状花序短小,小花淡紫色。花期 5 ~ 9 月,果蓝色。

【产地及分布】:原产我国及日本。分布于热带及亚热带地区,我国除东北外大多地区均有野生。常生于山坡林下及岩石边缘,溪沟畔亦有生长。

【习性】:抗性强,既可生长在阳光下,也可在阴处生长,在阴湿处生长有光泽。喜肥沃排水良好的土壤,但亦较耐瘠薄。

【园林应用】:可片植、丛植,也可应用于街头绿地,尤其是植于古典庭园中的山石旁、石缝隙中、台阶两侧。

11. 麦冬

Liriope spicata Lour.

【科属】:百合科,土麦冬属。

【识别要点】:常绿草本。植株矮小,呈簇生状,有短而肥厚的根茎,叶线形,深绿色。花葶几乎与叶丛等长,总状花序,小花淡红色。果黑紫色,下垂。花期 5 ~ 6 月,果期 10 ~ 11 月。

【产地及分布】:原产我国,越南、日本也有分布。生于山坡、山谷林下、路旁湿润处。

【习性】:喜阴暗湿润,对土壤要求不严,耐寒性强。

【园林应用】:植株低矮,终年常绿,生长健壮,管理粗放,是良好的盆栽观叶植物;在我国长江流域以南,常作花境、花坛的镶边材料,或布置山石旁、小路边效果均佳;也是广泛应用的林下地被植物。

主要栽培品种:

“阔叶”麦冬:又名大麦冬、麦冬、阔叶沿阶草。株高 30 cm,叶阔线形,基部丛生,花茎高出叶丛,花序细长,花小淡紫色或红紫色。

12. 百里香(千里香、地椒、地姜)

Thymus mongolicus L.

【科属】:唇形科,百里香属。

【识别要点】:落叶丛生小灌木。茎匍匐生长,小枝直立或斜生,高不足 15 cm,枝带红紫色,密生细毛。叶有短柄,椭圆状披针形或倒披针形,叶生白色粗毛,全缘,叶面有腺点,枝叶有芳香。花集生枝端呈头状花序,花冠淡紫色或粉红色,花期 6 ~ 9 月。小坚果近圆形。

【产地及分布】:主要产地为南欧及地中海沿岸地区,我国甘肃、陕西、山西、青海、河北等地均有分布。

【习性】:喜阳,较耐寒、耐旱,适应性强;喜凉爽气候,宜排水良好的沙质壤土。

【园林应用】:常作为花境、花坛、岩石园、香料园栽植或作向阳处地被植物。

13. 薄荷(夜息香、薄荷脑)(见图 5-2-7)

Mentha haplocalyx L.

【科属】:唇形科,薄荷属。

【识别要点】:多年生草本植物。植株高达30 cm以上。茎直立,四棱形,多分枝。叶对生,长圆状披针形至长圆形,疏生粗大锯齿。轮伞花序,腋生,花萼筒状钟形,花冠淡紫色或青紫色,唇形。花期7~10月。

【产地及分布】:产于北半球温带地区,我国各地均有野生和栽培。

【习性】:薄荷喜温暖和阳光充足、雨量充沛的环境;土壤以疏松肥沃、排水良好的沙土为好;喜湿润。

【园林应用】:在阳光充足处群植或丛植。

14. 八角金盘(八角盘、八手、手树)(见图5-2-8)

Fatsia japonica L.

【科属】:五加科,八角金盘属。

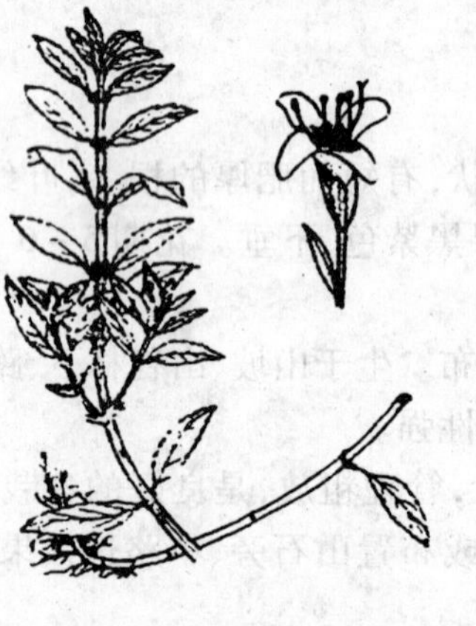

图5-2-7 薄荷

图5-2-8 八角金盘

【识别要点】:常绿灌木或小乔木。株高2 m左右,直立少分枝。叶革质,有光泽,近圆形,掌状5~9深裂,叶柄长,叶缘有锯齿,叶背被黄色短毛。伞形花序集成顶生圆锥状,花白色。花期10~11月。

【产地及分布】:原产日本,我国台湾也有分布,现华南和长江流域广泛栽培。

【习性】:喜温暖,既惧酷热又畏严寒;宜阴湿,忌干旱,不耐强光照射;要求湿润、疏松、肥沃又排水良好的土壤。

【园林应用】:为宾馆、饭店、写字楼和家庭美化常用的植物材料。盆栽用于布置门厅、窗台、走廊、水池边,或作室内花坛的衬底。在长江流域以南地区,可露地应用,宜植于庭园、角隅和建筑物背阴处;也可点缀于溪旁、池畔或群植林下、草地边。

15. 鹅毛竹(矮竹、三叶竹)

Shibataea chinensis L.

【科属】:禾本科,倭竹属。

【识别要点】:矮小竹类,株高尺余。秆直立,纤细,中空极小或近于实心,每节常有5~6分枝,分枝通常只有2节,仅上部1节生叶,一般每小枝生3小叶,叶广披针形,厚纸质,表面疏被毛,稍具白粉。

【产地及分布】:浙江、江西等山区溪流边均有野生,分布于江苏、江西、福建、安徽等地。

【习性】:喜温暖、湿润环境,稍耐阴;浅根性,在疏松、肥沃、排水良好的沙质壤土中生长良好。

【园林应用】:在庭园绿地中除了作为林下地被栽培外,还可作矮篱种植。

16. 菲白竹(见图 5-2-9)

Pleioblastus aegenteastriatus L.

【科属】:禾本科,苦竹属。

【识别要点】:矮生型地被竹种。秆高 10 ~ 30 cm,分枝稀。每秆 2 至数分枝,小枝有叶数枚。叶鞘淡绿色,一侧边缘有明显纤毛,鞘口有数条白色遂毛。叶片狭披针形,绿色底上有不规则的明显白色纵条纹,叶边缘有纤毛,有明显细横脉,叶柄极短。

【产地及分布】:原产日本,我国有引种栽培,现长江三角洲地区多有栽培。

【习性】:耐寒、耐阴,喜温暖湿润气候,夏季怕炎热及烈日暴晒,喜沙质肥沃土壤。

【园林应用】:在绿地中适宜做绿篱栽培,或嵌植于假山石旁作地被植物,也可植于盆景中作陪衬栽培。

17. 凤尾竹(观音竹、米竹)(见图 5-2-10)

Bambusa multipex var. mama.

【科属】: 禾本科,箣竹属。

图 5-2-9　菲白竹

图 5-2-10　凤尾竹

【识别要点】:多年生竹类植物。植株丛生,叶细纤柔,弯曲下垂,叶细小,叶片一般长 3 ~ 6 cm,竹叶宽 4 ~ 7 mm,常 20 片排生于枝的两侧,似羽状。

【产地及分布】:原产中国、东南亚及日本,我国华南、西南直至长江流域各地都有分布。

【习性】:喜光,稍耐阴;喜温暖、湿润环境和土层深厚肥沃、排水良好的土壤;耐寒性稍差。

【园林应用】:宜栽于河边、宅旁,也可和假山、叠石配植。

18. 多变小冠花(小冠花)(见图 5-2-11)

Coronilla varia L.

【科属】:豆科,小冠花属。

【识别要点】:多年生草本植物。茎蔓生,细长,多分枝,匍匐或向上蔓延。奇数羽状复叶,小叶 5 ~ 25 枚,长椭圆形或倒卵形。伞形花序腋生,小花 5 ~ 15 朵,蝶形,深粉红色。荚果条形,4 棱,具明显荚节,每节有种子 1 粒,种皮棕褐色,肾形,细小而坚。花期 6 ~ 9 月。

【产地及分布】:原产地中海地带,美国、加拿大、亚洲西部、非洲北部均有栽培。我国主要分布在南京、山西、甘肃、陕西和北京等地。

【习性】:耐寒性较强,耐热,耐旱,不耐涝,最宜在土层深厚、排水良好的肥沃土壤上生长。

【园林应用】:良好的地被植物,可护坡,防止水土流失。

19. 白车轴草(白花三叶草、白三叶草)(见图 5-2-12)

Trifolium repens L.

【科属】:豆科,三叶草属。

图 5-2-11　多变小冠花

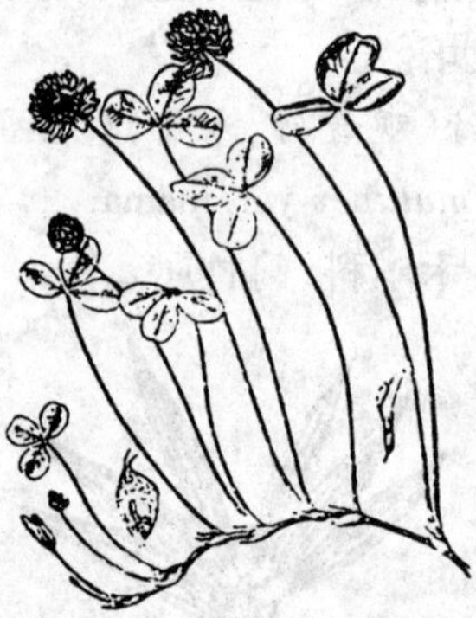

图 5-2-12　白车轴草

【识别要点】:多年生草本,具匍匐茎,无毛。三出复叶,小叶倒卵形或倒心形,顶端圆或微凹,基部宽楔形,缘有细齿,表面无毛,背面微有毛;托叶椭圆形,顶端尖,抱茎。头状花序,有长总花梗,高出于叶;萼筒状,萼齿三角形,较萼筒短;花冠白色或淡红色。荚果倒卵状椭圆形,有 3 ~ 4 粒种子;种子细小,近圆形,黄褐色。花期 5 月。

【产地分布】:原产小亚细亚南部和欧洲东南部。广泛分布于温带及亚热带高海拔地区。目前我国黑龙江、新疆、云南、贵州等地区均有野生,特别是贵州沿铁路、公路边到处可见。

【习性】:适应性强,耐热、耐寒、耐阴、耐旱、喜温,再生力和竞争力强,能形成密集的厚草层,具有控制、压灭杂草的作用。

【园林应用】:在园林绿地中用作固土护坡、地面覆盖植物。

20. 紫花苜蓿(野苜蓿)

Medicago sativa L.

【科属】:豆科,苜蓿属。

【识别要点】:株高 100 ~ 150 cm。茎直立或斜上,光滑,菱形,较柔软,粗 2 ~ 4 mm。三出复叶,小叶长圆形,顶端的一片稍大,小叶先端略凹。蝶形花集生为总状花序,花蓝色或紫色。荚果螺旋形,不开裂,每荚有种子 2 ~ 8 粒。种子肾形,黄色或黄绿色。

【产地及分布】:紫花苜蓿原产小亚细亚、高加索、伊朗等地,分布于我国河北、河南、山西、山东及内蒙古等地,盐渍沙滩及海滩、路边野生。

【习性】:喜生于沙质土壤,耐旱、耐寒、耐盐碱。

【园林应用】:常用作盐碱地地被植物。

21. 沙打旺(直立黄芪、麻豆秧)

Astragalus adsurgens Pall.

【科属】:豆科,黄芪属。

【识别要点】:多年生草本植物。株高 1 ~ 2 m,丛生。主根深长,侧根较多,茎中空。奇数羽状复叶,小叶椭圆形。总状花序腋生,花冠黄色,花期 6 ~ 7 月。

【产地及分布】:为干旱高原特有植物。华北、西北、东北、西南等地均有野生。日本、朝鲜、蒙古、北美、俄罗斯等地也有野生种分布。

【习性】:耐旱、耐寒、耐盐碱、抗风沙,适应性强,生长快。

【园林应用】:在半荒漠沙区及黄土高原一带用作改良草地和建植人工草地,北方用作盐碱地栽培,是优良的地被植物。

22. 马蔺(马莲、马兰)

Iris ensata Thunb.

【科属】:鸢尾科,鸢尾属。

【识别要点】:多年生宿根草本植物。根茎粗壮。叶基生,狭线形,长 30 ~ 40 cm,宽 8 mm左右,基部具纤维状老叶鞘,叶下部带紫色,质地较硬。花葶光滑,与叶近等高;花浅蓝色至蓝紫色,垂瓣倒披针形,长 4.5 ~ 6.5 cm,宽 0.8 ~ 1.2 cm;旗瓣狭倒披针形,长 4.2 ~ 4.5 cm,宽 5 ~ 7 cm。蒴果长椭圆状柱形,有 6 条明显的棱,顶端有短喙。种子多数红褐色。花期 4 月,果熟 6 ~ 7 月。

【产地及分布】:分布于我国东北、华北、西北及西藏等地,俄罗斯、蒙古、阿富汗、土耳其也有分布。生于林缘及路旁草地、山坡灌丛、河边及海滨沙地。

【习性】:耐干旱,耐寒,耐水湿,对土壤要求不严格;喜生于阳光充足,排水良好的沙壤土。

【园林应用】:可植于开放绿地、道路两侧绿化隔离带和缀花草地中,又是作为水土保持和固土护坡的理想地被植物。

实训一　识别本地区常见草坪植物

一、目的要求

通过当地常见草坪植物外部形态特征的观察,准确地识别出其名称,并熟悉草坪植物的习性及园林应用。

二、材料用具

材料:当地常见的冷地型草种和暖地型草种 5 ~ 6 种。

用具:皮尺、笔记本等。

三、方法步骤

1. 教师先现场讲解当地常见草坪植物的识别要点、习性及园林应用，指导学生实地考察当地常见草坪植物。

2. 结合教师讲解，对照教材，学生分组识别草坪植物，并做好记录。

四、作业

将观察到的常见草坪植物，按名称、草坪类型、识别要点、习性及园林应用列表。

实训二 常见地被植物识别

一、目的要求

根据常见地被植物外部形态特征的观察，迅速准确地识别出本地常见地被植物，并掌握常见地被植物的园林配植方法。

二、材料与用具

材料：当地常见的地被植物。

用具：皮尺、卡尺、钢卷尺、放大镜、铅笔、记录本。

三、方法步骤

1. 老师先讲解常见地被植物的形态特征、习性及园林应用。

2. 学生分组仔细观察老师所介绍的常见地被植物的形态特征，并认真做好记录。

3. 根据教师介绍，结合教材，理解领会常见地被植物的习性及园林应用。

四、作业

将观察到的地被植物分类，按照名称、科属、识别要点、主要栽培品种、产地及分布、习性、园林应用等列表比较当地常见地被植物。

第六章　其他园林植物

第一单元　园林水生植物

一、水生植物的特点

水生植物是指终年生活在水中或沼泽地中的多年生草本植物。园林水生植物是水生植物的一部分，大多具有美丽的花朵、形态奇异的茎叶可供观赏，可构成美丽的水景景观。另外，有一些水生植物既可以生活在陆地上，也能在浅水或泥沼中生长，如花叶芦竹、美人蕉、马蹄莲等，也属于水生植物的范畴。

水生植物体内有发达的通气组织，水下部分没有角质层和周皮，可以直接吸收水分和溶解于水中的养分，因此它们适宜于水中生长。

二、园林常见水生植物

1. 荷花（莲花、芙蕖、水芙蓉）（见图 6-1-1）

Nelumbo nucifera Gaertn.

【科属】：睡莲科，莲属。

【识别要点】：多年生挺水草本植物。根状茎（藕）肥大多节，横生于水底泥中。叶盾状圆形，表面深绿色，被蜡质白粉，背面灰绿色，全缘并呈波状；叶柄圆柱形，密生倒刺。花单生两性，具芳香，有单瓣、复瓣、重瓣及重台等花型；花色有白、粉、深红、淡紫色或间色等变化；雄蕊多数；雌蕊离生，埋藏于倒圆锥状海绵质花托内，花托表面具多数散生蜂窝状孔洞，受精后逐渐膨大称为莲蓬，每一孔洞内生一小坚果（莲子）。花期 6～8 月，晨开暮闭。果熟期 7～9 月。

依用途不同分为：

以产藕为主的称为藕莲，此类品种不开花或开花少，花单瓣。

以产莲子为主的称为子莲，此类品种开花繁密，花单瓣，易结实。

以观花为主的称为花莲，此类品种雌雄蕊多数瓣化，常不能结实。花莲系统常依据花瓣的多少、雌雄蕊瓣化程度及花色进行分类，常见品种有东湖红莲、苏州白莲、红千叶、千瓣莲、重台莲等，其他还有一梗两花的并蒂莲，一梗四花的四面莲，一年中能数次开花的四季莲，小花小叶的碗莲等。

【产地及分布】：荷花原产于亚洲热带地区和大洋洲，中国、俄罗斯、印度、斯里兰卡、印度尼西亚、日本及澳大利亚均有分布，中国是荷花的分布中心。

【习性】：荷花喜湿怕干，喜相对稳定的静水，对水体深度一般要求不超过 1 m；喜光照充足，不耐阴，在强光下生长发育快，开花早；喜温暖，也耐寒，生长适温为 20～30 ℃。荷花对土壤要求不严,以富含有机质的肥沃黏土为宜。

【园林应用】:荷花是中国的十大传统名花之一,它不仅花大色艳,清香远溢,而且有着极强的适应性,既可广泛应用于公园、风景区及庭园水景,布置水面观赏效果极佳,也是很好的切花材料;莲藕和莲子都可以食用,而大的莲叶用于包裹食物。莲子、莲子心、莲叶、莲房、雄蕊都可以入药;还可作工业三废水污染水域的“过滤器”。

2. 睡莲(子午莲)(见图 6-1-2)

Nymphaea tetragona Georgi.

【科属】:睡莲科,睡莲属。

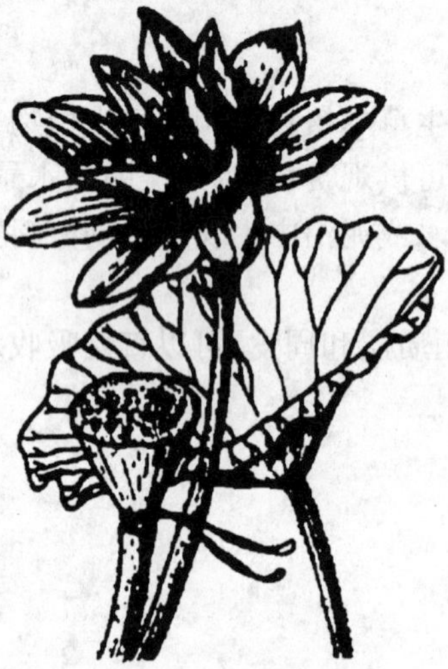

图 6-1-1　荷花

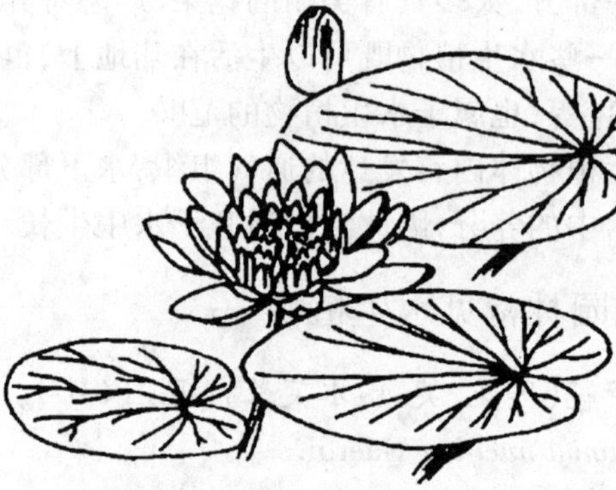

图 6-1-2　睡莲

【识别要点】:多年生浮水植物。根状茎粗短。叶丛生,具细长叶柄,浮于水面。花单生,花瓣通常白色,萼片宿存,雄蕊多数,雌蕊的柱头具 6～8 个辐射状裂片。浆果扁平至半球形,为宿存的萼片包裹。种子黑色。花期 6～8 月,果期 8～10 月。

主要栽培类型:

(1)不耐寒性睡莲(热带性睡莲):原产于热带,在我国大部分地区需温室栽培,主要种类有蓝睡莲(*N. caerulea*)、墨西哥黄睡莲(*N. mexicana Zuccarini*)、埃及白睡莲(*N. lotus*)、红花睡莲(*N. rubra*)等。

(2)耐寒性睡莲:原产温带和寒带,耐寒性强,均属白天开花类型。主要种类有睡莲(*N. tetragona*)、香睡莲(*N. odorata* Ait)、白睡莲(*N. alba*)、块茎睡莲(*N. tuberosa*)等。

【产地及分布】:分布于亚洲东部、南部的中国、日本、朝鲜和印度,美洲的墨西哥及欧洲、非洲等地,世界各地均有栽培。

【习性】:睡莲喜强光,不耐阴,喜通风良好的环境,对土质要求不严;生长季节池水深度以不超过 80 cm 为宜。

【园林应用】:睡莲是花、叶兼美的观赏植物。一些公园的水池中常有栽培。睡莲能吸收水中的汞、铅、苯酚等有毒物质,还能过滤水中的微生物,是难得的水体净化的植物材料。根茎富含淀粉,可食用或酿酒。

3. 王莲(见图 6-1-3)

Victoria regia Sowerby.

图 6-1-3　王莲

【科属】:睡莲科,王莲属。

【识别要点】:多年生大型浮水植物。根状茎直立;叶基生,硕大,圆形,成熟叶片直径可达 1 ~ 2 m,平展于水面,肉质,有光泽,深绿色,叶缘隆起,高 8 ~ 12 cm;叶背及叶柄具浅褐色尖锐皮刺。花单生于叶腋处,花蕾形似笔头,花萼具浅褐色刺毛;花较大,花瓣狭长,多数,纯白色,开放至第三天即转变为粉红色,夜开昼合,芳香,花期几乎全年;花谢后,花托沉水,种子在水中成熟、休眠。果实球形,种子多数,形似玉米。

【产地及分布】:原产南美洲热带,生于河湾、湖畔水域。现已引种到世界各地植物园和公园。

【习性】:王莲喜高温、光照充足、土壤肥沃的静水环境,畏寒冷,生长适温为 23 ~ 30 ℃。

【园林应用】:王莲叶形奇特、硕大,是大型的热带水生植物,具有很高的观赏价值,被世界各大植物园、公园引种进行温室栽培。它还能净化水体,家庭中的小型水池也可栽植。

4. 千屈菜(水柳、对叶莲)

Lythrum salicaria L.

【科属】:千屈菜科,千屈菜属。

【识别要点】:多年生挺水类植物。高 30 ~ 100 cm,全株具柔毛。茎直立,多分枝,有四棱。叶对生或 3 叶轮生,狭披针形,长 4 ~ 6 cm,宽 8 ~ 15 mm,先端稍钝或短尖,基部圆或心形,稍抱茎。总状花序顶生;花两性,数朵簇生于叶状苞片腋内;花萼筒状,花瓣 6,紫红色,长椭圆形,基部楔形;蒴果椭圆形,全包于萼内,成熟时 2 裂;种子多数,细小。花期 7 ~ 8 月。

【产地及分布】:原产欧洲和亚洲暖温带,我国南北各地均有野生,多生长在沼泽地、水旁湿地和河边、沟边。现各地广泛栽培。

【习性】:喜温暖及光照充足、通风好的环境,喜水湿,较耐寒,在我国南北各地均可露地越冬;在浅水中栽培长势最好,也可旱地栽培;对土壤要求不严。

【园林应用】:多用于水边丛植和水池边栽植,也作水生花卉园花境背景,还可盆栽摆放庭园中观赏。

5. 凤眼莲(水葫芦)

Eichhornia crassipes (Mart.) Solms.

【科属】:雨久花科,凤眼莲属。

【识别要点】:多年浮水植物。须根发达且悬垂水中。单叶丛生于短缩茎的基部,每株6~12叶片,叶卵圆形,叶面光滑;叶柄中下部有膨胀如葫芦状的气囊,基部具削状苞片。穗状花序,小花6~12朵,花被6裂,紫蓝色,上有1枚裂片较大,中央有鲜黄色的斑点。

【产地及分布】:原产巴西,习见于我国华北、华东、华中和华南的多个省份。

【习性】:凤眼莲喜欢在向阳、平静的水面,或潮湿肥沃的边坡生长。在日照时间长、温度高的条件下生长较快,不耐寒,繁殖力极强。

【园林应用】:常作园林水景中的造景材料。植于小池一隅,以竹框之,野趣幽然。除此之外,凤眼莲还具有很强的净化污水能力。

6. 雨久花(水白菜、蓝鸟花)

Monochoria korsakowii Regel et Maack.

【科属】:雨久花科,雨久花属。

【识别要点】:多年生挺水植物。根状茎粗壮。茎直立,高20~80 cm,基部呈现红色,全株光滑无毛。基生叶广卵圆状心形,顶端急尖或渐尖,基部心形,全圆,具弧状脉,有长柄,有时膨胀成囊状,柄有鞘。由10余多花组成总状花序,顶生,超过叶片,花被裂片6,蓝色。蒴果长卵圆形,种子长圆形,有纵棱。花果期7~10月。

【产地及分布】:分布于我国中南、华东、华北及东北,朝鲜、日本、俄罗斯的西伯利亚地区也有分布。生于池塘、湖边及沼泽地等环境中。

【习性】:喜温暖湿润,不耐寒,生长适温18~23 ℃;喜阳光,不耐阴。

【园林应用】:雨久花花大而美丽,淡蓝色,像飞舞的蓝鸟,而叶色翠绿、光亮、素雅,在园林水景布置中常与其他水生观赏植物搭配使用,是一种极好而美丽的水生花卉。其亦可盆栽观赏,花序可作切插花材料。

7. 水葱(冲天草、翠管草、莞)

Scirpus tabernaemontani Gmel.

【科属】:莎草科,藨草属。

【识别要点】:多年生挺水植物。株高1~2 m,茎秆高大通直,圆柱状,中空。根状茎粗状匍匐,须根多。基部有3~4个膜质管状叶鞘,鞘长达40 cm,最上面的一个叶鞘具叶片。叶片线形,长2~11 cm。聚伞花序顶生,稍下垂,花淡黄褐色,下具苞叶。小坚果倒卵形。花果期6~9月。

水葱主要变种:

(1)南水葱(*S.* var. *laeviglumis* Tang et Wang):鳞片上无锈色突起的小点。

(2)花叶水葱(*S.* cv. *zebrinus*):圆柱形茎秆上有黄色环状条斑,比原种更具观赏价值。

【产地及分布】:水葱分布于我国东北、西北、西南各省,朝鲜、日本、澳洲、美洲也有分布;现国内各地栽培较多。

【习性】:喜欢生长在温暖潮湿的环境中,喜阳光;较耐寒,在北方大部分地区地下根状茎在水下可自然越冬。

【园林应用】:水葱在水景园中主要做背景材料,茎秆挺拔翠绿,使水景园朴实自然,富有野趣。茎秆可作插花线条材料。

8. 燕子花

Iris laevigata Fisch.

【科属】:鸢尾科,燕子花属。

【识别要点】:多年生挺水植物。茎高达1 m,叶片剑形,中肋不隆起,质柔软,色鲜绿。总状花序茎顶生,开花数朵,外围3片呈椭圆形,下垂,内层3片狭长,先端略大,通常呈紫色。花期6~7月,果熟期8月。

【产地及分布】:原产中国东北地区,分布于我国华中、华东以南地区,日本及朝鲜有分布。常见于山地、林区的溪流中。

【习性】:生长于多水潮湿之处。

【园林应用】:用于园林水景园及鸢尾专类园布置。花期较花菖蒲早,两者配合使用可使开花景观延长。

9. 水菖蒲(菖蒲、大叶菖蒲、泥菖蒲)

Acorus calamus L.

【科属】:天南星科,菖蒲属。

【识别要点】:多年生挺水植物。根茎粗大,横生,直径1.0~2.5 cm,叶剑形,自基部丛生,有显著中肋。佛焰苞叶状,肉穗花序,长4~9 cm,直径1~2 cm,黄绿色。浆果,有种子1~4粒。花期6~7月,果期8月。

【产地及分布】:原产中国及日本,广布于世界温带和亚热带地区。

【习性】:喜水湿,常生于池塘、河流、湖泊岸边的浅水处。

【园林应用】:菖蒲叶丛青翠苍绿,叶形端庄整齐,宜布置于水景岸边浅水处,也可庭园中作水体绿化材料。

10. 泽泻(水泽、如意花)

Alisma orientale L.

【科属】:泽泻科,泽泻属。

【识别要点】:多年生沼泽植物。具块茎。叶片卵形或椭圆形,长3~8 cm,宽1~9 cm,顶端尖,基部楔形或心形,叶柄长5~50 cm,基部鞘状,边缘膜质。复伞形花序,萼片广卵形,绿色或稍带紫色,花白色。瘦果,扁平,圆卵形。花期6~8月,果期7~9月。

【产地及分布】:产于黑龙江、吉林、辽宁、内蒙古、河北、山西、陕西、新疆、云南等地,欧洲、北美洲、大洋洲等均有分布。

【习性】:生于湖泊、河湾、溪流、水塘的浅水带,沼泽、沟渠及低洼湿地也有生长。喜生长在温暖地区,耐高湿,怕寒冷,土壤以肥沃而稍带黏性的土质为宜。

【园林应用】:用于园林沼泽浅水区的水景布置,整体观赏效果甚佳。

第二单元　蕨类植物

一、蕨类植物的特点

蕨类植物也称羊齿植物，是高等植物中比较低级的一个类群。其种类繁多，广布世界各地，以热带和亚热带地区为分布中心。我国素有“蕨类植物王国”之称，目前已知有2 400余种，其中半数以上为中国特有的种属，多分布在长江以南各地，尤以西南、华南最为丰富。

蕨类植物不开花，属无花植物，具独立生活的配子体（原叶体）和孢子体。孢子体有根、茎、叶之分，形态特征因种而异。有的高大似乔木（如桫椤），有的矮小如草；有的常绿，有的落叶，极富变化。蕨类植物大都比较耐阴湿，是室内优良的观叶植物。

二、园林常见蕨类植物

1. 肾蕨（蜈蚣草）（见图 6-2-1）

Nephrolepis cordifolia Presl.

【科属】：骨碎补科，肾蕨属。

【识别要点】：株高 30～60 cm。地下具根状茎。羽状复叶，羽片 40～80 对。初生的小复叶呈抱拳状，具有银白色的茸毛，展开后茸毛消失，成熟的叶片光滑。主脉明显而居中，侧脉对称地伸向两侧。孢子囊群生于小叶片各级侧脉的上侧小脉顶端，囊群肾形。

同属主要栽培种：

(1) 长叶肾蕨（*N. exaltata*）：植株健壮而直立，叶片长。

(2) 碎叶肾蕨（var. *scottii*）：叶多而短，深绿色；二回羽状复叶，羽片互生，密集，内旋或外曲；叶柄坚硬，褐色。

(3) 细叶肾蕨（var. *marshallii*）：三回羽状复叶，呈短三角形，叶细而分裂，黄绿色。

(4) 波斯顿蕨（var. cv. *bustoniensis*）：叶片较大，细长有光泽，叶色浓绿色，羽状复叶，裂片较深，叶片开展后向下弯曲。

【产地及分布】：肾蕨原产于热带亚热带地区，我国的福建、广东、台湾、广西、云南、浙江等南方诸省区有野生分布，常见于溪边林中或岩石缝内或附生于树木上，野外多成片分布。

【习性】：喜温暖湿润，不耐强光；适宜温室栽培，其生长适温为 16～24 ℃，冬季以不低于 8 ℃为宜。

【园林应用】：用于客厅、办公室和卧室的美化布置，尤其用作吊盆栽培更是别有情趣，可用来填补室内空间；在窗边和明亮的房间内可长久地栽培观赏；还可制作切花、干花和入药。

2. 鹿角蕨（蝙蝠蕨）（见图 6-2-2）

Platycerium bifurcatum C. Chr.

【科属】：水龙骨科，鹿角蕨属。

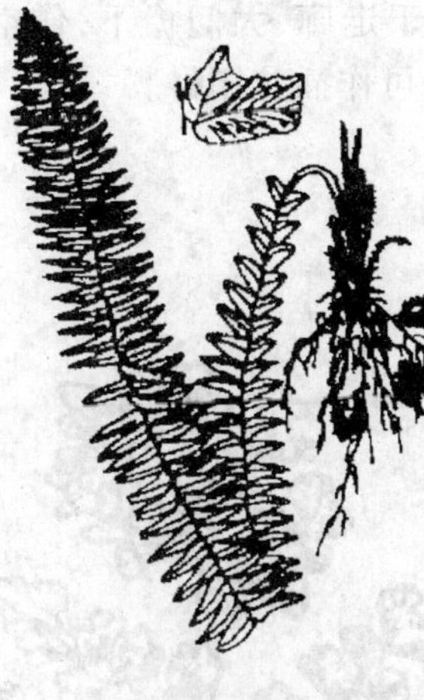

图 6-2-1　肾蕨

图 6-2-2　鹿角蕨

【识别要点】：多年生附生常绿草本。根状茎肉质，短而横卧，有淡棕色鳞片。株高 100 cm。叶 2 列，二型，不育叶圆形呈盾状，边缘波状，绿白色；生育叶片三角形，丛生，先端有分杈，形如鹿角，灰绿色。孢子囊群散生于杈列顶端。夏季成熟。

【产地及分布】：鹿角蕨原产澳大利亚。常附生于树干分枝上、树皮干裂处或生长于浅薄的腐叶土和石块上。

【习性】：喜温暖阴湿的自然环境，冬季温度不低于 10 ℃，但短时间能耐 5 ℃低温。生长期要求较高的空气湿度，怕强光直射，以散射光为好。

【园林应用】：其孢子叶别致，形似鹿角，是室内立体绿化的良好材料，也可用于吊盆或篮架装饰观赏。

3. 鸟巢蕨（巢蕨）（见图 6-2-3）

Neottopteris nidus（L.）J. Smith.

【科属】：铁角蕨科，巢蕨属。

【识别要点】：株高 60～120 cm。根状茎短而直立，粗壮而密生大团海绵状须根；叶簇生，辐射状排列于根状茎顶部；革质叶阔披针形，光滑，叶脉两面稍隆起。孢子囊群长条形，生于叶背侧脉上侧。

主要栽培品种有：

(1) 狭基巢蕨（*N. antrophyoides* Ching）：根状茎短粗，叶簇生，叶柄极短，基部两侧有窄翅，褐棕色鳞片。叶带状披针形，顶端突然缩狭成尾尖。

(2) 大鳞巢蕨（*N. antiqua*）：别名台湾山苏花。

(3) 圆叶巢蕨（*N. nidus*）：别名圆叶山苏花。

(4) 皱叶鸟巢蕨：叶阔披针形，叶缘皱波状。

【产地及分布】：鸟巢蕨原产于热带亚热带地区，我国广东、广西、海南和云南等地均有分布。

【习性】：喜温暖湿润的荫蔽环境，常附生于雨林或季雨林内树干上或林下岩石上。生长适温为 16～27 ℃，15 ℃以上能继续生长，越冬温度不低于 5 ℃。

【园林应用】:可盆栽观叶;或制作吊盆、吊篮悬挂于走廊、大门檐下,作空间绿化装饰;在热带园林中附生在树干或岩石上,增添野趣;叶片可作插花用材。

4. 铁线蕨(铁丝草、铁线草)(见图 6-2-4)

Adiantum capillus - veneris Linn.

【科属】:铁线蕨科,铁线蕨属。

图 6-2-3　鸟巢蕨

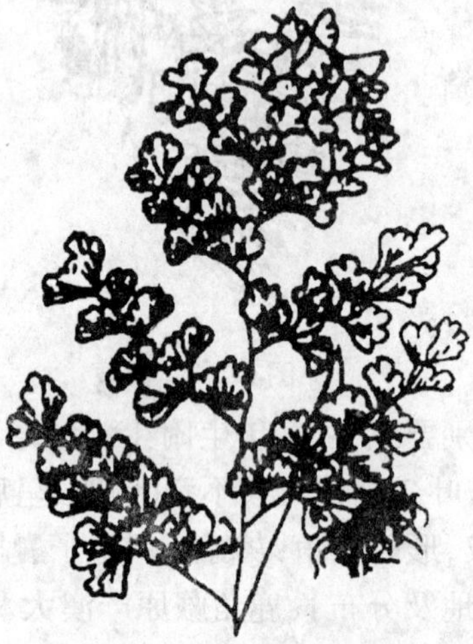

图 6-2-4　铁线蕨

【识别要点】:多年生草本。株高 15 ~40 cm。根状茎横生,密生棕色鳞毛,叶柄细长而坚硬,似铁线。叶片卵状三角形,2 ~4 回羽状复叶,细裂,叶脉扇状分叉,深绿色。孢子囊群生于羽片的顶端。

同属主要栽培种:

(1)尾状铁线蕨(*A. caudatum*):又名鞭叶铁线蕨,株高 15 ~35 cm,根茎直立。1 回羽状复叶,丛生;长 10 ~30 cm,宽 2 ~4 cm,叶轴顶部通常延伸成鞭状,其上具芽点,可以长成幼小的植株或顶部着地生根;小叶上缘浅裂,下缘全缘,两面生毛,叶柄栗色。孢子囊生叶被外缘。

(2)楔状铁线蕨(*A. cuneatum*):全叶近三角形,长 20 ~50 cm,2 ~3 回羽状复叶;小叶片楔形。原产巴西。栽培品种甚多,常作切叶和盆栽观赏。

(3)团叶铁线蕨(*A. capillus - junonis*):株高 10 ~20 cm;根茎直立。叶丛生,1 回羽状复叶,叶轴顶部延伸成鞭状,顶端着地生根;小叶片团扇形,外缘 2 ~5 浅裂,裂片顶部生孢子囊群,边缘全缘;不育部分的边缘具波状锯齿。叶柄纤细,亮栗色,小叶柄长 1 ~2 cm。孢子囊群圆形或长椭圆形。

(4)荷叶铁线蕨(*A. reni - forme* var. *sinensis*):肾叶铁线蕨的变种,是小型的石生蕨。株高 5 ~20 cm,根状茎短而直立,先端密被棕色披针形鳞片和细长柔毛;单叶簇生,叶柄深栗色,叶片圆形或圆肾形,直径 2 ~6 cm,叶片表面围绕叶柄处形成 1 ~3 个同心圆圈,叶脉明显,由基部向四周辐射;孢子囊群圆形,沿叶片边缘分布。

【产地及分布】:铁线蕨广泛分布于热带亚热带地区;我国长江以南省区,北到陕西、甘肃和河北均有分布，是我国暖温带、亚热带和热带气候区的钙质土和石灰岩的指示植物。

【习性】：喜温暖湿润和半阴环境；要求松软、湿润土壤，越冬温度不低于 15 ℃。

【园林应用】：铁线蕨茎叶秀丽多姿，形态优美，株型小巧，极适合小盆栽植和点缀山石盆景。铁线蕨叶片还是良好的切叶材料及干花材料。

第三单元　多肉植物

一、多肉植物的特点

多肉植物（又叫多浆植物），多数原产于热带、亚热带干旱地区或森林中。植物的茎、叶具有发达的储水组织，表皮角质化或被蜡质，皮孔较少。广义的多肉植物包括了仙人掌科与番杏科的全部种类及景天科、龙舌兰科、大戟科、萝藦科、百合科、马齿苋科和菊科等的一部分种类。

全世界共有多肉植物一万余种，均属于高等植物（绝大多数是被子植物）。此类植物种类繁多，形态奇特，大都具有超强的耐旱能力，有鲜明的生长期与休眠期，大多数种类具有吸芽，自然分生能力强。

二、园林常见多肉植物

1. 仙人掌（见图 6-3-1）

Opuntia ficus－indica Mill.

【科属】：仙人掌科，仙人掌属。

【识别要点】：植株为灌木至小乔木状，多浆肉质，多分支，基部木质化；茎节椭圆形、肥厚而绿色；刺窝处着生 1～21 条针；叶小、呈针状而早落；花着生在茎尖的上部；萼片多数，向内渐呈花瓣状；雄蕊多数；花黄色；花期为 4～6 月。

主要栽培品种有白毛掌（*O. leucotricha* DC.）、黄毛掌（*O. microdasys* Lem.）等。

【产地及分布】：仙人掌原产于南美和北美大陆，尤以墨西哥分布的种类最多，素有“仙人掌王国”之称。

【习性】：喜干热气候，亦较耐寒，可经受 5 ℃低温；喜光，耐烈日，不耐荫蔽；耐干旱，亦较耐水湿；喜沙质土。

【园林应用】：仙人掌姿态独特，花色鲜艳，常作盆栽观赏。在南方，多浆花卉常建专类观赏区，各种仙人掌是组成部分之一。多刺的种类常用作樊篱。

2. 昙花（琼花、月下美人）（见图 6-3-2）

Epiphyllum oxypetalum Haw.

【科属】：仙人掌科，昙花属。

【识别要点】：附生仙人掌类。茎稍木质，扁平状，有叉状分枝；老枝圆柱形，新枝长椭圆形，边缘波状无刺。花大型，生于叶状枝的边缘；花萼筒状，红色，花重瓣，披针形，纯白色；花期夏季晚间开放，约 7 小时后凋谢，故有“昙花一现”之说。

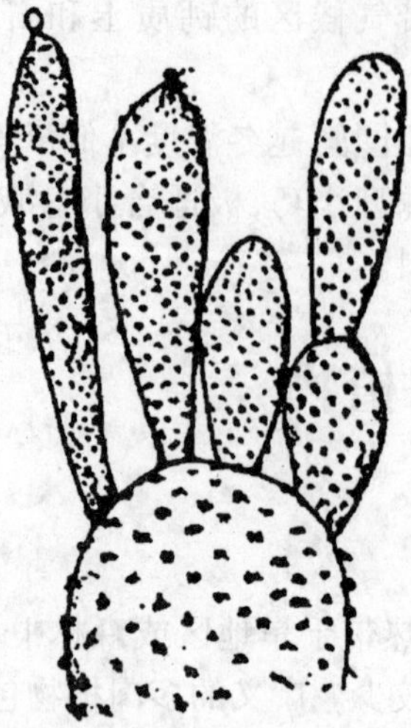

图 6-3-1　仙人掌

图 6-3-2　昙花

主要栽培品种：

孔雀昙花(*E. ackermannii*)：叶退化成扁平肥厚的二棱形叶状茎，叶状茎长，边缘对称着生粗锯齿状刺，刺座生于锯齿状缺刻处，水肥条件适宜时从刺座上长出翠绿光亮的嫩茎。嫩茎上有少量细刺，老茎则刺脱落，留有刺痕。

【产地及分布】：原产于美洲巴西至墨西哥一带，现全球均有栽培。

【习性】：喜温暖湿润及半阴的环境，要求排水良好的沙质壤土。冬季处于休眠状态，气温不低于 5 ℃即可。

【园林应用】：昙花常作盆栽观赏，在华南亦常栽于园林一隅。

3. 令箭荷花(荷花令箭)(见图 6-3-3)

Nopalxochia ackermannii Kunth.

【科属】：仙人掌科，令箭荷花属。

【识别要点】：附生多年生草本植物。株高约 50 cm，多分枝。叶退化，茎扁平披针形，形似令箭，基部圆形，鲜绿色，边缘略带红色，有粗锯齿，锯齿间凹入部位有细刺(即退化的叶)，中脉明显突起；花着生于茎的先端两侧，花大美丽，直径在 10 ~ 30 cm，外层鲜红色，内面洋红色，栽培品种有红、黄、白、粉、紫等多种颜色；花被开张，反卷，花丝及花柱均弯曲，花形尤为美丽；花期 4 ~ 5 月。浆果红色，种子黑色，小而多数。

【产地及分布】：原产墨西哥及哥伦比亚。

【习性】：喜温暖、湿润环境，也有一定耐旱能力；不耐寒，冬季室温需 10 ~ 15 ℃；喜阳光充足，夏季需置于半阴处；喜肥沃、疏松、排水良好的微酸性腐叶土。

图 6-3-3　令箭荷花

【园林应用】：令箭荷花以娇丽轻盈的姿态，艳丽的色彩,顽强的生命力和幽郁的香气,深受人们喜爱。它在盛夏时开花,是窗前、阳台和门厅点缀的佳品。

4. 鼠尾掌(金纽)

Aporocactus flagelliformis

【科属】:仙人掌科,鼠尾掌属。

【识别要点】:茎细长,匍匐,多分枝,在原产地高达 2 m,具气生根;具 10 ~ 14 浅棱,辐射刺 10 ~ 20 枚,新刺红色,后变黄至褐色;4 ~ 5 月开花,花两侧对称,粉红色,昼开夜闭。浆果球形,红色。

主要栽培品种:

(1)细蛇鼠尾掌(*A. leptophis*):茎粗约 1 cm;具浅棱 7 ~ 8,刺 10 ~ 15 枚。花红色。

(2)鞭形鼠尾掌(*A. flagriformis*):与鼠尾掌很相似,但茎较粗,棱较少,仅 7 ~ 10,刺黄色。花深红色。

(3)康氏鼠尾掌(*A. conzatii*):茎粗 1 ~ 2.5 cm;具棱 8 ~ 10,刺 15 ~ 20 枚。花砖红色。

【产地及分布】:原产墨西哥及中美洲,在岩石或大树上悬垂着生。

【习性】:喜温暖湿润和阳光充足环境;不耐寒,较耐阴,耐干旱;要求土壤肥沃、透气和排水良好;冬季温度不低于 10 ℃。

【园林应用】:鼠尾掌是一种很好的室内观赏植物,适宜盆栽,也可作吊篮。

5. 蟹爪兰(蟹爪莲)

Zygocactus truncates K. Schum.

【科属】:仙人掌科,蟹爪属。

【识别要点】:附生仙人掌类。茎扁平而多分枝,常成簇而悬垂;茎节短小,长圆形或倒卵形,先端截形,两缘有尖齿。花生于嫩茎节的顶端,玫瑰红色,两侧对称,花被反卷,花期 1 ~ 3 月。

【产地及分布】:原产巴西,现国内各地均有栽培。

【习性】:喜温暖湿润和半阴环境;不耐寒,怕烈日暴晒;越冬温度不可低于 10 ℃;适宜肥沃的腐叶土和泥炭土。

【园林应用】:茎节常呈悬垂状,常被制作成吊篮做装饰。蟹爪兰花期正逢圣诞节、元旦,株形垂挂,花色鲜艳,适合于窗台、门庭入口处和展览大厅盆栽装饰。

6. 仙人指

Schlumbergera russellianus

【科属】:仙人掌科,仙人指属。

【识别要点】:附生仙人掌类,形态与蟹爪兰近似。仙人指的茎节边缘呈浅波状,只有刺点而锯齿不明显,花为整齐花,果实具 4 棱。其他均与蟹爪兰相同。

【产地及分布】:原产南美热带森林中,世界各地多有栽培。

【习性】:喜温暖湿润气候,略耐阴,夏季忌直射光,温度过高时常表现休眠。短日照植物,冬季开花。

【园林应用】:仙人指株形丰满,花繁而色艳,花期长,又在春节前后开放,是不可多得的室内观赏植物。通常能在阳光不足的室内栽培,可用于装点书房、客厅等。

7. 金琥(象牙球)(见图 6-3-4)

Echinocactus grusonii Hildm.

【科属】:仙人掌科,金琥属。

【识别要点】:茎圆球形,单生或成丛。球顶密被金黄色绵毛。有棱 21 ~ 37,显著。刺座很大,密生硬刺,刺金黄色,后变褐。6 ~ 10 月开花,花生于球顶部绵毛丛中,钟形,黄色。

本种的几个变种:

(1)白刺金琥(var. *albispinus*):刺为白色。

(2)白刺金琥冠(var. *albispinus f. crest*):是白刺金琥的缀化品种。

(3)大龙冠(*E. polycephalus*):植株球形或筒状,丛生,高 80 cm,直径 25 cm,刺红色或黄色,坚硬且弯曲。

(4)龙冠女(*E. xeranthemoides*):球体比大龙冠小,但刺多,并且茎部容易孳生小球。幼株的刺为鲜艳的红色。

(5)短刺金琥:大型球,直径达 1 m;刺很短。

【产地及分布】:原产墨西哥中部干燥、炎热的热带沙漠地区。

【习性】:喜暖、喜阳、喜干燥,畏寒、忌湿,好生于含石灰的沙质土中。

【园林应用】:金琥寿命很长,栽培容易,成年大金琥花繁球壮,金碧辉煌,观赏价值很高,而且体积小,占据空间少,是城市家庭绿化十分理想的观赏植物之一。

8. 量天尺(霸王花、三棱箭)(见图 6-3-5)

Hylocereus undatus Br. et R.

【科属】:仙人掌科,量天尺属。

图 6-3-4 金琥

图 6-3-5 量天尺

【识别要点】:株高 3 ~ 6 m。茎三棱柱形,多分枝,边缘具波浪状,具小凹陷,长 1 ~ 3 枚不明显的小刺。花大型,萼片基部连合成长管状,有线状披针形大鳞片,外围花瓣黄绿色,内围花瓣白色。花期夏季,晚间开放,时间极短,具香味。浆果长圆形,红色。

【产地及分布】:广泛分布于美洲热带和亚热带地区,其他热带和亚热带地区多有栽培。中国广东、广西、福建、海南等省区有天然分布。

【习性】:喜温暖湿润和半阴环境,能耐干旱,怕低温霜冻,越冬温度不低于7 ℃,否则易受冻害。土壤以富含腐殖质的沙质壤土为好。

【园林应用】:地栽于展室的墙角、边地,可展示出热带雨林风光;可作为篱笆植物,盆栽则作为嫁接其他仙人掌科植物的砧木;也可以作为盆景放在墙角以供观赏。

9. 山影拳(山影、仙人山)

Cereus peruvianus var. *monstrous*. DC.

【科属】:仙人掌科,天轮柱属。

【识别要点】:茎暗绿色,多分枝,具褐色刺;通常茎生长发育不规则,棱数不定,棱的发育也有差异;全体呈熔岩堆积姿态,清奇而古雅。花大型喇叭状或漏斗形,白色或粉红色,夜开昼闭。

【产地及分布】:原产阿根廷北部及巴西南部。

【习性】:性强健,较耐干旱;喜排水良好、肥沃的沙壤土;喜阳光充足,也耐半阴;冬季可耐5 ℃的低温。

【园林应用】:山影拳是植物而又像山石,郁郁葱葱,起伏层叠;宜盆栽,可布置厅堂、书室或窗台、茶几等。

10. 燕子掌(玉树、景天树、八宝)

Crassula portulacea Lam.

【科属】:景天科,青锁龙属。

【识别要点】:常绿小灌木。株高1~3 m。茎上有明显的环状节,圆柱形,灰绿色,多分枝。叶对生,扁平肉质,具短柄,卵圆形,绿色。老株春季开花,花白色或淡粉色。

【产地及分布】:原产非洲南部。

【习性】:喜温暖干燥和阳光充足环境;不耐寒,怕强光,稍耐阴。土壤以肥沃、排水良好的沙壤土为好;越冬温度不低于8 ℃。

【园林应用】:燕子掌枝叶肥厚,四季碧绿,叶形奇特,株形庄重,栽培容易,管理简便;宜于盆栽,可陈设于阳台上或在室内几桌上点缀,显得十分清秀典雅;或配以盆架、石砾加工成小型盆景,装饰茶几、案头更为诱人。

同属主要栽培种:

(1)景天树(*C. arborescens*):常绿小灌木。茎圆柱形,灰绿色,有节。叶对生,扁平,肉质,椭圆形,全缘,先端略尖,基部圆形抱茎。花红色。

(2)神刀(*C. falcata*):叶特别厚,互生,基部似镰刀,灰绿色。花序顶生,深红色或橙黄色。

(3)一串连(*C. perforata*):小型种。茎横生,叉状态。叶交互对生,心脏形,灰绿色,边缘褐色。花小,黄色。适整排观赏。

(4)茜之塔(*C. corymbulosa*):矮小丛生。叶对生,密集排列成四列,心形或长三角形,基部大,逐渐变小,顶端尖形。叶缘有白色角质层。叶片排列紧密而整齐,形成宝塔状。

11. 石莲花(石莲掌、莲花掌)

Echeveria glauca Bak.

【科属】:景天科,石莲花属。

【识别要点】:多年生肉质草本,具匍匐枝。叶丛紧密,直立呈莲座状,叶楔状倒卵形,顶端短,锐尖,无毛,以翠绿色为主,少数为粉蓝、墨绿色。花茎柔软,有苞片,被白粉。8 ~ 24 朵花呈聚伞花序,花冠红色,花瓣披针形不开张。花期 7 ~ 10 月。

【产地及分布】:原产墨西哥,现世界各地均有栽培。

【习性】:喜温暖干燥和阳光充足环境,不耐寒、耐半阴;怕积水,忌烈日;以肥沃、排水良好的沙壤土为宜。越冬温度不低于 10 ℃。长期放荫蔽处的植株易徒长而叶片稀疏。长江以南可露地栽培。

【园林应用】:在热带、亚热带地区可露地配植或点缀在花坛边缘、岩石孔隙间;北方则盆栽观赏,置于桌案、几架、窗台、阳台等处,充满趣味,如同有生命的工艺品,是近年来较流行的小型多肉植物之一。

12. 长寿花(矮生伽蓝菜、寿星花)

Kalanchoe blossfeldiana "Tom Thumb"

【科属】:景天科,伽蓝菜属。

【识别要点】:多年生肉质草本。茎直立,株高 10 ~ 30 cm。叶肉质,交互对生,长圆形,深绿色有光泽,边略带红色。花多数,红色至橙红色,排成聚伞花序,花冠长管状,基部稍膨大,具 4 裂片。

【产地及分布】:原产非洲马达加斯加岛,各地均有栽培。

【习性】:喜温暖稍湿润和阳光充足环境;不耐寒,生长适温为 15 ~ 25 ℃,耐干旱,对土壤要求不严,以肥沃的沙壤土为宜;为短日照植物,对光周期反应比较敏感。

【园林应用】:长寿花是冬春季理想的室内盆栽观赏植物。花期正逢圣诞、元旦和春节,布置窗台、书桌、案头,十分相宜。用于公共场所的花槽、橱窗和大厅等,其整体观赏效果极佳。由于名称长寿,故节日赠送亲朋好友,寓意大吉大利、长命百岁。

同属观赏种:

(1)玉吊钟(*K. fedtschenkoi*):叶片交互对生,肉质扁平,卵形至长圆形,缘具齿,蓝或灰绿色,上有不规则的乳白、粉红或黄色斑块,新叶更是五彩斑斓,甚为美丽;松散的聚伞花序,小花红或橙色。

(2)褐斑伽蓝(*K. tomentosa*):叶片奇特,形似兔耳,植株密被绒毛,叶片边缘着生褐色斑纹。

(3)棒状落地生根(*K. tubiflora*):叶圆棒状,上表面具沟槽,粉色,叶端锯齿上有许多已生根的小植株(由不定芽生成),花序顶生,小花红色。

13. 十二卷(雉鸡尾、孔雀兰)

Haworthia fasciata (Willd) Haw. L.

【科属】:百合科,蛇尾兰属。

【识别要点】:多年生肉质草本。无茎,根生叶簇生,多数,三角状披针形,先端细尖呈剑形,表面平滑,深绿色,背面横生整齐的白色瘤状突起。花葶长,总状花序,小花淡棕红色,有深色条纹。蒴果。

主要栽培品种:

(1)条纹十二卷(var. *major*):叶片大而宽,叶背瘤点多而散生。

(2)凤凰(var. *houa*):大型种,叶宽而下垂,叶背瘤点密集。

【产地及分布】:原产南非亚热带地区。

【习性】:喜温暖湿润和阳光充足环境;怕低温,生长适温 16~18 ℃,冬季最低温度不低于 5 ℃;对土壤要求不严,以肥沃、疏松的沙壤土为宜。

【园林应用】:十二卷是常见的小型多浆植物。肥厚的叶片镶嵌着带状白色星点,清新高雅。可配以造型美观的盆钵,装饰桌案、几架等。

14. 芦荟

Aloe vera var. *chinensis*

【科属】:百合科,芦荟属。

【识别要点】:幼苗期叶片为 2 列状排列,植物长大后叶片呈莲座状着生。叶为披针形,肥厚而多汁,两面有长矩圆形的白色斑纹,边缘疏生三角形齿状刺。圆锥花序,小花筒状,橙红色。花期 12 月。蒴果三角形。

主要栽培品种:

(1)库拉索芦荟:叶呈螺旋状排列,厚肥汁浓。叶粉绿色,布有白色斑点,随叶片的生长斑点逐渐消失,叶缘具刺状小齿。

(2)木立芦荟:茎高达 1~2 m,茎生侧芽,其形像树。叶轮生。

(3)开普芦荟:属大型品种群,株高达 6 m,茎干木质化,叶簇生茎顶,叶大而硬。

(4)皂质芦荟,叶簇生于基部,呈螺旋状排列,半直立或平行状。

【产地及分布】:芦荟原产于非洲热带干旱地区,我国云南有野生芦荟分布。现广布世界各地。

【习性】:喜光,也耐半阴,喜温暖,不耐寒;喜排水良好、肥沃的沙质壤土。

【园林应用】:盆栽肉质观叶植物。

15. 龙舌兰(龙舌掌、番麻)

Agave americana Linn.

【科属】:百合科,龙舌兰属。

【识别要点】:多年生常绿植物,植株高大。叶片肉质,长带状,于植物基部簇生;叶缘具钩刺,端部有硬刺尖。圆锥花序高达 5~15 m,着生多数小花,花淡黄色;花期 5~6 月。

主要栽培种:

(1)金边龙舌兰(var. Varginata):叶缘带金黄色条纹。

(2)金心龙舌兰(var. Mediopicta):叶中心为金黄色。

(3)银边龙舌兰(var. Marginata-alba):叶缘带银色条纹。

【产地及分布】:原产于南美,我国广东、广西、云南在田埂上呈篱状栽培,起防护作用。

【习性】:喜温暖干燥和阳光充足环境;稍耐寒,较耐阴,耐旱力强;生长适温为 15~25 ℃,冬季温度不低于 5 ℃;要求排水良好、肥沃的沙质壤土。

【园林应用】:盆栽观赏。

16. 酒瓶兰(象腿树)

Nolina recurvata

【科属】:百合科,龙血树属。

【识别要点】:常绿小乔木。在原产地可高达2~3 m,盆栽种植一般高0.5~1.0 m。茎干直立,基部膨大,酷似酒瓶;叶簇生于茎干顶端,线形,革质而下垂。圆锥花序,小花白色。

【产地及分布】:酒瓶兰原产墨西哥西北部干旱地区,现我国长江流域广泛栽培,北方多作盆栽。

【习性】:酒瓶兰性喜温暖湿润及阳光充足环境,较耐旱、耐寒。生长适温为16~28 ℃,越冬温度为5 ℃。喜肥沃、排水通气良好、富含腐殖质的沙质壤土。

【园林应用】:可用其布置客厅、书室,装饰宾馆、会场,都给人以新颖别致的感受。

17. 松叶菊(龙须海棠、松叶牡丹)

Lampranthus spectabilis

【科属】:番杏科,日中花属。

【识别要点】:多年生亚灌木状多肉植物。茎细长,平卧或悬垂生长,基部稍呈木质化。分枝多,呈红褐色,肥厚多汁的叶子对生,呈三棱状,线形,蓝绿色,挺直像松叶。单花腋生,形似菊花,花瓣窄条形,具光泽,直径5~7 cm,色彩丰富,有白、粉、红、黄和橙等多种颜色,花期4~5月。

主要栽培品种有橙黄松叶菊(*L. aurantiacus*)、丝状松叶菊(*L. filicaulis*)、长叶松叶菊(*L. productus*)。

【产地及分布】:原产南非。我国各地温室栽培。

【习性】:松叶菊喜温暖干燥和阳光充足的环境,既不耐寒,也畏高温,怕水涝,耐干旱;春、秋两季是其主要的生长期;越冬温度不低于10 ℃。

【园林应用】:松叶菊花朵玫红,光亮而有丝绒感,极为鲜艳美丽,宜盆栽或作花坛栽培。

18. 生石花(石头花、曲玉)

Lithops pseudotruncatella (Bgr.) N. E. Br

【科属】:番杏科,生石花属。

【识别要点】:全株肉质,茎短,呈球状。肉质叶对生联结,形似倒圆锥体,顶部近卵圆,平或凸起,上有树枝状凹纹,半透明。秋季开黄色或白色花,花由顶部中间的缝隙长出,一株通常只开1朵花,午后开放,傍晚闭合。

【产地及分布】:原产非洲南部及西南非的干旱地区的岩床裂隙或砾石土中。

【习性】:喜温暖干燥和阳光充足环境;怕低温,忌强光,宜疏松的中性沙质壤土;要求冬季温度不低于12 ℃。

【园林应用】:生石花外形和色泽酷似彩色卵石,品种繁多,色彩丰富;是世界著名的小型多浆植物,常盆栽供室内观赏。

19. 虎刺梅(铁海棠、麒麟刺)

Euphorbia milii var. *splendens*

【科属】:大戟科,大戟属。

【识别要点】:常绿小灌木。株高1~2 m,多分枝,体内有白色浆汁。茎和小枝有棱,棱沟浅,密被锥形尖刺。叶片着生新枝顶端,倒卵形,叶面光滑、鲜绿色。花有长柄,具2枚红色苞片,花期冬春季。蒴果扁球形。

【产地及分布】:原产非洲马达加斯加岛。

【习性】:喜温暖湿润和阳光充足环境;耐高温,不耐寒,要求冬季温度不低于12 ℃;不耐干旱和水涝,以疏松、排水良好的腐殖质土为最好。

【园林应用】:虎刺梅花期长,红色苞片鲜艳夺目,适宜盆栽观赏;还常用来蟠扎造型,成为宾馆、商场等公共场所摆设的精品。

20. 霸王鞭(火殃筋)

Euphorbia antiquorum

【科属】:大戟科,大戟属。

【识别要点】:灌木。高达3 m,体内有白色乳汁。茎基部近圆柱形,上部四棱或五棱状;单叶互生,早落,叶片倒披针形。杯状花序顶生或侧生,具短柄,排列成聚伞状,花黄色。蒴果近球形,径约1 cm。花期春、夏。

【产地及分布】:原产印度东部,生于山野石隙。我国云南也有分布。

【习性】:喜光,喜温暖气候,耐干旱;畏寒,温度偏低时常落叶,冬季室温应在10 ℃以上。

【园林应用】:北方多盆栽观赏,布置厅、堂,暖地可露地栽培。

21. 豹皮花(国章花、犀角、徽纹掌)

Stapelia pulchella Mass.

【科属】:萝藦科,国章属(豹皮花属)。

【识别要点】:多年生草本植物。茎丛生,高10~20 cm,四棱柱形,顶部微曲,光滑无毛,棱脊上具对生粗短软刺,绿色,无叶。花基生,单生或2~3朵并生,黄色,其上分布棕红色横纹或斑块,花期夏秋季。

【产地及分布】:豹皮花原产南非,我国有引种栽培。

【习性】:喜温暖向阳,耐旱,忌涝怕冷,越冬温度应保持在5 ℃以上。豹皮花对土壤要求不高。

【园林应用】:豹皮花花大色浓,形状别致,可布置于阳台、窗台或明亮的室内,但其花有异味。

22. 绿铃(绿之铃、翡翠珠)

Senecio rowleyanus

【科属】:菊科,千里光属。

【识别要点】:蔓生肉质草本植物。茎极细,垂蔓达1 m左右。叶肉质,球状,深绿或淡绿色,上有一条透明的纵条纹。头状花序,小花白色带有紫晕,多在秋冬季节开放。瘦果圆柱形。

【产地及分布】:原产非洲西南部,现各地有栽培。

【习性】:喜温暖干燥的半阴环境,耐旱,不耐寒,也怕高温和强光暴晒,适宜在肥沃疏松、排水良好的沙质土壤中生长。

【园林应用】:绿铃是家庭悬吊栽培的理想观赏植物;可用小盆栽植,放于案头、几架,也可做垂吊栽植。

实训　常见蕨类、多肉植物的识别

一、目的要求

调查花卉市场,识别常见的蕨类、多肉植物,了解其习性特点和形态,并知道其园林用途。

二、材料与用具

材料:当地常见的蕨类、多肉植物。

用具:直尺、放大镜、铅笔、记录本。

三、方法步骤

1. 老师先讲解蕨类、多肉植物的形态特征、习性及园林应用。

2. 学生分组仔细观察老师所介绍的常见蕨类、多肉植物的形态特征,并认真做好记录。

3. 根据教师介绍,结合教材,知道常见蕨类、多肉植物的习性及园林应用。

四、作业

将观察到的蕨类、多肉植物分类,按照名称、科属、识别要点、产地及分布、习性、园林应用等列表比较当地常见的蕨类、多肉植物。

参 考 文 献

[1] 王德群,谈献和.药用植物学[M].北京:科学出版社, 2005.
[2] 丁景和.药用植物学[M].上海:上海科学技术出版社, 1986.
[3] 周先容.植物学学习指导[M]. 重庆:重庆大学出版社, 2005.
[4] 郭贵林,邢启妍.黑龙江省植物学检索表[S].1990.
[5] 陈树国.观赏园艺学[M].北京:中国农业科技出版社,1991.
[6] 陕西省农林学校,上海市农业学校.观赏植物栽培学[M].北京:农业出版社,1989.
[7] 赵德龙.道路绿化[M].北京:人民交通出版社,2005.
[8] 毛龙生.新编观赏树木栽培手册[M].郑州:中原农民出版社,2005.
[9] 马骏.果树生产技术[M].北京:中国农业出版社,2006.
[10] 胡中华.草坪与地被植物[M].北京:中国林业出版社,1995.
[11] 侯碧清.草坪草与地被植物的选择[M].长沙:国防科技大学出版社,2005.
[12] 韩烈保.草坪草种及其品种[M].北京:中国林业出版社,1999.
[13] 上海植物园.上海园林植物图说[M].上海:上海科学技术出版社,1980.
[14] 丁保章,等.河南植物志(第1册)[M].郑州:河南科学技术出版社,1981.
[15] 丁保章,等.河南植物志(第2册)[M].郑州:河南科学术技出版社,1988.
[16] 曹春英. 花卉栽培[M].北京:中国农业出版社, 2001.
[17] 王世栋. 园林植物[M]. 北京:中国建筑工业出版社,2008.
[18] 北京林业大学园林系花卉教研组.花卉学[M].北京:中国林业出版社,1990.
[19] 宛成刚,赵九州.花卉学[M]. 上海:上海交通大学出版社,2008.
[20] 艾里希·葛茨.仙人掌大全[M].沈阳:辽宁科学技术出版社,2007.
[21] 李尚志. 现代水生花卉[M]. 广州:广东科技出版社, 2003.
[22] 陈卫元. 花卉栽培[M].北京:化学工业出版社,2005.
[23] 陈有民.园林树木学[M].北京:中国林业出版社,2003.
[24] 南京林业学校.园林树木学[M].北京:中国林业出版社,1992.
[25] 邱国金.园林植物[M].北京:中国农业出版社,2001.
[26] 方彦.园林植物[M].北京.高等教育出版社,2005.
[27] 楼炉焕.观赏树木学[M].北京:中国农业出版社,2000.
[28] 孙居文.园林树木学[M].上海:上海交通大学出版社,2003.